穆斯堡尔效应
在尖晶石氧化物研究中的应用

何　云　林　卿　林锦培　著

科　学　出　版　社

北　京

内 容 简 介

本书重点介绍穆斯堡尔效应在尖晶石型氧化物研究中的应用，并详细分析尖晶石型氧化物材料的结构和磁性能，内容全面新颖。本书也汇集了尖晶石型氧化物材料的穆斯堡尔效应研究成果与相关技术，既介绍穆斯堡尔效应的基本原理，又突出磁性功能材料的先进性和应用的前沿性，是物理学、化学、材料科学、波谱学等学科基础理论研究与应用技术的集成反映。

本书可供从事磁性功能材料合成与制备研究的科研人员参考，也可作为材料科学、穆斯堡尔谱学、化学、凝聚态物理等研究方向研究生的参考用书。

图书在版编目(CIP)数据

穆斯堡尔效应在尖晶石氧化物研究中的应用/何云，林卿，林锦培著. —北京：科学出版社，2018.8

ISBN 978-7-03-056591-4

Ⅰ.①穆… Ⅱ.①何… ②林… ③林 Ⅲ.①穆斯堡尔效应-应用-尖晶石-氧化物 Ⅳ.①P578.4

中国版本图书馆 CIP 数据核字（2018）第 034915 号

责任编辑：万瑞达 / 责任校对：陶丽荣
责任印制：吕春珉 / 封面设计：东方人华平面设计部

科学出版社出版
北京东黄城根北街 16 号
邮政编码：100717
http://www.sciencep.com
北京虎彩文化传播有限公司印刷
科学出版社发行 各地新华书店经销
*
2018 年 8 月第 一 版 开本：787×1092 1/16
2018 年 8 月第一次印刷 印张：12 1/4
字数：290 000

定价：78.00 元

（如有印装质量问题，我社负责调换〈虎彩〉）
销售部电话 010-62136230 编辑部电话 010-62130874

作 者 简 介

何云，现为中国穆斯堡尔谱学专业委员会委员、广西师范大学物理科学与技术学院教授、博士生导师、研究生院院长。现主要从事分子功能材料与纳米氧化物材料的性能研究，主持两项国家自然科学基金项目（项目编号：11364004、11164002）和两项省部级科研项目（项目编号：0991092、0447029）。近些年在 *Materials & Design*、*International Journal of Hydrogen Energy*、*Journal of Alloys and Compounds*、*Hyperfine Interactions*、*Science of Advanced Materials*、*Current Applied Physics*、*Journal of Nanomaterials*、*Journal of Applied Biomaterials & Functional Materials*、*Journal of Nanoscience and Nanotechnology* 等学术刊物上发表论文 35 篇。

林卿，现为海南医学院物理学副教授、广西师范大学硕士生导师（物理学专业）。现主要从事磁性功能材料的设计与性能研究，主持完成一项厅级项目（八氰基分子磁体的合成与磁性研究）和一项广西核物理与核技术重点实验室开放课题基金项目（MCM-41 磁性介孔复合材料的制备及其吸附性能研究），参与两项国家自然科学基金项目（项目编号：11364004、11164002，均为第二完成人）和一项省级项目（项目编号：0991092，第二完成人）。近些年在 *Materials & Design*、*International Journal of Hydrogen Energy*、*Science of Advanced Materials*、*Hyperfine Interactions*、*Journal of Nanomaterials*、*Journal of Nanoscience and Nanotechnology*、*Journal of Applied Biomaterials & Functional Materials*、*Journal of Spectroscopy* 等学术刊物上发表论文 20 篇。

林锦培，现为广西师范大学助理研究员。现主要从事纳米氧化物材料的设计与性能研究，参与一项国家自然科学基金项目（项目编号：11364004）。近些年在 *International Journal of Hydrogen Energy*、*Journal of Applied Biomaterials & Functional Materials*、*Journal of Spectroscopy*、*Science of Advanced Materials*、*Journal of Nanomaterials* 等学术刊物上发表论文 7 篇。

序　一

金属氧化物纳米材料是一个前沿领域，并在最近几年取得了惊人的进展。作为纳米科技分支，金属氧化物纳米材料也向基础科学研究提出了挑战，并为新技术的诞生创造了新的研究机遇。其中尖晶石型氧化物材料是最早被系统研究的一类氧化物材料，也是目前种类最多、应用最广泛的氧化物材料。尖晶石型氧化物材料的微结构（物相）及电磁性能随颗粒尺寸发生显著变化，尤其是纳米金属氧化物材料表现出很多新奇的电磁效应，广泛应用于磁流体、磁性药物分散、高密度磁记录、磁存储、晶体磁光效应、气敏传感器及磁探测等中。虽然纳米技术的发展促进了介观微结构金属氧化物材料的研究，但是如何简单有效地制备纳米颗粒材料，并对材料的尺寸和形状进行自组装，调控微观结构，从而实现性能调控是未来金属氧化物纳米材料发展的一个重要方向。

近年来，穆斯堡尔谱技术在研究金属氧化物材料掺杂效应中显示出独特的技术优势，成为一种极为有效的探测工具，其特点是具有极高的能量分辨率。同时穆斯堡尔谱的超精细结构对穆斯堡尔元素化学的、结构的、磁性的变化非常敏感。不同氧化态和电子组态下铁化合物的同质异能位移有一定的范围。由于不同的铁化合物都有特定的穆斯堡尔谱，因此从穆斯堡尔谱拟合数据中可以看出铁在物质中的价态、占位及相变等情况。同时穆斯堡尔谱观测样品时不受样品结晶性的影响，即便是非晶体系也可以表征，而且不需要真空，即可在光照、特定气氛、压力和温度下进行观测。如今，应用穆斯堡尔效应研究物质微观结构已经发展成为一门独立的学科——穆斯堡尔谱学，它是迄今为止能量分辨率最高的物理研究手段，被广泛应用于物理学、物理冶金学、磁学、矿物学、化学、生物学和工业应用等领域，并且在一些交叉学科和领域内也取得了令人瞩目的成就。

著者何云教授的导师为南京大学夏元复教授（俄罗斯科学院外籍院士），夏元复先生是国际著名的穆斯堡尔谱学专家，长期担任中国核物理学会副理事长、中国穆斯堡尔谱学专业委员会主任。在国际穆斯堡尔谱学交流方面，夏元复先生任国际穆斯堡尔谱学委员会委员二十余年，并兼任德国萨尔州立大学客座教授、日本京都大学核反应堆实验所客座教授、日本理化学研究所客座教授。在夏元复先生指导下，著者何云教授组建了广西师范大学物理科学与技术学院凝聚态物理和原子分子物理实验室，并采用核固体方法在复合金属氧化物纳米材料领域展开研究工作，为开创我国西部地区穆斯堡尔谱学研究的新局面做出了一些贡献。

该书主要关注金属氧化物材料的磁性能与穆斯堡尔效应研究，利用磁性测量、结构测试和穆斯堡尔谱学等方法研究了尖晶石型氧化物材料的磁性质、微观结构和磁耦合相互作用机理等。在此也希望该书能对国内穆斯堡尔谱学研究尽一份绵薄之力，同时也期望读者在阅读相关内容时从中体会到穆斯堡尔谱学研究的科学性、趣味性。

王军虎　研究员

国际穆斯堡尔数据中心秘书长（2010）

Mössbauer Effect Reference and Data Journal（ISSN 0163-9587）责任编辑（2010）

International Symposium on the Industrial Applications of the Mössbauer Effect（ISIAME 2012）执行主席

International Conference on the Applications of the Mössbauer Effect（ICAME 2019）执行主席

2017 年夏

序　二

金属氧化物纳米材料是近年来蓬勃发展的跨学科前沿研究领域之一，其中复合金属氧化物纳米材料由于独特的物理化学性质而被广泛应用于高温材料、半导体光电材料、磁性材料、生物和医学材料、传感器及催化剂和催化剂载体等诸多领域。在复合金属氧化物研究中，尖晶石型氧化物由于其组成和结构多变导致的多功能性而备受关注。国内外越来越多的研究机构也投入到新型金属氧化物纳米材料的研究开发工作中，如美国橡树岭国家实验室、瑞士联邦材料测试与开发研究所、法国国家科研中心化学研究所、日本国立材料研究所、中国科学院物理研究所磁学国家重点实验室、东京工业大学电化学系、巴塞罗那材料科学研究所、清华大学新型陶瓷与精细工艺国家重点实验室等。而随着对氧化物功能-结构-制备三元关系认识的开展与深入，人们发现 AB_2O_4 型（尤其是尖晶石型）金属氧化物具有结构和组成可定向设计和制备可控等优点，并且尖晶石型氧化物往往具有磁、电、光和热等性能，可以用作各种不同的电子元件。有关研究引起了各国研究者的高度重视，美国、英国、日本、德国、法国等均将此研究列入各自的高技术发展规划。

目前，核分析技术是一门现代分析技术，它既是核技术应用中的一个重要领域，也是核物理理论、核射线测量等知识在材料元素、缺陷和结构分析中的具体应用。其通常分为三大类，即超精细相互作用分析技术、活化分析技术、离子束分析技术。在超精细相互作用分析方法中，穆斯堡尔效应（Mössbauer effect）是原子核无反冲的 γ 射线的发射及共振吸收效应，其最突出的特点是具有极高的能量分辨率（10^{-13}），它被发现后立即得到科学界的普遍承认，并且相关研究人员在一些交叉学科和领域内取得了令人瞩目的成就。同时，穆斯堡尔谱可以分析晶格缺陷和杂质对材料微观磁性的影响，特别是分析尖晶石型氧化物的离子分布和迁移情况。由于穆斯堡尔谱学研究的是固体中原子尺寸的微观状态统计总和，而不是宏观平均，因此其最突出的特点是探测能量差极小，具有极高的能量分辨率，其超高的能量分辨率对离子价态和电荷转移的诊断是迄今为止较为有效的方法之一，这是其他化学分析手段无法替代的。

著者何云教授的导师为南京大学夏元复教授（俄罗斯科学院外籍院士），夏元复先生是国际著名的穆斯堡尔谱学专家，长期担任中国核物理学会副理事长、全国穆斯堡尔谱学专业委员会主任，并兼任国际穆斯堡尔谱学委员会委员二十余年。在夏元复先生指导下，著者何云教授组建了广西师范大学变温穆斯堡尔谱测试平台。2010 年国际穆斯堡尔谱学委员会在 *Mössbauer Effect Reference and Data Journal* 对著者何云教授做了报道（33：179-180），同时著者何云教授也担任了 2012 年穆斯堡尔效应工业应用国际会议（ISIAME 2012: International Symposium on the Industrial Applications of the Mössbauer Effect，每四年举办一次）委员会委员、2019 年国际穆斯堡尔效应应用会议（ICAME 2019：International Conference on the Applications of the Mössbauer Effect，每两年举办一次）委员会委员，并为开创我国变温穆斯堡尔谱学研究的新局面做出了一些贡献。

该书主要关注尖晶石型氧化物材料的磁性与穆斯堡尔效应研究，对读者了解和认识磁性材料的研究动态和应用领域也有所帮助。由于尖晶石型氧化物材料涉及凝聚态物理、物理化学、材料化学等多门学科，因此期望读者在阅读相关内容时有独立的思考与判断，从中体会到尖晶石型氧化物材料研究的科学性、趣味性。

杨永栩　教授

第七届、第八届中国物理学会高能物理分会常务理事

广西高校现代核分析技术及其应用重点实验室主任

广西师范大学理论物理研究所所长

2017年夏

前　言

铁氧体通常是指铁的氧化物，或是指其余一种或多种适当的金属元素和铁的氧化物组成的复合型金属氧化物。铁氧体的种类繁多，根据目前的应用情况，大致可分为软磁、硬磁、旋磁、矩磁和压磁五大类。其中含有铁元素的铁氧体主要包括尖晶石型铁氧体、石榴石型铁氧体、磁铅石型铁氧体和钙钛矿型铁氧体四种基本类型。尖晶石型铁氧体得名于与其结构相同的天然矿石镁铝尖晶石（化学分子式为 $MgAl_2O_4$），是目前应用广泛的非金属磁性材料。当前尖晶石型氧化物材料的设计与合成已经成为物理学界和化学界的热门前沿课题之一，并涉及化学、物理、材料、生命科学等诸多学科。

本书结合纳米复合金属氧化物材料结构的精确设计和未来的发展需求，实现过渡金属/稀土离子掺杂改性研究，并依据纳米尺寸颗粒制备的特点，建立和完善软化学低温合成法（溶胶-凝胶自蔓延纳米尺寸可控制备技术）。在此基础上利用金属离子掺杂改性，通过寻找纳米尺度下软磁金属氧化物的磁耦合相互作用与掺杂化学计量关联度，改善尖晶石型金属氧化物自身的电磁性能，并通过微观结构、磁性、穆斯堡尔效应等性能表征，找出不同掺杂材料的磁性、相变、超精细相互作用等物理参量的调控规律。

本书共分八章，其中第一章为绪论，第二章介绍铁氧体的制备及表征，第三章介绍穆斯堡尔谱实验及数据分析，第四章介绍掺杂非磁性离子的钴铁氧体和镁铁氧体的磁性和穆斯堡尔效应研究，第五章介绍掺杂稀土离子的铜钴铁氧体的磁性和穆斯堡尔效应研究，第六章介绍掺杂稀土离子的铜锌铁氧体的磁性和穆斯堡尔效应研究，第七章介绍掺杂过渡金属的镍铜锌铁氧体的磁性和穆斯堡尔效应研究，第八章介绍掺杂稀土离子的 $Ni_{0.55}Cu_{0.25}Zn_{0.2}Fe_{2-x}RE_xO_4$ 氧化物材料的磁性和穆斯堡尔效应研究。

全书由何云负责统稿，具体分工如下：何云负责前言、第一章、后记的撰写工作，林锦培负责第二章、第六至八章的撰写工作，林卿负责第三至五章的撰写工作，本书的校稿工作由何云、林卿负责。在撰写本书的过程中，特别感谢恩师夏元复先生（南京大学教授、俄罗斯科学院外籍院士）的指点与帮助。同时感谢著名穆斯堡尔谱学家王军虎研究员和广西师范大学杨永栩教授在本书成稿过程中提出的宝贵指导意见和在百忙之中为本书撰写了序言。

本书主要关注尖晶石型氧化物材料的磁性与穆斯堡尔效应研究，在本书出版之际，衷心感谢国家自然科学基金项目（项目编号：11164002、11364004）与广西高校重点实验室专项建设项目（项目编号：F-2911-14-001503、F-2911-15-001807、F-2911-17-000902）对本书研究工作的资助。在尖晶石型氧化物材料的性能分析方面，广西师范大学梁福沛教授、南京航空航天大学戴耀东教授、中国科学院上海应用物理研究所林俊研究员也提出了宝贵的指导意见，在此对众多专家学者表示深深的谢意。在此也感谢课题组雷成龙、张辉、袁光柏、苏凯敏等研究生在本书数据收集方面所做的大量工作，同时杨虎、郭泽平、王云龙在本书的成稿过程中做了大量细致的整理工作。同时感谢科学出版社编辑在本书出版过程中给予的帮助。

尖晶石型氧化物材料的研究是一门新兴学科，同时本书也涉及众多的专业领域（如物理学、化学、材料科学等），因此文字表述方面难免存在疏漏与不妥之处，殷切希望广大读者批评指正。

著　者

2017年夏

目　录

第一章　绪论 1
　第一节　铁氧体概述 1
　第二节　铁氧体分类 1
　第三节　尖晶石型铁氧体的磁性研究 5
　参考文献 9
第二章　铁氧体的制备及表征 11
　第一节　铁氧体常用的制备方法 11
　第二节　溶胶-凝胶自蔓延法 13
　第三节　样品的表征方法 16
　参考文献 18
第三章　穆斯堡尔谱实验及数据分析 19
　第一节　穆斯堡尔效应原理 19
　第二节　穆斯堡尔参数微观结构信息 21
　第三节　穆斯堡尔谱原始数据拟合与分析 22
　参考文献 64
第四章　掺杂非磁性离子的钴铁氧体和镁铁氧体的磁性与穆斯堡尔效应研究 66
　第一节　掺杂非磁性稀土离子 Gd^{3+} 的钴铁氧体的磁性与穆斯堡尔谱研究 66
　第二节　掺杂非磁性离子 Mg^{2+} 的钴铁氧体的磁性与穆斯堡尔谱研究 74
　第三节　掺杂非磁性离子 Zn^{2+} 的镁铁氧体的磁性与穆斯堡尔谱研究 82
　参考文献 89
第五章　掺杂稀土离子的铜钴铁氧体的磁性与穆斯堡尔效应研究 92
　第一节　掺杂稀土离子 La^{3+} 的 $Cu_{0.5}Co_{0.5}Fe_{2-x}La_xO_4$ 氧化物材料的磁性与穆斯堡尔谱研究 92
　第二节　掺杂稀土离子 Sm^{3+} 的 $Cu_{0.5}Co_{0.5}Fe_{2-x}Sm_xO_4$ 氧化物材料的磁性与穆斯堡尔谱研究 99
　第三节　掺杂稀土离子 Gd^{3+} 的 $Cu_{0.5}Co_{0.5}Fe_{2-x}Gd_xO_4$ 氧化物材料的磁性与穆斯堡尔谱研究 106
　参考文献 114

第六章　掺杂稀土离子的铜锌铁氧体的磁性与穆斯堡尔效应研究……116
第一节　掺杂稀土离子 La^{3+}的 $Cu_{1-x}Zn_xFe_{2-y}La_yO_4$ 氧化物材料的磁性与穆斯堡尔谱研究……116
第二节　掺杂稀土离子 Sm^{3+}的 $Ni_{0.2}Cu_{0.2}Zn_{0.6}Fe_{2-x}Sm_xO_4$ 氧化物材料的磁性与穆斯堡尔谱研究……121
第三节　掺杂稀土离子 La^{3+}的 $Ni_{0.4}Cu_{0.2}Zn_{0.4}Fe_{2-x}La_xO_4$ 氧化物材料的磁性与穆斯堡尔谱研究……130
参考文献……137
第七章　掺杂过渡金属的镍铜锌铁氧体的磁性与穆斯堡尔效应研究……139
第一节　$Ni_{0.8-x}Cu_{0.2}Zn_xFe_2O_4$ 铁氧体纳米晶的结构与穆斯堡尔谱研究……139
第二节　掺杂 Co^{2+}的镍铜锌铁氧体纳米晶的结构与穆斯堡尔谱研究……146
第三节　掺杂 Bi^{3+}的镍铜锌铁氧体纳米晶的结构性能研究……158
参考文献……162
第八章　掺杂稀土离子的 $Ni_{0.55}Cu_{0.25}Zn_{0.2}Fe_{2-x}RE_xO_4$ 氧化物材料的磁性与穆斯堡尔效应研究……164
第一节　掺杂稀土离子 Sm^{3+}的镍铜锌铁氧体纳米晶的结构与穆斯堡尔谱研究……164
第二节　不同煅烧温度 $Ni_{0.55}Cu_{0.25}Zn_{0.2}Fe_{2-x}Sm_xO_4$ 铁氧体纳米晶的结构与穆斯堡尔谱研究……170
第三节　掺杂不同稀土离子的镍铜锌铁氧体纳米晶的结构与穆斯堡尔谱研究……176
参考文献……181
后记……182

第一章　绪　　论

第一节　铁氧体概述

铁氧体一般是指铁族元素和其他一种或多种适当金属元素组成的复合氧化物。较早时，铁氧体曾被称为铁淦氧磁物，简称铁淦氧，由于其生产过程及其外观与陶瓷颇类似，因而在工业上也称为磁性瓷；就导电性而论，其属于半导体，但在应用上其作为磁性介质而被利用。铁氧体磁性材料和金属或合金磁性材料之间最重要的差异就在于导电性，一般铁氧体的电阻率为 $10^2 \sim 10^8 \Omega\cdot cm$，而一般金属或合金的电阻率则为 $10^{-6} \sim 10^{-4} \Omega\cdot cm$[1]。主要成分为 Fe_3O_4 的磁铁矿是人类最早接触到的铁氧体，这种磁石是在地磁场中被磁化而成的天然存在的永磁铁。我国是最先使用磁石制作出指南针（司南）的国家。20 世纪初期，电工技术基本上只满足于合金磁性材料，一直到 30 年代高频无线电技术迫切地要求既具有铁磁性而电阻率又很高的材料，人们才重新考虑磁石或其他磁性氧化物的利用问题。1930～1940 年，法国、日本、德国、荷兰等都对铁氧体开展了一定数量的研究工作，其中日本的加藤与武井两人研制了含钴铁氧体的永磁材料，而荷兰飞利浦实验室的物理学家斯诺克研究出各种具有优良性能的含锌铁氧体。进入 40 年代后，发达国家实现了软磁铁氧体材料生产的工业化，而大多数国家（包括中国）软磁铁氧体材料的工业化生产，则始于 50 年代[2]。从 80 年代开始，电视机、收录机等家用电子产品的普及刺激了我国铁氧体材料工业的发展，促使我国软磁铁氧体材料的产量有了较大的提高。

随着科学技术的发展，铁氧体不仅在通信广播、自动控制、计算技术和仪器仪表等电子工业部门应用日益广泛，成为其不可缺少的组成部分，而且在宇宙航行、卫星通信、信息显示和污染处理等方面，也开辟了广阔的应用空间[3]。随着对铁氧体研究的不断深入，其应用已经不再限于软磁和永磁材料，而是逐步开发出软磁、硬磁、旋磁、矩磁和压磁五大类铁氧体磁性材料；同时通过对这些材料磁声、磁电、磁光、磁热性能的研究，开发出了各种记录磁头、电声器件、微波器件、超声和水声器件及磁性存储磁芯等[4]。铁氧体材料与器件的发展往往和铁磁学、固体物理学、穆斯堡尔谱学和无线电子学等学科的发展有密切联系[5]，它们相互促进，相互发展，不断开辟出新的应用领域。

第二节　铁氧体分类

目前进行研究与应用的铁氧体，按照铁氧体的晶格类型主要可以分为 7 类[1]，分别为尖晶石型、石榴石型、磁铅石型、钙钛矿型、钛铁矿型、氯化钠型、金红石型。含有铁元素的铁氧体主要有尖晶石型铁氧体、石榴石型铁氧体、磁铅石型铁氧体和钙钛矿型铁氧体 4 种基本类型。

一、尖晶石型铁氧体

尖晶石型铁氧体[1,6,7]的晶体结构与天然矿石——镁铝尖晶石（$MgAl_2O_4$）结构相同，属于立方晶系，空间群为O_h^7（$Fd\overline{3}m$）。尖晶石铁氧体的化学分子式的通式为MFe_2O_4，其中二价的 M 代表金属离子，通常是过渡族元素，常见的包括Co^{2+}、Ni^{2+}、Fe^{2+}、Mn^{2+}、Mg^{2+}、Zn^{2+}等。分子式中的Fe^{3+}也可以被三价金属离子取代，通常是Al^{3+}、Cr^{3+}或Ga^{3+}。尖晶石的晶格是一个较复杂的面心立方结构（图 1-1），一个单晶胞含有 8 个分子，一个单胞的分子式为$M_8Fe_{16}O_{32}$，所以，一个铁氧体单胞内共有 56 个离子，其中 8 个M^{2+}、16 个Fe^{3+}、32 个O^{2-}。3 种离子中，O^{2-}的尺寸最大，晶格结构组成必然以O^{2-}做密堆积，金属离子填充在O^{2-}密堆积的间隙内。在 32 个O^{2-}密堆积构成的面心立方晶体中包含两种间隙（图 1-2），即四面体间隙和八面体间隙。四面体间隙由 4 个O^{2-}的中心连线构成的 4 个三角形平面包围而成。这样的四面体间隙共有 64 个，且四面体间隙较小，只能填充尺寸较小的金属离子。八面体间隙由 6 个O^{2-}中心连线构成的 8 个三角形平面包围而成。这样的八面体间隙共有 32 个，且八面体间隙较大，可填充尺寸较大的金属离子。四面体间隙一般称为 A 位，用 A 表示；而八面体间隙一般称为 B 位，用 B 表示。若用圆括号表示金属离子占有的四面体晶格 A 位，而方括号代表金属离子占有的八面体晶格 B 位，则尖晶石的分子结构式可以写成$(M_{\delta}^{2+}Fe_{1-\delta}^{3+})[M_{1-\delta}^{2+}Fe_{1+\delta}^{3+}]O_4$。当$\delta$=1 时，表示所有 A 位晶格被二价的$M^{2+}$占据，而 B 位晶位则被三价的$Fe^{3+}$占据，称为正尖晶石型铁氧体；当$\delta$=0 时，表示所有 A 位晶格被部分三价的$Fe^{3+}$占据，而二价的$M^{2+}$和三价的$Fe^{3+}$等量占据 B 晶位，称为反尖晶石型铁氧体；当$0<\delta<1$时，A 位晶格和 B 位晶格上两种金属离子均可占据，称为混合型尖晶石铁氧体。

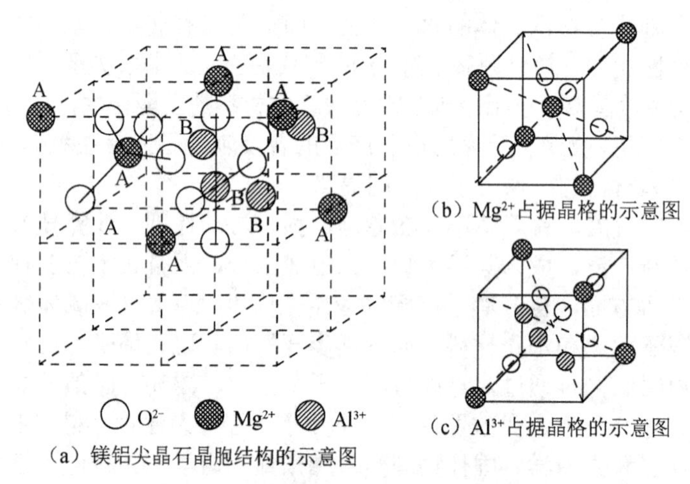

（a）镁铝尖晶石晶胞结构的示意图

（b）Mg^{2+}占据晶格的示意图

（c）Al^{3+}占据晶格的示意图

图 1-1　尖晶石晶胞空间结构的一部分

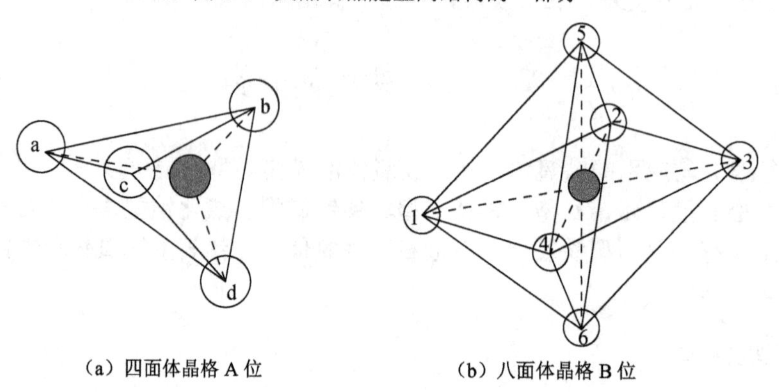

（a）四面体晶格 A 位

（b）八面体晶格 B 位

图 1-2　四面体晶格 A 位和八面体晶格 B 位的示意图

四面体晶格 A 位和八面体晶格 B 位都是 O^{2-}之间的间隙位置。在理想无畸变的晶格结构中，这两种间隙的最大半径为[7]

$$
\begin{aligned}
r_A &= \left(u - \frac{1}{4}\right) a\sqrt{3} - r_0 \\
r_B &= \left(\frac{5}{8} - u\right) a - r_0
\end{aligned} \tag{1-1}
$$

式中，r_0为 O^{2-}的半径（1.32Å）；u 为氧参数（3/8）；a 为晶格常数。

尖晶石型铁氧体是目前广泛研究和应用的铁氧体，如国内外广泛应用的功能材料中的锰锌铁氧体、镍锌铁氧体均为尖晶石型铁氧体，本书研究的钴铁氧体及其掺杂的铁氧体均为尖晶石型铁氧体。而由一种金属离子替代而成的铁氧体称为单组分铁氧体（如 $CoFe_2O_4$），由两种或两种以上的金属离子替代可以合成出双组分铁氧体和多组分铁氧体（如 $Co_{1-x}Mg_xFe_2O_4$）[3]。

二、石榴石型铁氧体

石榴石型铁氧体[1,6-8]又称为磁性石榴石，与天然晶体石榴石$(Fe,Mn)_3Al_2(SiO_4)_3$ 有同一类型的晶体结构。晶体结构属于立方晶系，空间群为$O_h^{10}(Ia^3d)$。石榴石型铁氧体的化学分子式的通式为 $R_3Fe_5O_{12}$，其中三价的 R 代表稀土离子或钇离子，常见的有 Y^{3+}、Sm^{3+}、Eu^{3+}、Gd^{3+}、Tb^{3+}、Dy^{3+}、Ho^{3+}、Er^{3+}、Tm^{3+}、Yb^{3+}或 Lu^{3+}等。如果其他金属离子置换部分 Fe^{3+}，就组成石榴石型铁氧体。石榴石型铁氧体晶格属于体心立方结构，每个单胞含有 8 个分子，金属离子填充在 O^{2-}密堆积之间的间隙里，间隙位置可以分为 3 种：①由 4 个 O^{2-}所包围的四面体位置（d 位）有 24 个，为 Fe^{3+}所占据；②由 6 个 O^{2-}所包围的八面体位置（a 位）有 16 个，为 Fe^{3+}所占据；③由 8 个 O^{2-}所包围的十二面体位置（c 位）有 24 个，为较大的 Y^{3+}或 RE^{3+}所占据。于是石榴石型铁氧体的占位结构表示为$\{Y_3\}[Fe_2](Fe_3)O_{12}$，式中{ }、[ ]和( )分别表示 c、a 和 d 位。石榴石型铁氧体的结构如图 1-3 所示。

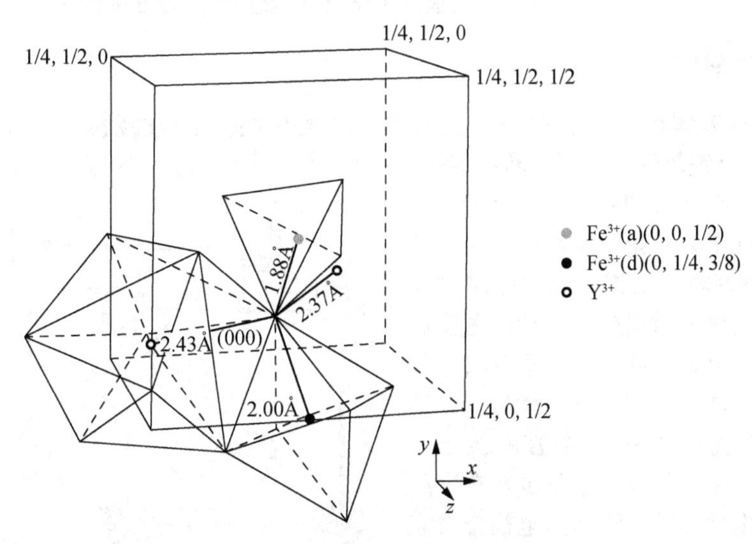

图 1-3 石榴石型铁氧体的结构

当前研究最多的石榴石型铁氧体有钇铁石榴石（$Y_3Fe_5O_{12}$，缩写为 YIG），以其为基础发展起来的材料一般称为YIG材料。因为钇铁石榴石具有铁磁共振线宽窄、介电损耗低及磁晶各向异性小等优良特性，所以它在器件应用方面占有统治地位[9]。

三、磁铅石型铁氧体

早在1938年，北欧晶体学家就从天然的磁铅石 $Pb(Fe_{7.5}Mn_{3.5}Al_{0.5}Ti_{0.5})O_{19}$ 中得到启示，制备了 $PbFe_{12}O_{19}$、$BaFe_{12}O_{19}$ 和 $SrFe_{12}O_{19}$[1]。因此我们把晶体结构和天然磁铅石结构相似的铁氧体称为磁铅石型铁氧体[1,6-8]，磁铅石型铁氧体属于六角晶系，空间群为 D_{6h}^{1}（C6/*mmm*）。磁铅石型铁氧体的化学分子式为 $MB_{12}O_{19}$，其中二价的M为阳离子，常见的有 Ba^{2+}、Sr^{2+}或 Pb^{2+}；三价的B也为阳离子，常见的有 Al^{3+}、Ga^{3+}、Cr^{3+}或 Fe^{3+}。磁铅石型铁氧体的晶体结构比较复杂，其中 Fe^{3+}分布就有5种对称性不同的位置，一般称为2a、2b、12k、$4f_1$和$4f_2$。1952年飞利浦实验室制成以 $BaFe_{12}O_{19}$ 为主成分的永磁性材料后，继续进行含钡铁氧体的研究工作，发现了6种类似结构的磁铅石型铁氧体，通常分为M、W、X、Y、Z和U型。而常见的 $BaFe_{12}O_{19}$、$PbFe_{12}O_{19}$ 和 $SrFe_{12}O_{19}$ 为M型钡铁氧体，因为 Ba^{2+}、Pb^{2+}、Sr^{2+}的半径分别为1.43Å、1.27Å、1.32Å，接近 O^{2-}的半径（1.32Å），所以它们不能进入 O^{2-}组成的间隙中，而是占据 O^{2-}的位置，参与 O^{2-}的堆积；而 Fe^{3+}填充到由 O^{2-}组成的四面体、六面体和八面体间隙中。磁铅石型铁氧体的结构如图1-4所示。

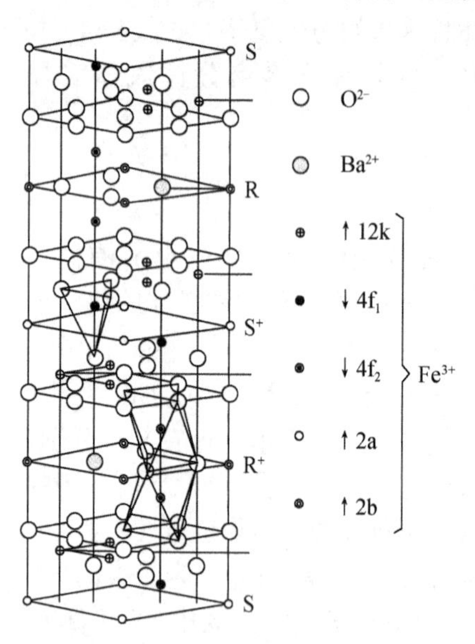

图1-4　磁铅石型铁氧体的结构

六角晶系的磁铅石型铁氧体具有单轴磁晶各向异性，也具有较高的矫顽力、磁能积、居里温度及良好的化学稳定性等，在永磁、微波、磁光、高密度磁记录介质等方面得到了广泛的应用[10]。

四、钙钛矿型铁氧体

钙钛矿型铁氧体是一种与钙钛矿（$CaTiO_3$）有类似晶体结构的铁氧体[1,3]，其分子式为 $AFeO_3$；钙钛矿型铁氧体属于正交晶系结构，其中 O^{2-}占面心位置、Fe^{3+}占体心位置、A^{3+}占立方的顶点位置，这一结构要求 A^{3+}具有较宽的半径。其在磁性上为成角的反铁磁性（弱铁磁性），满足磁泡材料低饱和磁化强度的要求，因此最早的磁泡材料就是钙钛矿型铁氧体。钙钛矿型铁氧体常和石榴石型铁氧体共生，当初石榴石型铁氧体的发现就是研究钙钛矿型铁氧体的意外收获。其中 $BiFeO_3$ 是一种典型的单相铁磁电材料，也是少数在室温下同时具有铁电性和铁磁性及磁电耦合效应的材料。该材料为一种立方钙钛矿 ABO_3 型结构，理想 $BiFeO_3$ 的晶胞结构如图1-5所示。

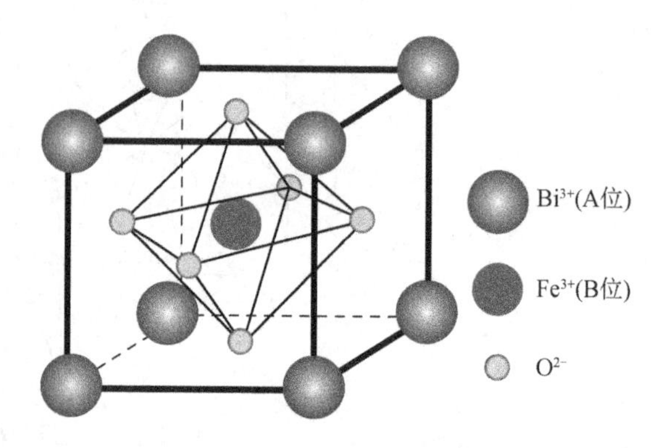

图1-5　理想 $BiFeO_3$ 的晶胞结构

钙钛矿型铋铁氧体 $BiFeO_3$ 是一种极为特殊的磁电材料，同时具有长程磁有序和长程电极化有序，是当前多铁材料研究的热点之一，它在新型存储器件、自旋电子器件方面都有广泛的应用前景。

第三节 尖晶石型铁氧体的磁性研究

在晶体场的作用下，3d 过渡金属磁性离子的原子磁矩仅等于电子自旋磁矩，而电子的轨道磁矩没有贡献，此现象称为轨道角动量冻结[6]。因此在磁性材料中 3d 电子的磁矩一般仅取决于自旋磁矩，所以铁氧体的磁性来源于所含离子的磁性。对于元素周期表中的第四周期过渡族离子，其最外层为 3d 电子壳层，能够容纳 5 个自旋向上的电子和 5 个自旋向下的电子，前 5 个电子进入壳层自旋向上排列，第 6 个电子进入壳层自旋向下排列，其自旋磁矩在表 1-1 中列出[8]。通过比较测得的铁氧体磁矩与离子磁矩可以发现，铁氧体的磁矩并非简单等于离子磁矩之和。奈尔做出假设，铁氧体中处于不同晶体学位置的金属离子之间的交换作用为负。例如，尖晶石结构中，A 位金属离子和 B 位金属离子分别沿相反的方向自发磁化，但是 A 位金属离子和 B 位金属离子之间的磁化强度却不相等，因此两个相反方向的磁矩不能完全抵消，产生了剩余自发磁化，奈尔称这种磁性为亚铁磁性[7]。从微观磁结构上看，亚铁磁性类似于反铁磁性；从宏观磁结构上看，亚铁磁性类似于铁磁性，这就是亚铁磁性的基本特点，而铁氧体就是典型的亚铁磁性物质。

表 1-1 元素周期表中第四周期过渡族离子的自旋磁矩

离子							3d 电子数目	自旋磁矩
Cr^{4+}							2	$2\mu_B$
Cr^{3+}	Mn^{4+}						3	$3\mu_B$
Cr^{2+}	Mn^{3+}	Fe^{4+}					4	$4\mu_B$
	Mn^{2+}	Fe^{3+}	Co^{4+}				5	$5\mu_B$
		Fe^{2+}	Co^{3+}	Ni^{4+}			6	$4\mu_B$
			Co^{2+}	Ni^{3+}			7	$3\mu_B$
				Ni^{2+}			8	$2\mu_B$
					Cu^{2+}		9	$1\mu_B$
					Cu^{+}	Zn^{2+}	10	$0\mu_B$

反铁磁性和亚铁磁性的晶体都是离子晶体，其中磁性阳离子被非磁性的阴离子隔开。金属离子之间的距离较大，故反铁磁性和亚铁磁性晶体内的自发磁化不能用直接交换作用模型来解释。克拉默斯认为，这种物质内的磁性离子之间的交换作用是通过隔在中间的非磁性离子为媒介来实现的，这种交换作用称为超交换作用[6,7]。根据克拉默斯的超交换作用模型，铁氧体中的金属离子分布在四面体晶格 A 位和八面体晶格 B 位时，它们的近邻都是 O^{2-}，因此可以有 3 种超交换作用类型，即 A-A、B-B 和 A-B[6]。3 种超交换作用的强弱主要取决于氧离子间的距离、金属离子通过氧离子所组成的键角和金属离子 3d 电子数目及其轨道组态。而 3 种超交换作用中，A-B 超交换作用最强。所有 A 位晶格与 B 位晶格上的离子磁矩都反平行排列，而每一个晶格内的离子磁矩都平行排列，又因为 A 位晶格与 B 位晶

格的离子磁矩大小不等，所以铁氧体的亚铁磁性源于未被抵消的净磁矩，而总磁矩 M 的理论计算应是 A 位晶格与 B 位晶格上磁矩的代数和，即总磁矩为 $M=M_B-M_A$，式中 M_A、M_B 分别表示 A、B 位晶格中磁性离子的磁矩。对于只有四面体晶格 A 位与八面体晶格 B 位的尖晶石型铁氧体，总磁矩 M 的方向即为 M_B 的方向。

若 A 位离子为非磁性离子，如正型尖晶石锌铁氧体（$ZnFe_2O_4$），它不能保证亚铁磁晶体中每个晶格都有足够浓度的磁性离子，以致 B 位离子分成两个对等的次晶格，两个次晶格的磁矩方向相反，所以分子磁矩为 B 位次晶格的磁矩之差[6,7]。

从以上理论分析可知，可以采用离子取代，特别是非磁性离子取代法，来实现对铁氧体磁化强度的控制。本书也是以此为理论依据，通过各种非磁性离子的取代而实现对钴铁氧体和镁铁氧体磁性能的调控。

由尖晶石的晶体结构可知，晶胞除了有 8 个四面体晶格 A 位和 16 个八面体晶格 B 位为金属离子所占据，还有 72 个空位，因此尖晶石结构的晶体晶格易被其他金属离子填充和替代，这就为研究铁氧体材料的离子掺杂进而改善它的晶体结构与电磁性能提供了有利条件。掺杂元素的种类主要包括主族的金属元素、过渡金属元素和镧系元素，掺杂的金属离子占位情况与离子半径、离子键能力、共价键的空间配位性、晶体场对 d 电子的能级和空间分布的影响等因素有关[1]。掺杂元素的半径与 Fe 的半径相仿时易发生取代掺杂，因为八面体晶格 B 位的间隙较四面体晶格 A 位的间隙大，故离子半径小的倾向于占据四面体晶格 A 位，离子半径大的倾向于占据八面体晶格 B 位。共价键的空间配位性在某些离子的占位优先趋势较为明显，Zn^{2+}、Cd^{2+}、Ga^{3+}、In^{3+}、Ge^{4+}的共价键倾向于形成 sp^3 杂化轨道，它们的空间配位恰好是从正四面体的中心向 4 个顶点的方向上，因此这些离子倾向于占据 A 位。过渡元素的阳离子在立方对称的晶体场中时，Ni^{2+}（$3d^8$）和 Cr^{3+}（$3d^3$）各有 3 个 d 电子在 3 个能级上，而在八面体晶格 B 位的晶体场里三重态称为较低的能级，因此由于晶体场的作用，Ni^{2+}和 Cr^{3+}有优先占据 B 位的趋势。在铁氧体内，较强的交换作用源于 A、B 位磁性离子的 A-B 超交换作用，因此在居里温度下磁矩的有序得到实现时，离子分布应趋向于使交换作用得到最有效的发挥。

以上分别讨论了可能影响离子分布的各种因素，显然这些因素是共同对离子的占位产生影响的。根据理论分析和实践经验的总结，常见的金属离子的占位倾向情况（由倾向于占据四面体晶格 A 位过渡到倾向于占据八面体晶格 B 位）如下[6]：Zn^{2+}、Cd^{2+}、Ga^{3+}、In^{3+}、Ge^{4+}、Mn^{2+}、Fe^{3+}、V^{3+}、Cu^{+}、Fe^{2+}、Mg^{2+}、Li^{+}、Al^{3+}、Cu^{2+}、Co^{2+}、Mn^{3+}、Ti^{4+}、Sn^{4+}、Ni^{2+}、Cr^{3+}。

这些金属阳离子占位的倾向情况是根据理论分析和一些以往的经验总结出来的，在实际应用中大部分离子还会因掺杂量及实验条件等因素的改变而在晶格中发生迁移，从而引起晶格结构、电磁性能的变化。这也是我们研究不同离子、不同掺杂量取代尖晶石结构钴铁氧体的重要原因。表 1-2 给出了一些典型的尖晶石型铁氧体的阳离子分布情况与分子磁矩[6]。

表 1-2　几种尖晶石型铁氧体的阳离子分布情况与分子磁矩

铁氧体	阳离子分布		磁矩/μ_B	
	A 位	B 位	理论	实验
$MnFe_2O_4$	$Fe_{0.2}^{3+}+Mn_{0.8}^{2+}$	$Fe_{1.8}^{3+}+Mn_{0.2}^{2+}$	5	4.6～5
Fe_3O_4	Fe^{3+}	$Fe^{2+}+Fe^{3+}$	4	4.1
$CoFe_2O_4$	Fe^{3+}	$Co^{2+}+Fe^{3+}$	3	3.7
$NiFe_2O_4$	Fe^{3+}	$Ni^{2+}+Fe^{3+}$	2	2.3
$CuFe_2O_4$	Fe^{3+}	$Cu^{2+}+Fe^{3+}$	1	1.3
$MgFe_2O_4$	$Fe_{0.9}^{3+}+Mg_{0.1}^{2+}$	$Fe_{1.1}^{3+}+Mg_{0.9}^{2+}$	1	1.1
$Li_{0.5}Fe_{2.5}O_4$	Fe^{3+}	$Li_{0.5}+Fe_{1.5}^{3+}$	2.5	2.5～2.6

由表 1-2 的数据可知，理论计算的磁矩与实验值基本符合，但还是存在差别，这可能是因为理论计算中忽略了轨道磁化强度的贡献及离子分布情况比假定的要更加复杂的情况。

一、钴铁氧体及其掺杂的研究

尖晶石结构的钴铁氧体从应用的角度来看是一种硬磁材料，它具有适中的饱和磁化强度（约为 80emu/g，1emu/g=1A·m^2/kg）、较大的矫顽力（约为 5000Oe、1Oe=79.5775A/m）、较大的磁晶各向异性常数（2.65×10^6～5.1×10^6erg/cm^3，1erg=10^{-7}J）、较大的磁致伸缩（-225×10^{-6}）及较高的居里温度（520℃）[11,12]。因此，钴铁氧体表现出较高的电磁性能、较大的磁光效应、良好的绝缘性、优良的化学稳定性及物理硬度[11-13]。硬磁的钴铁氧体被作为高密度的磁记录介质在磁记录广泛应用[14]，同时钴铁氧体在磁性药物运输、射频高温、磁共振成像（magnetic resonance imaging，MRI）等医学领域都有应用[12]，也可作为微波设备、磁光设备、传感器等器件的制备材料[11,13]。

锰锌铁氧体、镍锌铁氧体是国内外研究与应用较为广泛的两种软磁铁氧体。而非磁性的锌离子取代尖晶石结构的钴铁氧体时，随着非磁性离子的掺杂，钴铁氧体由硬磁过渡到软磁材料。钴铁氧体具有较大的矫顽力是因为 B 位上的 Co^{2+}与 Fe^{3+}有较大的自旋-轨道耦合[15]，即矫顽力随着 Co^{2+}的含量减小而变小。非磁性离子 Zn^{2+}取代钴铁氧体中的 Co^{2+}时优先占据四面体晶格 A 位，根据奈尔理论[16,17]，非磁性离子占据 A 位时使得一部分 Fe^{3+} 从四面体晶格 A 位移动到八面体晶格 B 位，引起八面体晶格 B 位的离子磁矩增大，即 A-B 超交换作用变大，因此总的磁矩增加。由此理论分析便知，饱和磁化强度与居里温度随着非磁性离子 Zn^{2+}的掺杂而变大。但是较多的非磁性离子掺杂时，由 Yafet-Kittel（YK）的非共线三角模型[16]可知，大量非磁性离子掺杂时八面体晶格 B 位会出现离子磁矩倾斜，使 A-B 超交换作用变小而 B-B 超交换作用变大，即总的离子磁矩会变大。因此由两种理论分析可知，饱和磁化强度随着非磁性离子 Zn^{2+}的掺杂先增大后减小，即饱和磁化强度将出现一个极值。著者之前研究的 $Co_{1-x}Zn_xFe_2O_4$ 铁氧体的饱和磁化强度的变化情况跟理论分析完全符合，$Co_{0.7}Zn_{0.3}Fe_2O_4$ 的饱和磁化强度为最大值（83.51emu/g）。而在本书中著者选择了非磁性的 Gd^{3+}、Mg^{2+}掺杂钴铁氧体。

大量的研究表明[15-21]，非磁性离子、稀土离子或过渡金属离子掺杂尖晶石结构的钴铁氧体可以调控晶体结构，从而实现电磁性能的有效改善。非磁性 Zn^{2+}、Cd^{2+}、Mg^{2+}、Al^{3+}的掺杂能明显地改变钴铁氧体的磁性能，当掺杂到一定程度时，样品将会出现超顺磁性。

稀土离子的离子半径较大，因此取代量较小，但是稀土离子的磁矩变化范围很大（0～10.6μ_B），若将其掺杂到尖晶石结构的样品中能很大幅度地调节产物的磁性，同时稀土离子与铁氧体中过渡金属离子的 4f-3d 轨道间的耦合作用对铁氧体的粒径、晶胞参数、形貌和磁性能会产生较大影响[22]，因此稀土元素的掺杂也是一个研究的热点。另外，过渡金属 Mn^{2+}、Cu^{2+}、Ni^{2+}、Cr^{3+}[23-25]的掺杂也是经常研究的对象。

二、镁铁氧体及其掺杂的研究

镁铁氧体是一种重要的尖晶石结构的铁氧体，它具有 n 型半导体性质，在气敏传感器、变压器、磁流体、燃料电池、磁芯材料等方面都有一定的应用[26,27]。如果镁铁氧体的晶体结构为完全反型的尖晶石结构，则它的总磁矩将会是零，因为 Mg^{2+}为非磁性离子。根据相关文献[26,28]，镁铁氧体为半反尖晶石结构，它的离子分布为（$Mg_{0.1}Fe_{0.9}$）[$Mg_{0.9}Fe_{1.1}$]O_4。

Zn^{2+}掺杂的镁铁氧体研究得较为广泛，因为镁锌铁氧体有良好的软磁特性，它属于高品质因数、低磁导率品种，已经在一定程度上取代了镍锌铁氧体，用于磁性元件的制备[29-31]。尤其是抗电磁干扰类的 RH 型、T 型磁芯，以及一些普通的电感磁性，大量使用了镁锌材料。这主要是因为相对于贵金属镍，镁锌铁氧体具有成本优势，经济效益明显。但对于要求高性能的应用，镁锌铁氧体仍难以取代镍锌铁氧体，因为镁锌铁氧体的部分指标还没有达到镍锌铁氧体的水平，因此如何通过合理地调整材料配方和制备工艺，以达到有效地改善镁锌铁氧体磁芯的高频性能及机械强度的目的[32]，成为一个值得研究的方向。

三、铜锌铁氧体及其掺杂的研究

我们知道，有些尖晶石构型的化合物，由于晶格结构的畸变，在室温下不再保持立方晶体而转变为四方晶体，出现所谓的姜-泰勒效应（Jahn-Teller effect）。常见的姜-泰勒效应例子见表 1-3。

表 1-3　常见的姜-泰勒效应

铁氧体	晶格常数比 c/a（常温）	转变温度/℃
$CuFe_2O_4$	1.056	360
$CuCr_2O_4$	0.92	620
$CoFe_2O_4$	0.9987	−183
$NiCr_2O_4$	1.02	35
$MnMn_2O_4$	1.159	1075～1175
$ZnMn_2O_4$	1.14	950～1125

当前大量的研究[33-37]表明，通过非磁性离子、稀土离子或过渡金属离子掺杂，可以调控晶体结构，从而实现电磁性能的有效改善。其中较为突出的就是具有姜-泰勒效应的 $CuFe_2O_4$（图 1-6 为关于 $3d^9$ 和 $3d^4$ 离子的姜-泰勒效应）铁氧体实现 Zn^{2+}取代构成的铜锌铁氧体。Ata-Allah 等[38]详细研究了过渡金属离子和稀土离子掺杂的姜-泰勒效应及材料的电磁性能的调控，研究结果表明不同离子掺杂配比下的结构调节，不仅可以实现材料的饱和磁化强度、矫顽力、电介参数调控，而且可使材料在不同的温度和使用频率下出现半导体行为。

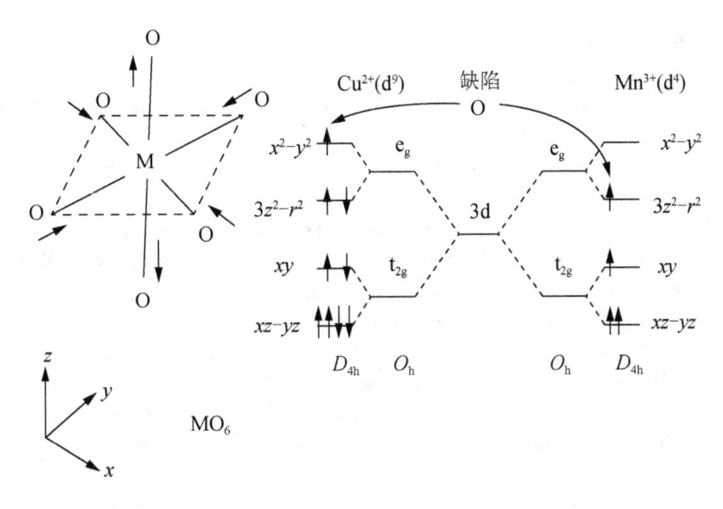

图 1-6 $3d^9$ 和 $3d^4$ 离子的姜-泰勒效应[33]

四、镍铜锌铁氧体及其掺杂的研究

前几年叠层片式电感器和相关电感器件材料的研究引起了人们的广泛关注[39,40]。其中尖晶石型铁氧体材料的研究表明，材料的良好性能不仅取决于材料的主配方结构，而且依赖于微量的稀土离子掺杂。为了调制材料的微观结构和改善材料的电磁性能，人们进行了大量的稀土离子，如 La^{3+}、Ce^{3+}、Nd^{3+}、Gd^{3+} 和 Sm^{3+}掺杂尖晶石铁氧体的研究[41-45]。研究结果显示，由于稀土离子具有较大的离子半径和稳定的物理化学性质，尤其是特殊的不满外层电子组态（$4f^n$），微量掺杂极易影响铁氧体主配方的电磁性能。例如，文献[45]中详细研究了稀土离子 Sm^{3+} 掺杂主配方 $Ni_{0.25}Cu_{0.2}Zn_{0.55}Fe_2O_4$，结果表明镍铜锌铁氧体的饱和磁化强度、电阻率和颗粒尺寸与掺杂稀土离子的浓度紧密相关，而且在掺杂浸渍区存在某一掺杂极限浓度值。

参 考 文 献

[1] 李荫远，李国栋. 铁氧体物理学（修订本）[M]. 北京：科学出版社，1978：1-41.
[2] 崔锦华. 浅谈软磁铁氧体材料及应用[J]. 陶瓷，2011（11）：31-32.
[3] 刁春丽，娄广辉. 铁氧体磁性材料的研究现状与展望[J]. 山东陶瓷，2006，29（1）：18-21.
[4] 袁雪. Co-Zn 铁氧体纳米颗粒的制备及磁性研究[D]. 南京：东南大学，2008.
[5]《功能材料及其应用手册》编写组. 功能材料及其应用手册[M]. 北京：机械工业出版社，1991.
[6] 宛德福，马兴隆. 磁性物理学[M]. 北京：电子工业出版社，1999.
[7] 姜寿亭，李卫. 凝聚态磁性物理[M]. 北京：科学出版社，2003：84-100.
[8] 严密，彭晓玲. 磁学基础与磁性材料[M]. 杭州：浙江大学出版社，2006：37-54.
[9] 韩志全，廖杨，冯涛. 溶胶-凝胶法制备钇铁石榴石（YIG）研究[J]. 磁性材料及器件，2009，40（5）：11-14.
[10] 王超. 稀土掺杂 M-型铁氧体的制备与磁性能研究[D]. 合肥：安徽大学，2013.
[11] MOHAMED R M, RASHADA M M, HARAZ F A, et al. Structure and magnetic properties of nanocrystalline cobalt ferrite powders synthesized using organic acid precursor method[J]. Journal of magnetism and magnetic materials, 2010, 322(14): 2058-2064.
[12] AMIRI S, SHOKROLLAHI H. The role of cobalt ferrite magnetic nanoparticles in medical science[J]. Materials science and engineering: C, 2013, 33(1): 1-8.
[13] SANPO N, BERNDT C C, WEN C, et al. Transition metal-substituted cobalt ferrite nanoparticles for biomedical applications[J]. Acta biomaterialia, 2013, 9(3): 5830-5837.
[14] CHIA C H, ZAKARIA S, YUSOFFA M, et al. Size and crystallinity-dependent magnetic properties of $CoFe_2O_4$ nanocrystals[J]. Ceramics international, 2010, 36(2):605-609.
[15] SHARIFI I, SHOKROLLAHI H. Nanostructural, magnetic and Mössbauer studies of nanosized $Co_{1-x}Zn_xFe_2O_4$ synthesized by co-precipitation[J]. Journal of magnetism and magnetic materials, 2012, 324(15): 2397-2403.

[16] JADHAV S S, SHIRSATH S E, PATANGE S M, et al. Effect of Zn substitution on magnetic properties of nanocrystalline cobalt ferrite[J]. Journal of applied physics, 2010, 108(9): 093920.

[17] LIU Y, ZHU X G, ZHANG L, et al. Microstructure and magnetic properties of nanocrystalline $Co_{1-x}Zn_xFe_2O_4$ ferrites[J]. Materials research bulletin, 2012, 47(12): 4174-4180.

[18] NOOR S, HAKIM M A, SIKDER S S, et al. Magnetic behavior of Cd^{2+} substituted cobalt ferrites[J]. Journal of physics and chemistry of solids, 2012, 73(2): 227-231.

[19] SINGHAL S, BARTHWAL S K, CHANDRA K. XRD, magnetic and Mössbauer spectral studies of nano size aluminum substituted cobalt ferrites($CoAl_xFe_{2-x}O_4$)[J]. Journal of Magnetism and magnetic materials, 2006, 306(2): 233-240.

[20] DASCALU G, POPESCU T, FEDER M, et al. Structural, electric and magnetic properties of $CoFe_{1.8}RE_{0.2}O_4$ (RE=Dy, Gd, La) bulk materials[J]. Journal of magnetism and magnetic Materials, 2013, 333(5): 69-74.

[21] KUMAR L, KAR M. Effect of La^{3+} substitution on the structural and magnetocrystalline anisotropy of nanocrystalline cobalt ferrite($CoFe_{2-x}La_xO_4$)[J]. Ceramics international, 2012, 38(6): 4771-4782.

[22] 蒋荣立，陈文龙，张宗祥，等. 镝掺杂铁氧体纳米晶的制备、表征和磁性[J]. 化学学报，2008，66（11）：1322-1326.

[23] MATHE V L, SHEIKH A D. Magnetostrictive properties of nanocrystalline Co-Ni ferrites[J]. Physica B, 2010, 405(17): 3594-3598.

[24] AHMAD I, ABBAS T, ISLAM M U, et al. Study of cation distribution for Cu-Co nanoferrites synthesized by the sol-gel method[J]. Ceramics International, 2013, 39(6): 6735-6741.

[25] CHAE K P, LEEY B, LEE J G, et al. Crystallographic and magnetic properties of $CoCr_xFe_{2-x}O_4$ ferrite powders[J]. Journal of magnetism and magnetic materials, 2000, 220(1): 59-64.

[26] 潘庆谊. $MgFe_2O_4$- $MgAl_2O_4$ 系尖晶石固溶体的导电性[J]. 河南科学，1987（4）：33-38.

[27] DERAZ N M, ALARIFI A. Novel preparation and properties of magnesioferrite nanoparticles[J]. Journal of analytical and applied pyrolysis, 2012, 97: 55-61.

[28] FRANCO JR A, SILVA M S. High temperature magnetic properties of magnesium ferrite nanoparticles[J]. Journal of applied physics, 2011, 109: 07B505.

[29] 廖晓舟，陈武气，胡春元，等. Mn 和 Cu 取代对镁锌铁氧体性能的影响[J]. 磁性材料及器件，2013，44（4）：64-66.

[30] 夏爱林，陈路，刘顺凯，等. 二次水热法制备镁锌铁氧体粉末及其结构性能研究[J]. 粉末冶金工业，2012，22（4）：14-17.

[31] 杨国本. 中短波镁锌铁氧体天线磁芯的研制[J]. 宇航材料工艺，1991（2）：54-61.

[32] 李爱民. 镁锌铁氧体磁芯的工艺研究[J]. 电子元件与材料，2007，26（7）：63-65.

[33] ATA-ALLAH S S, HASHHASH A. Jahn-Teller effect and superparamagnetism in Zn substituted copper-gallate ferrite[J]. Journal of magnetism and magnetic materials, 2006. 307(2): 191-197.

[34] ATA-ALLAH S S, KAISER M. Conductivity and dielectric studies of copper-aluminate substituted spinel nickel ferrite[J]. Journal of alloys and compounds, 2009, 471(1-2): 303-309.

[35] GABAL M A, ATA-ALLAH S S. Effect of diamagnetic substitution on the structural, electrical and magnetic properties of $CoFe_2O_4$[J]. Materials chemistry and physics, 2004, 85(1): 104-112.

[36] ATA-ALLAH S S. Hyperfine parameters, (ac and dc) conductivity, and dielectric relaxation studies of $CuAlFeO_4$, using Mössbauer and adaptive technique for electrical measurements[J]. Materials chemistry and physics, 2004, 87(2-3): 378-386.

[37] ATA-ALLAH S S. XRD and Mössbauer studies of crystallographic and magnetic transformations in synthesized Zn-substituted Cu-Ga-Fe compound[J]. Journal of solid state chemistry, 2004, 177(12): 4443-4450.

[38] ATA-ALLAH S S, FAYEKA M K, REFAIA H S, et al. Mössbauer effect study of copper containing nickel-aluminate ferrite[J]. Journal of solid state chemistry, 2000, 149(2): 434-442.

[39] PRAVEENA K, SADHANA K, MURTHY S R. Microwave-hydrothermal synthesis of $Ni_{0.53}Cu_{0.12}Zn_{0.35}Fe_2O_4/SiO_2$ nanocomposites for MLCI[J]. Integrated ferroelectrics, 2010, 119(1): 122-134.

[40] SU H, ZHANG H W, TANG X L, et al. Sintering characteristics and magnetic properties of NiCuZn ferrites for MLCI applications[J]. Materials science and engineering: B, 2006, 129(1-3): 172-175.

[41] ROY P K, NAYAK B B, BERA J. Study on electro-magnetic properties of La substituted Ni-Cu-Zn ferrite synthesized by auto-combustion method[J]. Journal of magnetism and magnetic materials, 2008, 320(6): 1128-1132.

[42] ROY P K, BERA J. Enhancement of the magnetic properties of Ni-Cu-Zn ferrites with the substitution of a small fraction of lanthanum for iron[J]. Materials research bulletin, 2007, 42(1): 77-83.

[43] JACOBO S E, DUHALDE S, BERTORELLO H R. Rare earth influences on the structural and magnetic properties of Ni-Zn ferrites[J]. Journal of magnetism and magnetic materials, 2004, 272-276: 2253-2254.

[44] MENG Y Y, LIU Z W, DAI H C, et al. Structure and magnetic properties of $Mn(Zn)Fe_{2-x}RE_xO_4$ ferrite nano-powders synthesized by co-precipitation and refluxing method[J]. Powder technology, 2012, 229: 270-275.

[45] ROY P K, BERA J. Electromagnetic properties of samarium-substituted NiCuZn ferrite prepared by auto-combustion method[J]. Journal of magnetism and magnetic materials, 2009, 321(4): 247-251.

第二章　铁氧体的制备及表征

第一节　铁氧体常用的制备方法

目前铁氧体磁性材料制备方法按照制备的机制可以划分为化学法、物理法、物理化学两种方法相结合的综合法。另外，按样品制备过程中所处的体系状态不同，铁氧体磁性材料的制备方法又可分为气相法、液相法和固相法三大类。经典的制备方法是陶瓷方法，该方法不仅需要很高的温度和很长的反应时间，而且伴随研磨会产生杂质。化学法制备在近年来引起了人们的广泛关注，化学合成法制得的材料颗粒尺寸、形状、组分可控，而且材料的性能可根据条件进行改善，发展较快的制备纳米结构铁氧体的方法有机械研磨法、溶胶-凝胶法、水热法、化学共沉淀法、自蔓延高温合成法等[1]。

一、机械研磨法

机械研磨法是把配料按配比混合，在研磨机的转动和振动下，达到细化与混合的效果。经典的陶瓷工艺[2]也是采用这种方法，原料通过研磨、干燥、煅烧，实现初步铁氧体化，经过二次研磨、干燥、造粒后得到铁氧体颗粒，颗粒经成型、烧结处理后可得到满足各种需求的工业产品。传统的机械研磨法虽然工艺简单，配方准确，易于大规模生产，但易引入杂质，分散性差，能耗大，而且难以得到纳米级别的颗粒。近几年应用于实验室科学研究发展起来的高能球磨法，是将大块材料放入高能球磨机或气流磨中，利用介质和物料之间的相互摩擦和冲击使物料细化。

高能球磨法的优点是工艺简单，能有效控制合金的成分并制备出高熔点合金纳米材料，且纳米材料的活性极高[3,4]。但是高能球磨法得到的晶粒尺寸不均匀，颗粒内部存在很大的应力，球磨的腔体和介质及氧化等会给样品带来污染[5,6]。

二、溶胶-凝胶法

溶胶-凝胶法[7,8]最早可追溯到古代中国的豆腐制作过程。1846 年，Ebelmen 将 SiC_{14} 与乙醇混合后，发现其在湿空气中发生水解并形成凝胶；20 世纪 30 年代，Geffcken 证实了用金属纯盐的水解和凝胶化可以制备氧化物薄膜；之后 Roy 及其同事在 1948 年提出了可由凝胶制得高度均匀的新型陶瓷材料的设想，并在 50～70 年代采用溶胶-凝胶法合成了铝、硅、钛、锆等的氧化物陶瓷。随着科学技术的不断发展，溶胶-凝胶法的理论和技术日臻完善。80 年代以来，溶胶-凝胶技术在玻璃、氧化物涂层、纳米粉料，尤其是在传统方法难以制备的复合氧化物材料中被成功应用。到了 90 年代，纳米技术的出现更是将溶胶-凝胶法的应用推向了高潮。近几年来，溶胶-凝胶法广泛应用于实验室制备铁氧体纳米材料。

溶胶-凝胶法[1,4]的基本原理是通过金属醇盐、溶剂、水及催化剂组成均相溶液，均相溶液通过水解缩聚形成均相溶胶，进一步陈化为湿凝胶，温凝胶经过干燥处理得到干凝胶，烧结后得到致密的纳米颗粒材料。其磁性能与干凝胶的焙烧温度和铁氧体的含量有关，用该方法可制备薄膜、纤维、涂层和纳米粉。目前，溶胶-凝胶法按其生产溶胶-凝胶过程的机制可以分为传统胶体型、无机聚合物型和络合物型。溶胶-凝胶法具有制作工艺简单、化学组成准确、合成温度低，以及合成的产物晶粒小、分布均匀、纯度高等优点，但是也存在水解反应复杂，反应过程耗时较长，所用原料多为有机化合物、成本较高，较难实现工业化，性能参数易受环境影响等缺点[4,5,9]。

三、水热法

水热法最早用来制造高性能氧化铁磁记录介质。1988 年，美国的 Roy 等首次用水热法合成铁氧体粉工艺制备了细晶粒。1998 年，美国宾夕法尼亚州立大学 Komarneni 等用微波水热法在 164℃合成了纳米铁氧体粉[5]。

水热法[3,10]又称热液法，是指在密封的压力容器（高压反应釜）中，高温高压条件下在水溶液或水蒸气等流体中进行有关化学反应的总称。水热法根据反应类型不同，可分为水热氧化、水热还原、水热沉淀、水热合成、水热水解与水热结晶等。在高温高压水热条件下，高压反应釜能提供一个在常压条件下无法得到的特殊的物理化学环境，使前驱物在反应系统中得到充分的溶解，并达到一定的过饱和度，从而形成原子或分子生长基元，其进行成核结晶生成颗粒。

水热法的优点如下[2,4,5]：所制得的纳米颗粒结晶良好，粒度分布窄（一般只有几十纳米），团聚程度小，不需高温煅烧预处理，避免了此过程中晶粒长大、缺陷形成和杂质引入；可以通过控制溶液浓度、pH、压力、反应温度与时间等对产物纯度、颗粒、磁性等进行调控。但该方法也有如下缺点[9]：对原材料的纯度要求很高，且反应是在相对较高的温度和压力下进行的，设备投资大，生产成本相对较高；制备工艺较为复杂。

四、化学共沉淀法

化学共沉淀法是在液相下进行化学制备较简便、较常用的方法之一，因此也常用来制备铁氧体材料。

化学共沉淀法[4,11]是指在包含两种或两种以上金属离子的可溶性盐溶液中加入适当沉淀剂（如酸根离子或者氢氧根离子等），将金属离子均匀沉淀或结晶出来，形成不溶性氢氧化物、氧化物或无机盐类，再经过滤、洗涤、干燥、煅烧和热分解后得到铁氧体纳米粉体材料的方法。化学共沉淀法按沉淀剂的不同可分为碳酸盐共沉淀法、草酸盐共沉淀法和氢氧化物共沉淀法等若干种方法。按反应初始铁离子的价态不同又可分为两类：一类是以 Fe^{3+} 和其他二价金属离子为初始反应离子制备铁酸盐；另一类是以 Fe^{2+}和其他二价金属离子为初始反应离子，通过将 Fe^{2+}氧化成 Fe^{3+}，进而形成铁氧体[9]。

化学共沉淀法工艺简单，反应温度低，所制得颗粒性能良好，并且具有反应物化学活性高、产物粉体混合均匀和粒度细等优点，因此国内外很重视化学共沉淀法的研究与开发。但是该方法的缺点是纳米粉体的团聚难以克服，需进行表面修饰；如何选择适当的沉淀剂和如何避免沉淀剂的混入以保证铁氧体产品的性能也是一个难题。另外，化学共沉淀法成本较高，污染严重，生产规模难以扩大。

五、自蔓延高温合成法

自蔓延高温合成法[2-6]（self-propagation high-temperature synthesis，SHS），又称为燃烧合成（combustion synthesis），自 1967 年在苏联被发现以来，是近几十年发展起来的制备材料的新方法。自蔓延高温合成法最大的特点是利用反应物内部的化学能来合成材料，即原料一经点燃，燃烧反应即可自我维持，一般不再需要补充能量。整个工艺过程极为简单、能耗低、生产率高，且产品纯度高；同时由于燃烧过程中具有较快的冷却速率，易于获得亚稳物相。

原料中铁粉的含量和粉末粒度直接影响燃烧温度和速率。铁含量的增加导致燃烧温度和速率的提高。铁粉粉末粒度的增大会导致燃烧温度和速度的降低。自蔓延高温合成法减少了铁氧体化步骤，降低了能耗，缩短了合成时间，提高了生产效率，并减少了对环境的污染。另外，该方法制备的铁氧体产量高，产品纯度高，铁氧体元件的性能优良，具有广泛的应用前景。

第二节　溶胶-凝胶自蔓延法

铁氧体材料的性能与合成工艺有着重要的联系。不同用途的铁氧体，可以采用不同的配方和不同的合成工艺。铁氧体的制备工艺，随着对其性能需求的不断提高得到了丰富，而多种先进工艺技术综合和组合运用已成为铁氧体材料合成研究的一个热点。

溶胶-凝胶自蔓延法是近些年发展起来的一种制备方法[12]。溶胶-凝胶法是利用金属醇盐在适当 pH 的溶剂中与络合剂发生水解、络合等反应成为溶胶，进一步陈化为湿凝胶，湿凝胶经过干燥处理得到干凝胶，干凝胶烧结便得到致密的铁氧体粉末。自蔓延高温合成法具有以下特点：①燃烧温度高，所以化学反应完全，对杂质有自净化作用，产品纯度高；②燃烧波传播速率快，极大地缩短了反应时间；③燃烧过程中大量放热，反应一经点燃就不需要外界提供能量，因而可以节省能源。因此我们结合溶胶-凝胶法使用了自蔓延高温合成法，即在处理干凝胶过程中滴加助燃剂无水乙醇，点燃后即可自动燃烧，对燃烧得到的灰烬进行研磨后，再根据研究需要对样品进行高温煅烧。采用溶胶-凝胶自蔓延法的制备技术，不仅沿袭了溶胶-凝胶技术合成产物纯度高、粒径小的特征，而且具有自蔓延高温合成法制备产物不易团聚的优点，且无须高温激发，降低了制造成本，适用于工业化生产。

本章采用溶胶-凝胶自蔓延法制备了尖晶石结构的钴铁氧体及其掺杂的铁氧体磁性材料。

一、实验试剂及仪器

本章实验所需要的化学试剂及仪器如表 2-1 与表 2-2 中所列。

表 2-1　化学试剂

试剂名称	规格	生产厂家
柠檬酸（$C_6H_8O_7 \cdot H_2O$）	分析纯	西陇化工股份有限公司
氨水（$NH_3 \cdot H_2O$）	分析纯	西陇化工股份有限公司
乙醇（C_2H_6O）	分析纯	广东光华科技股份有限公司
去离子水	分析纯	桂林市贝尔化学试剂公司
硝酸铁[$Fe(NO_3)_3 \cdot 9H_2O$]	分析纯	西陇化工股份有限公司
硝酸钴[$Co(NO_3)_2 \cdot 6H_2O$]	分析纯	西陇化工股份有限公司
硝酸锌[$Zn(NO_3)_2 \cdot 6H_2O$]	分析纯	西陇化工股份有限公司
硝酸镁[$Mg(NO_3)_2 \cdot 6H_2O$]	分析纯	西陇化工股份有限公司
硝酸钆[$Gd(NO_3)_3 \cdot 6H_2O$]	分析纯	国药集团化学试剂有限公司
硝酸镧[$La(NO_3)_3 \cdot 6H_2O$]	分析纯	西陇化工股份有限公司
硝酸铜[$Cu(NO_3)_2 \cdot 3H_2O$]	分析纯	西陇化工股份有限公司
硝酸钐[$Sm(NO_3)_3 \cdot 6H_2O$]	分析纯	西陇化工股份有限公司
硝酸镍[$Ni(NO_3)_2 \cdot 6H_2O$]	分析纯	西陇化工股份有限公司

表 2-2　实验仪器

仪器名称	型号	生产厂家
电子天平	BS124S	赛多利斯科学仪器（北京）有限公司
数显恒温水浴锅	HH-2	常州国华电器有限公司
大功率电动搅拌器	JJ-1-160/200	常州国华电器有限公司
通风橱	BZ-1	广州汇绿实验室设备科技有限公司
数显鼓风干燥箱	GZX-9246MBE	上海博讯实业有限公司医疗设备厂
箱式电阻炉	SIJX-4-13	天津市中环实验室电炉有限公司
电炉温度控制器	KSY-6-16A	天津市中环实验室电炉有限公司
全自动粉末 X 射线衍射仪	D/max 2500PC	日本 Rigaku 公司
扫描电子显微镜	Nova^{TM} Nano SEM 430	FEI 公司
穆斯堡尔谱仪	Tec PC-moss Ⅱ	美国 Fast Com 公司
超导量子干涉仪	MPMS-XL-7	美国 Quantum Design 公司

二、主要实验步骤

溶胶-凝胶自蔓延法的流程图如图 2-1 所示。

实验的主要步骤如下：

1）按照各个系列的配比（$CoGd_xFe_{2-x}O_4$、$Co_{1-x}Mg_xFe_2O_4$、$Co_{1-x}Zn_xFe_2O_4$），以及络合剂（$C_6H_8O_7 \cdot H_2O$）与金属离子的物质的量比为 1∶1，预先计算所需硝酸盐及络合剂的量。

2）准备实验所需的化学试剂，清洁实验中所需的仪器。

3）开启数显恒温水浴锅（设置水浴温度为 80℃）。

4）使用电子天平精确称量所需的硝酸盐及络合剂的量，并分别溶于去离子水中。

5）待硝酸盐及络合剂在去离子水中完全溶解（可以用玻璃棒进行适当的搅拌）时，将它们混合在一起。

6）在混合溶液里添加氨水（$NH_3 \cdot H_2O$），调节溶液的 pH（约为 7）。

7）把混合溶液转移到预先开启的数显恒温水浴锅中，并使用大功率电动搅拌器进行搅拌（搅拌器的转速要适当，应随着溶液减少及时调节搅拌器转子的位置）。

8）待将成为浓稠的溶胶时，要及时停止使用大功率电动搅拌器，可以改为手动搅拌，直到形成较硬的溶胶。

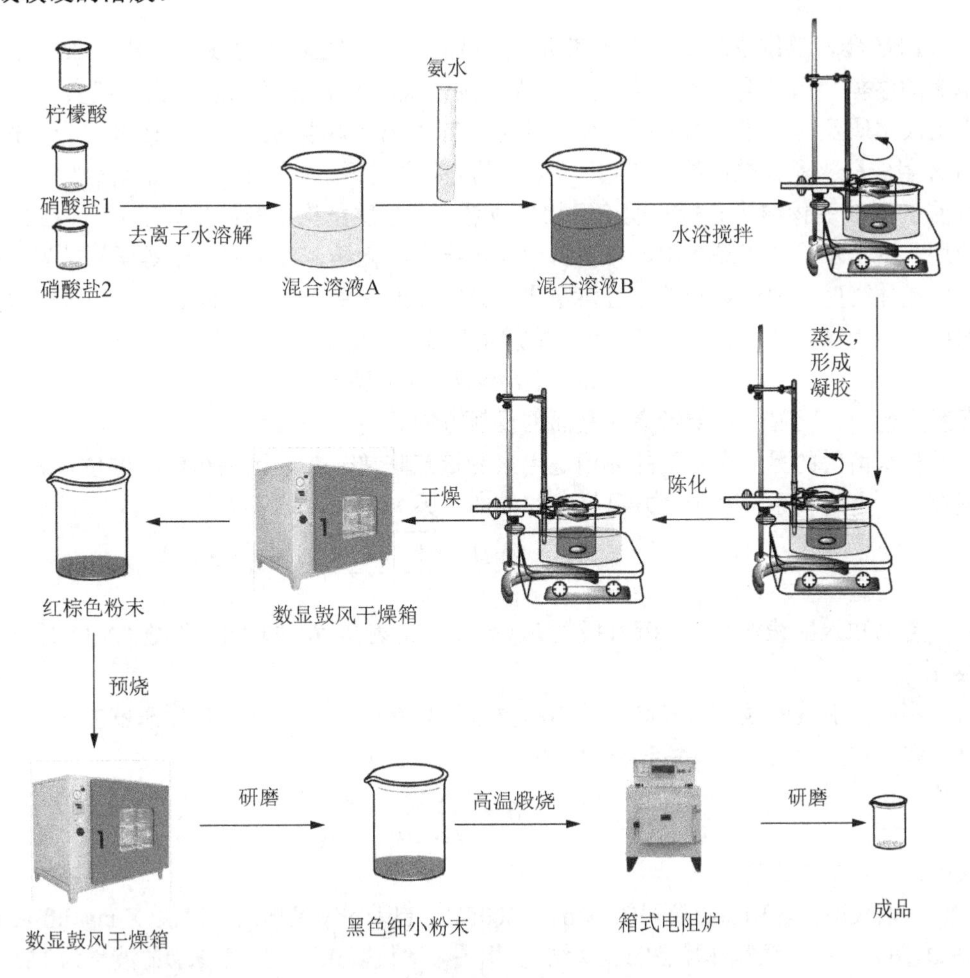

图 2-1　溶胶-凝胶自蔓延法的流程图

9）把溶胶放置于数显恒温水浴锅里陈化一段时间后得到湿凝胶。

10）将湿凝胶转置于数显鼓风干燥箱中，在 120℃下干燥 2h，样品冷却至室温后变为脆的干凝胶。

11）将干凝胶从烧杯中取出，置于耐火陶瓷器皿中，滴加助燃剂无水乙醇后点燃，样品自蔓延后形成蓬松树枝状的样品灰烬。

12）使用玛瑙研钵对蓬松的样品进行研磨后，得到细小的铁氧体粉末。

13）把研磨后的细粉放置于箱式电阻炉中，按照所需的温度烧结 3h，之后样品随炉冷却至室温后将样品取出，就可得到致密化的铁氧体粉末。

第三节 样品的表征方法

一、X 射线衍射仪

1895 年，德国物理学家伦琴在研究阴极射线时发现了 X 射线，揭开了 20 世纪物理学革命的序幕。1912 年，劳厄发现了 X 射线通过晶体时产生的衍射现象，证实了 X 射线的电磁波本质及晶体原子的周期排列，奠定了 X 射线衍射学的基础。1915 年，布拉格父子利用 X 射线分析晶体的结构，推导出了著名的布拉格方程，发展了 X 射线晶体结构分析方法。目前 X 射线晶体结构分析的理论已相当成熟，是物质结构研究的重要工具，得到了广泛的应用，进一步推动了晶体学、材料科学、矿物学、化学、分子生物学等学科的发展[7]。

晶体衍射的理论基础是布拉格定律，该定律的完整表述为，波长为 λ 的平行 X 射线入射到间距为 d 的晶面族（h,k,l）上，掠射角为 θ，当满足如下条件时：

$$n\lambda = 2d\sin\theta \quad (n \text{ 为整数}) \tag{2-1}$$

即发生衍射，衍射线在所考虑的晶面的反射方向。

粉末衍射的另一个重要的应用是用来测量点阵常数[13]，因为衍射线的位置和点阵常数间存在一定的关系。对于立方晶系，它们的关系为

$$a = \frac{\lambda}{2}\frac{\sqrt{h^2 + k^2 + l^2}}{\sin\theta} \tag{2-2}$$

若已知入射线波长 λ、衍射指数 h、k、l 及衍射角 θ，即可按照式（2-2）求出点阵常数 a。

利用衍射线的线形研究晶体结构的原理很早就被提出，1918 年谢乐就提出了衍射线宽（β）和晶粒尺寸（D）的关系式[13]，被称为谢乐方程：

$$\beta = \frac{K\lambda}{D\cos\theta} \tag{2-3}$$

式中，K 为谢乐常数。

本书采用日本Rigaku公司的D/max 2500PC全自动粉末X射线衍射仪(X-ray diffractometer，XRD，图2-2)测定铁氧体样品的晶体结构。相关参数设置如下：Cu靶(K_α)的波长为0.15405nm，扫描范围 2θ=10°～80°，扫描速率为 5°/min。借助 Jade 5.0 软件对 XRD 数据进行处理，通过分析峰的位置强度和形状，可以知道样品的相组成、晶格常数、结晶度和颗粒尺寸等。

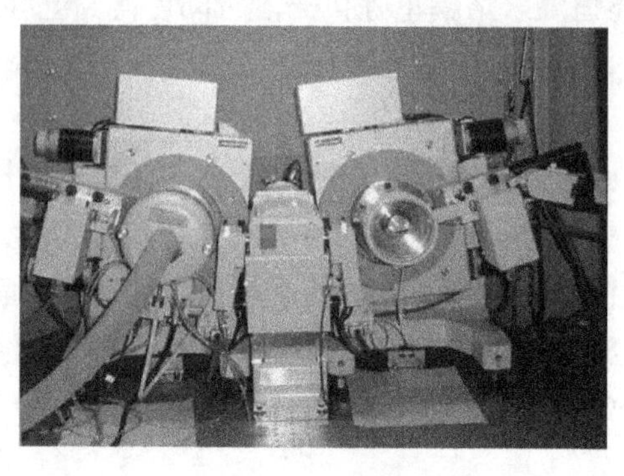

图 2-2 全自动粉末 X 射线衍射仪的主体结构

Jade 5.0 软件的主要操作步骤如下：启动软件→读取数据→图谱平滑→扣除本底（K_{α_2}）→寻峰→拟合→物相检索（通过与物质粉末衍射卡片数据库的标准峰进行对比，对样品的物相结构进行分析）→读取晶粒尺寸、晶格常数（需精修）、X 射线密度等参数。

二、扫描电子显微镜

扫描电子显微镜（scanning electron microscope , SEM）简称扫描电镜。继透射电子显微镜后，1965 年第一台商用扫描电子显微镜问世，并得到了迅速发展。其原因在于扫描电子显微镜的扫描方式在一定程度上弥补了透射电子显微镜不能直接观察大块样品的不足，其分辨率介于透射电子显微镜和光镜之间，是一种比较理想的表面分析仪器[14]。扫描电子显微镜的优点是样品种类与尺寸适应性大，试样制备简单，而且扫描电子显微镜的景深大、放大倍数连续可调。扫描电子显微镜的基本原理就是利用聚焦得非常细的高能电子束在试样上扫描，激发出各种物理信息，通过对这些信息的接收、放大和显示成像，获得对试样表面形貌的观察。因此可以用扫描电子显微镜对合成的样品进行显微形貌结构观察，并对晶粒大小与尺寸分布进行分析。通过比较不同的扫描电子显微镜图像，可以看出样品的微观变化。

本书采用 FEI 公司的 Nova™ Nano SEM 430 型扫描电子显微镜（图 2-3）对铁氧体样品的显微形貌进行观察。本书还使用粒度分析软件 Nano Measurer 1.2 对样品颗粒的尺寸分布情况及颗粒的平均尺寸进行统计分析。

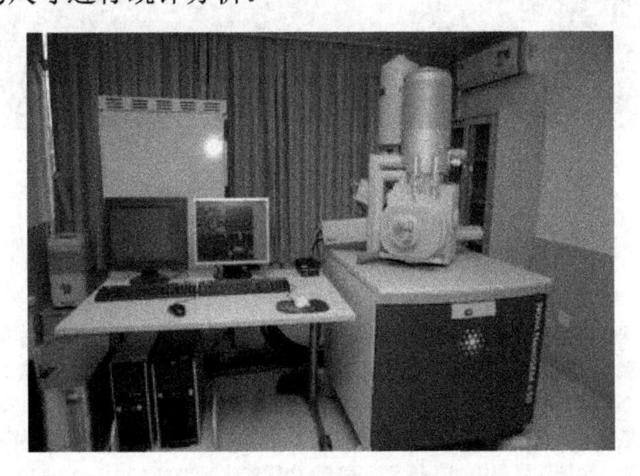

图 2-3　扫描电子显微镜

三、超导量子干涉仪

作为 20 世纪物理学重要发现之一的超导电性，在 1911 年被荷兰物理学家卡末林-昂内斯发现以后，人们就对超导电性的实际应用提出了许多设想，其中的一个重要应用就是基于约瑟夫森在 1961 年从理论上预言的超导电子对之间的量子隧道效应发展起来的超导量子干涉仪（superconducting quantum interference device，SQUID）[15]。

超导量子干涉仪[16]的基本原理是建立在磁通量子化和约瑟夫森效应的基础上的。超导量子干涉仪是测量磁信号最灵敏的装置，但是它并不直接测量样品的磁矩。其基本工作原理如下：样品磁矩在超导探测线圈中感生出电流，感生电流与探测线圈中的磁通成正比，样品在探测线圈中的移动引起感生电流的变化，探测线圈的电流与超导量子干涉仪感应耦合，超导量子干涉仪输出的是电压的变化。超导量子干涉仪电子探测系统可以保证输出电压正比于输入电流，因此可以把超导量子干涉仪看成极高精度的电流-电压转换器。从而超导量子干涉仪的输出电压正比于样品的磁矩。所以，超导量子干涉仪就其功能而言是一种磁通传感器，不仅可以用来测量磁通量的变化，还可以测量能转换为磁通的其他物理量，如电压、电流、电阻、电感、磁感应强度、磁场梯度、磁化率等。

本书采用美国 Quantum Design 公司的 MPMS-XL-7 型超导量子干涉仪（图 2-4），对铁氧体样品进行磁滞回线的测量。该仪器的技术指标如下：灵敏度可达 5×10^{-9} emu；温控范围为 1.8～400K；磁场范围为−7～+7T。

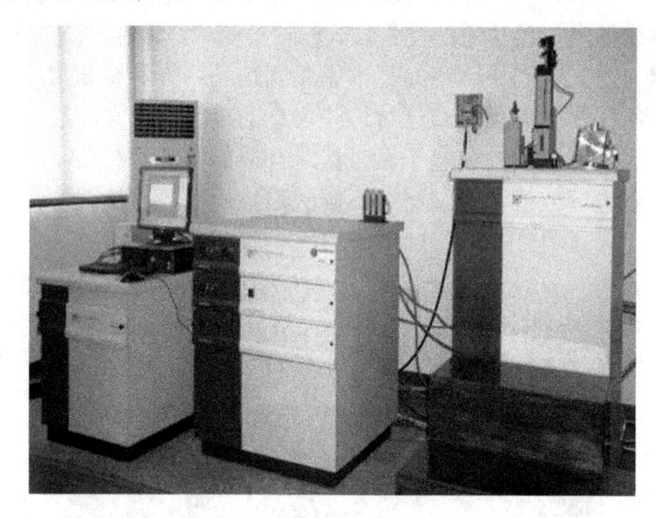

图 2-4　超导量子干涉仪

参 考 文 献

[1] 刘献明，吉保明. 纳米结构铁氧体磁性材料的制备和应用[J]. 应用化工，2008，37（6）：685-687.

[2] 席国喜，路迈西. 锰锌铁氧体材料的制备研究新进展[J]. 人工晶体学报，2005，34（1）：164-168.

[3] 焦小莉，蒋荣立，吕慧，等. 离子掺杂改性铁氧体材料的研究进展[J]. 淮阴工学院学报，2011，20（3）：52-56.

[4] 张梅梅，刘建安. 尖晶石型磁性纳米材料的制备及研究进展[J]. 电子元件与材料，2009，28（4）：67-70.

[5] 王长振，谭维，周甘宇，等. 锰锌铁氧体粉制备技术综述[J]. 中国锰业，2002，20（3）：37-41

[6] 李垚，赵九蓬，韩杰才，等. 铁氧体粉料制备工艺与新进展[J]. 粉末冶金技术，2000，18（1）：51-55.

[7] 黄志高. 近代物理实验[M]. 北京：科学出版社，2012.

[8] 魏艳艳. 尖晶石铁氧体纳米微晶的制备及其磁性能研究[D]. 天津：天津大学，2007.

[9] 于文广，张同来，魏雨，等. 纳米 Mn-Zn 铁氧体的制备研究进展[J]. 材料导报，2006，20（5）：33-36

[10] 王志成，郭林，张东凤. 单分散性钴铁氧体纳米粒子的研究进展[EB/OL].(2011-01-12)[2017-08-17]. http: // www . paper . edu . cn / releasepaper / content / 201101 – 548 .

[11] 单小璇. 磁性纳米材的化学法制备及性能研究[D]. 广州：华南理工大学，2011.

[12] SUTKA A, MEZINSKIS G . Sol-gel auto-combustion synthesis of spinel-type ferrite nanomaterials[J]. Journal of materials science, 2012, 6(2): 128-141.

[13] 马礼敦. 近代 X 射线多晶体衍射：实验技术与数据分析[M]. 北京：化学工业出版社，2004.

[14] 祁景玉. 现在分析测试技术[M]. 上海：同济大学出版社，2006.

[15] 马平，扬涛，谢飞翔，等. 高温超导量子干涉磁强计的发展现状及其应用[J]. 现代仪器，2011（5）：28-30.

[16] 陈林，李敬东，唐跃进，等. 超导量子干涉仪发展和应用现状[J]. 低温物理学报，2005，27（5）：657-661.

第三章 穆斯堡尔谱实验及数据分析

第一节 穆斯堡尔效应原理

穆斯堡尔效应是德国物理学家鲁道夫·穆斯堡尔（图 3-1）于 1958 年发现的固体晶格中原子核的无反冲共振吸收现象[1-3]。穆斯堡尔谱参数主要反映了原子核的电荷、电四极矩和磁偶极矩，以及其与原子核周围电荷、电场梯度（electric-force gradient，EFG）和磁场的相互作用[4,5]。

图 3-1 鲁道夫·穆斯堡尔

穆斯堡尔谱学最初应用于核物理，随后又深入应用到化学、考古学、超导物理、固体物理、非晶材料、磁性材料、固体表面与化学催化、地质矿物、生物体系、辐射损伤和离子注入、环境科学等许多科学技术领域中[6-8]，目前逐渐深入工程技术领域中。穆斯堡尔谱学主要用于物质微观结构和结构变化的鉴定，如化学结构和化学键、相转变、超精细场、电子极化、原子磁矩、磁转变、晶体缺陷、相结构、相变、有序化等[9-13]。Fast 穆斯堡尔系统工作图如图 3-2 所示。

目前，科研人员已在 40 多种元素与 80 多种同位素中观测到穆斯堡尔效应（图 3-3），穆斯堡尔谱学已经成为自然科学和技术科学许多领域中的重要研究手段，在大多数研究物质微观结构的自然科学领域中可以找到它的踪迹。同时，穆斯堡尔谱学原理也已经成为许多学科基础研究的有力手段，在不断发展的过程中开创了新的领域，并迅速地发展成为跨学科的新技术领域——穆斯堡尔谱学[14-17]。近年来，穆斯堡尔谱测量技术也显示出独特的技术优势，成为一种极为有效的微观结构探测工具。由于穆斯堡尔谱学研究的是固体中原子尺寸的微观状态统计总和，而不是宏观平均，其最突出的特点是探测能量差极小，因此具有极高的能量分辨率，其高能量分辨率对离子价态和电荷转移的诊断是迄今为止较为有效的方法之一，这是其他化学分析手段无法替代的[18-20]。

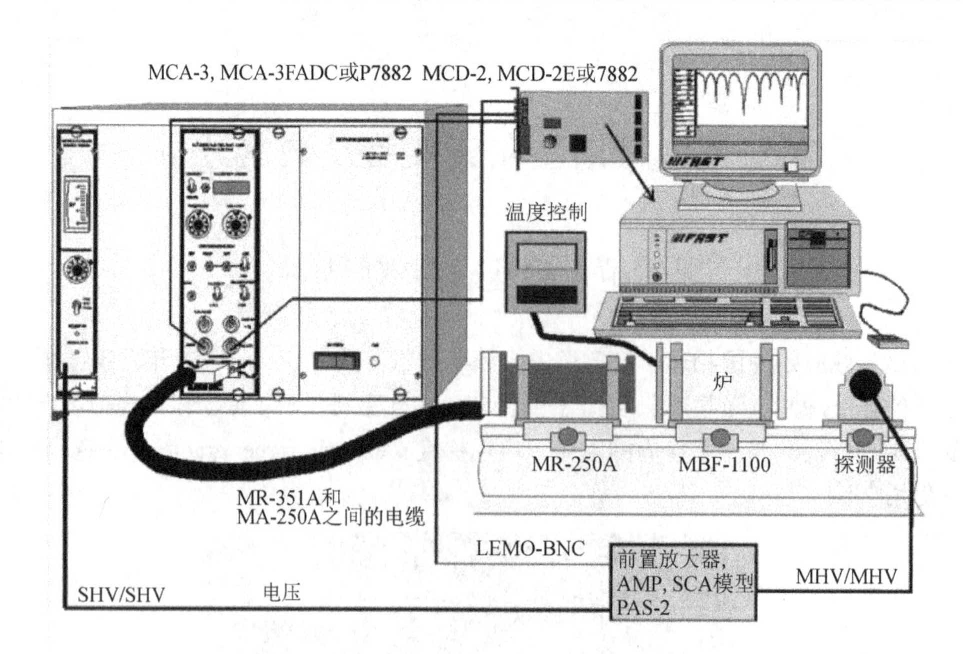

图 3-2　**Fast** 穆斯堡尔系统工作图

Fe2 铁 1 ↖ 已观察到穆斯堡尔跃迁数
↙ 穆斯堡尔效应观察到的同位素数

ⅠA	ⅡA	ⅢB	ⅣB	ⅤB	ⅥB	ⅦB	ⅧB			ⅠB	ⅡB	ⅡA	ⅣA	ⅤA	ⅥA	ⅦA	ⅧA
H																	He
Li	Be											B	C	N	O	F	Ne
Na	Mg											Al	Si	P	S	Cl	Ar
K1 钾 1	Ca	Sc	Ti	V	Cr	Mn	Fe2 铁	Co	Ni1 镍 1	Cu	Zn1 锌 1	Ga	Ge2 锗 1	As	Se	Br	Kr1 氪 1
Rb	Sr	Y	Zr	Nb	Mo	Tc1 锝 1	Ru2 钌 2	Rh	Pd	Ag	Cd	In	Sn1 锡 1	Sb1 锑 1	Te1 碲 1	I2 碘 2	Xe2 氙 2
Cs1 铯 1	Ba1 钡 1	La	Hf4 铪 4	Ta2 钽 1	W7 钨 4	Re1 铼 1	Os6 锇 4	Ir4 铱 2	Pt2 铂 1	Au1 金 1	Hg1 汞 1	Tl	Pb	Bi	Po	At	Rn
Fr	Ra	Ac															

Ce	Pr1 镨 1	Nd2 钕 1	Pm1 钷 1	Sm6 钐 6	Eu4 铕 2	Gd9 钆 6	Tb1 铽 1	Dy6 镝 4	Ho1 钬 1	Er5 铒 5	Tm1 铥 1	Yb6 镱 5	Lu1 镥 1
Th1 钍 1	Pa1 镤 1	U3 铀 3	Np 镎 1	Pu 钚 1	Am1 镅 1	Cm	Bk	Cf	Es	Fm	Md	No	Lr

图 3-3　穆斯堡尔效应的元素表

超精细相互作用是指原子核总是处在核外环境所引起的电磁场中，这样的电磁场对原子核的核能级产生的影响称为超精细相互作用。

超精细相互作用分为三类（表 3-1）。

表 3-1　三种超精细相互作用

超精细相互作用	与原子核有关的因子	与核外环境有关的测得的量因子	从谱线上测得的量
电单极相互作用	激态核半径与基态核半径之差	原子核所在处电子密度 $\lvert\psi(0)\rvert^2$	同质异能移 I.S.
电四极相互作用	电四极矩 Q	电场梯度 EFG	四极裂距 Q.S.
磁偶极相互作用	磁矩 μ	磁场强度 H	磁分裂 ΔE_m

1）电单极相互作用，即原子核的核电荷分布与核外电子密度分布之间的库仑相互作用。

它使核能级移动而引起谱线能量的相应移动，通常被称为同质异能移，又称为化学能移，用δ表示。

2）电四极相互作用，即在原子核所在处，原子核的电四极矩与核外环境所引起的电场梯度之间的相互作用。它能使核能级产生细微的分裂，部分消除简并。而这些能级的分裂也会引起谱线的分裂。^{57}Fe 分裂为两条亚谱线，其间距被称为四极裂距，常用符号为ΔE_Q。

3）磁偶极相互作用，即在原子核所在处，原子核的磁偶极矩与核外环境所引起的磁场之间的相互作用。它能使核能级产生分裂，完全消除简并。而由于这些能级分裂，激发态的亚能级和基态的亚能级发生跃迁，从而引起谱线的分裂。^{57}Fe 分裂为六条亚谱线，被称为特征六线谱，这种分裂通常称为特征磁超精细分裂。原子核所在处的有效磁场为H_{eff}。

这些相互作用都取决于与原子核有关的因子和与核外环境有关的因子的乘积。通常这些与核外有关的项对于给定的原子核来说是已知的，而相互作用的结果可以由共振谱线能量上的变化测得，即由相应穆斯堡尔参数测得，进而可以得到反映核外环境的相关参量。

第二节　穆斯堡尔参数微观结构信息

穆斯堡尔效应发现后很快被应用于化学领域，在常温下就能观察到铁的化合物的穆斯堡尔谱变化。观察发现，同质异能移值与化合物的氧化态之间存在对应关系，不同氧化态和电子组态下铁化合物的同质异能移有一定的范围。不同铁的化合物都有特定的穆斯堡尔谱，从中可以得到铁在物质中的价态、占位及相变等。对于较为复杂的穆斯堡尔谱，需借助计算机进行数据处理，对所测得的穆斯堡尔谱进行拟合可得到许多穆斯堡尔参数，这些参数分别反映材料的微观结构和化学信息（图 3-4 和图 3-5）。

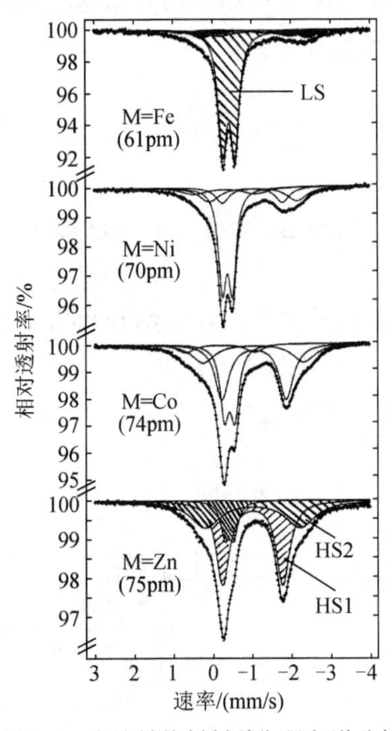

图 3-4　自旋转换材料穆斯堡尔谱分析

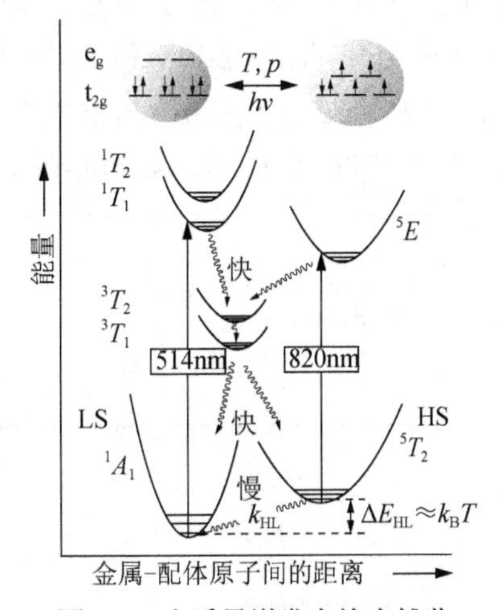

图 3-5　光诱导激发自旋态捕获

HS—高自旋；LS—低自旋；ΔE_{HL}—高低能级跃迁能量；k_B—玻尔兹曼常量

1）同质异能移。同质异能移取决于原子核半径及其变化和原子核电荷密度的乘积，可以用来确定电子结构，进而研究穆斯堡尔原子的价态和自旋态化学键性质、氧化态和配位基的电负性等化学性质。

2）四极矩劈裂。四极矩劈裂正比于核四极矩和核位电场梯度主分量的乘积，可以确定共振核周围最近邻的原子或离子分布及其对称性等局域结构性质。

3）超精细磁场。未满壳层的 3d 或 4f 电子，一方面产生原子磁矩，另一方面也是超精细磁场的主要来源，因此超精细磁场和磁矩之间有一定的内在联系。在 ^{57}Fe 核位上的超精细磁场正比于 Fe 原子磁矩，磁性材料中不同晶位的 Fe 原子所处的近邻环境不同，超精细磁场也就不同，因此测量不同晶位的超精细磁场可以确定原子的局域磁矩、磁结构等信息。

4）各子谱的吸收面积。穆斯堡尔元素占据不同的晶位时，它们之间的近邻环境有所不同，这样穆斯堡尔谱由不同子谱叠加而成。各子谱线的吸收面积正比于与之相对应晶位穆斯堡尔共振核的占位数，利用各子谱的吸收面积比可研究原子的择优占位。

5）双线谱或六线谱中各峰的强度比。强度比反映电场梯度主分量或磁矩与 γ 射线传播方向的夹角，可用来研究晶粒和磁矩取向及织构方面的结构信息。

第三节　穆斯堡尔谱原始数据拟合与分析

MossWinn 3.0 是用于分析和评估穆斯堡尔谱的软件包。本节主要介绍穆斯堡尔谱应用过程中运用拟谱软件 MossWinn 3.0 对未知样品谱进行拟合的操作。针对不同的样品结构信息可以采取不同的拟合模式，以获取最佳拟合穆斯堡尔谱参数的方法。

一、虚拟机和 Windows 98 的安装

虚拟机和 Windows 98 的安装步骤如下：

1）准备文件或程序软件压缩包，即“安装.txt”、“vmware tool for win98.iso”、“VMware10_reg.zip”和“windows98.iso”（图 3-6）。

2）解压“VMware10_reg.zip”压缩包得到“vm10keygen.exe”、“VMware workstation 10 的序列号.txt”和“VMware-workstation-full-10.0.0-1295980.exe”（图 3-7）。

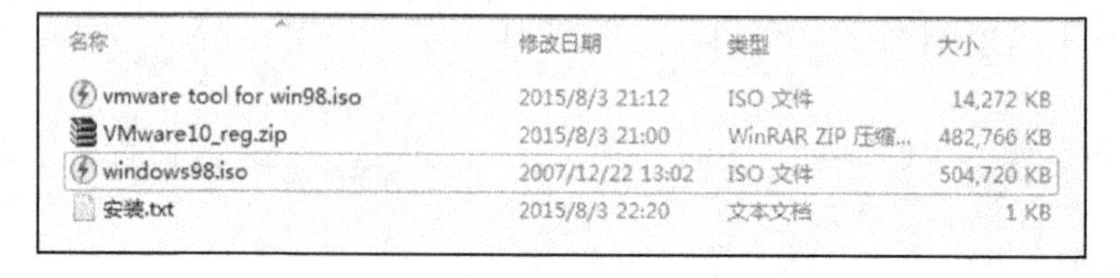

图 3-6　文件或程序软件压缩包

名称	修改日期	类型	大小
vm10keygen.exe	2013/9/5 9:40	应用程序	56 KB
vmware tool for win98.iso	2015/8/3 21:12	ISO 文件	14,272 KB
VMware workstation 10 的序列号.txt	2013/9/29 9:22	文本文档	1 KB
VMware10_reg.zip	2015/8/3 21:00	WinRAR ZIP 压缩...	482,766 KB
VMware-workstation-full-10.0.0-1295...	2013/9/28 21:18	应用程序	501,731 KB
windows98.iso	2007/12/22 13:02	ISO 文件	504,720 KB
安装.txt	2015/8/3 22:20	文本文档	1 KB

图 3-7　解压“VMware10_reg.zip”压缩包

3）双击“VMware-workstation-full-10.0.0-1295980.exe”可执行文件，在弹出的“打开文件-安全警告”对话框中单击“运行”按钮（图 3-8）。

4）在弹出的“欢迎使用 VMware Workstation 安装向导”界面中，单击“下一步”按钮（图 3-9）。

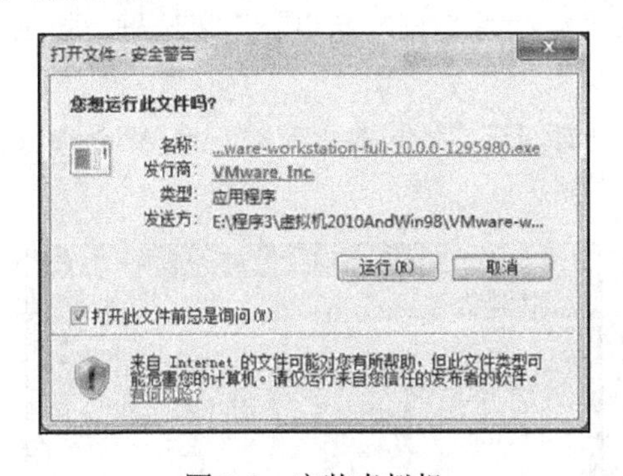

图 3-8　安装虚拟机

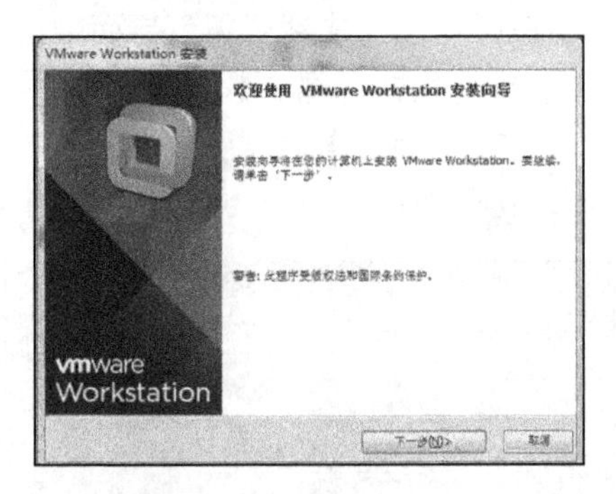

图 3-9　“欢迎使用 VMware Workstation 安装向导”界面

5）在弹出的“许可协议”界面中点选“我接受许可协议中的条款”单选按钮，并单击“下一步”按钮（图 3-10）。

6）在弹出的“设置类型”界面中选择“自定义”选项（图 3-11）。

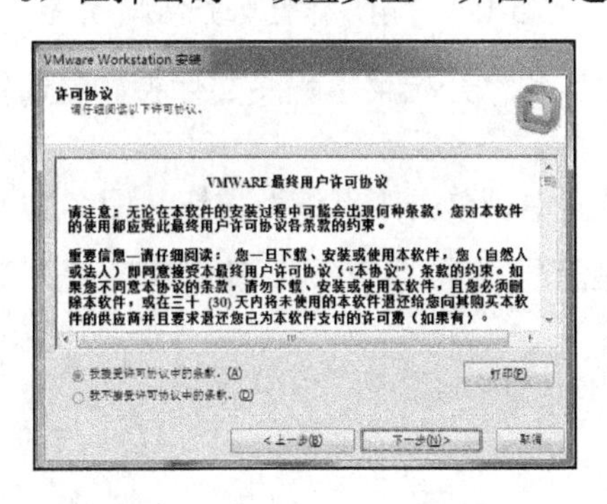

图 3-10　“许可协议”界面

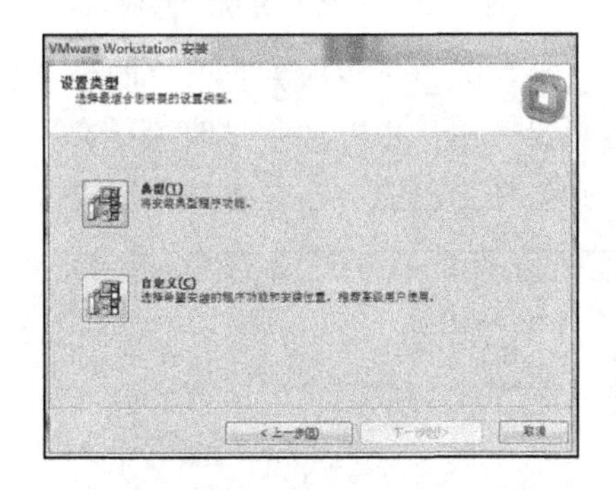

图 3-11　“设置类型”界面

7）在弹出的“VMware Workstation 功能”界面中勾选“核心组件”、“VIX 应用程序编程接口”和“Visual Studio 插件”复选框，并单击“更改”按钮，选择安装目录文件夹；接着单击“下一步”按钮（图 3-12）。

8）在弹出的“Workstation Server 组件配置”界面中单击“更改”按钮，选择安装目录；接着单击“下一步”按钮（图 3-13）。

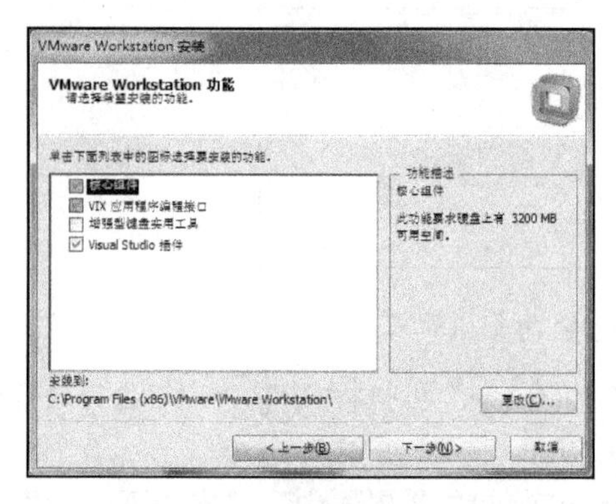

图 3-12　“VMware Workstation 功能”界面

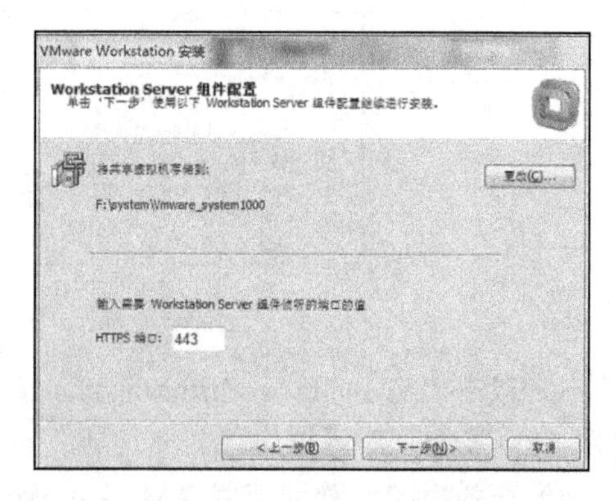

图 3-13　“Workstation Server 组件配置”界面

9）在弹出的“软件更新”界面中，取消勾选“启动时检查产品更新”复选框，接着单击“下一步”按钮（图 3-14）。

10）在弹出的“用户体验改进计划”界面中，取消勾选“帮助改善 VMware Workstation”复选框，接着单击“下一步”按钮（图 3-15）。

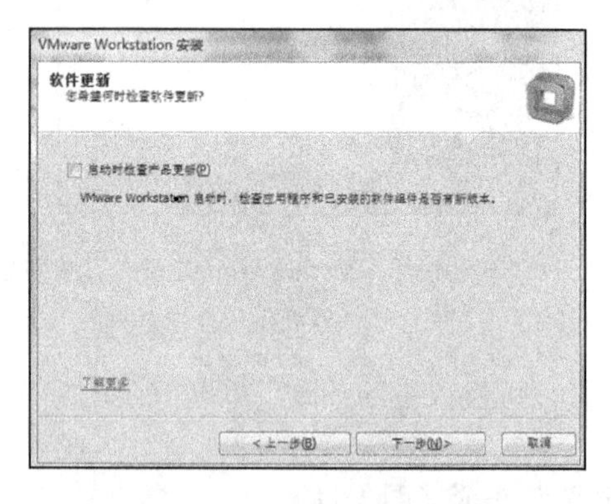

图 3-14　“软件更新”界面

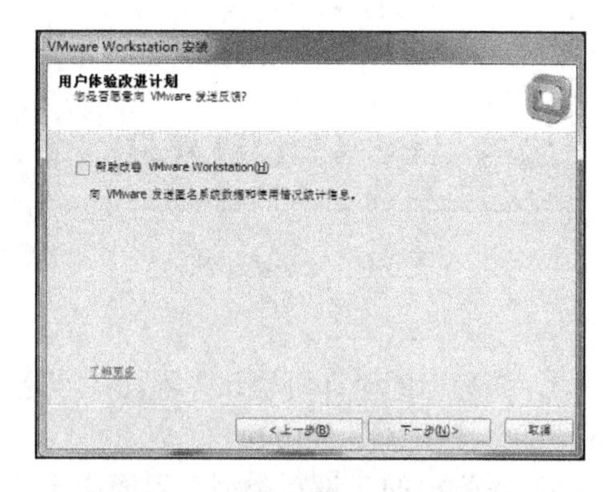

图 3-15　“用户体验改进计划”界面

11）在弹出“快捷方式”界面中，勾选“桌面”和“开始菜单程序文件夹”复选框，接着单击“下一步”按钮（图 3-16）。

12）在弹出的“已准备好执行请求的操作”界面中，单击“继续”按钮（图 3-17）。

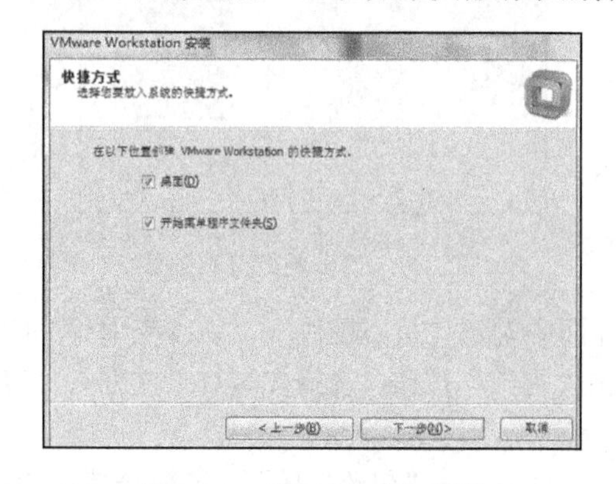

图 3-16　“快捷方式”界面

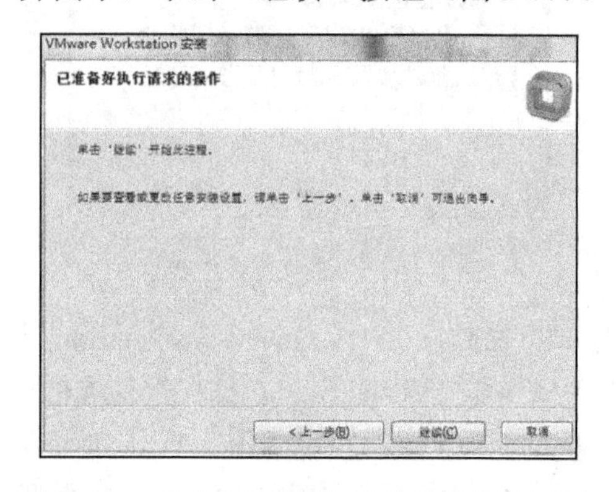

图 3-17　“已准备好执行请求的操作”界面

13）等几分钟，弹出“输入许可证密钥”界面，双击“vm10keygen.exe”可执行文件（图3-18）。

14）在弹出的“打开文件-安全警告”对话框中，单击“运行”按钮（图3-19）。

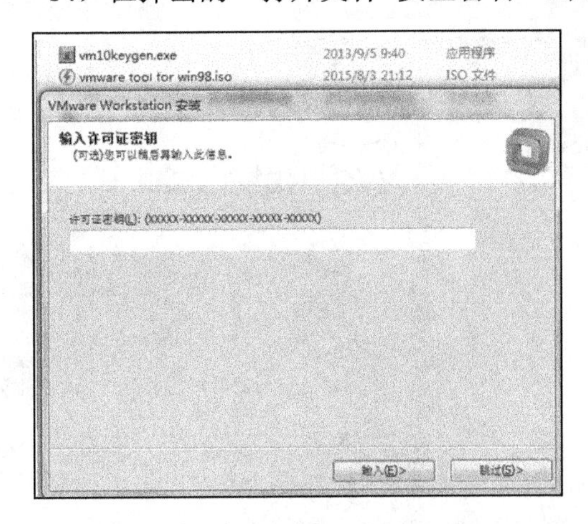

图3-18　“输入许可证密钥”界面

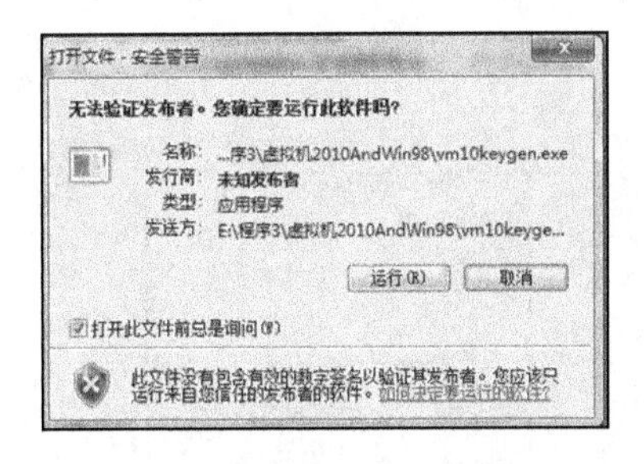

图3-19　运行虚拟机

15）在打开的“Keymaker for VMware Products”窗口中，复制Serial文本框中的序列号到“输入许可证密钥”界面中，并单击“输入”按钮（图3-20）。注意：如果不能注册请直接打开文件“VMware workstation 10的序列号.txt”，并复制里面的序列号到“输入许可证密钥”界面中，再单击“输入”按钮。

16）关闭“Keymaker for VMware Products”窗口，并单击“完成”按钮完成虚拟机的安装（图3-21）。

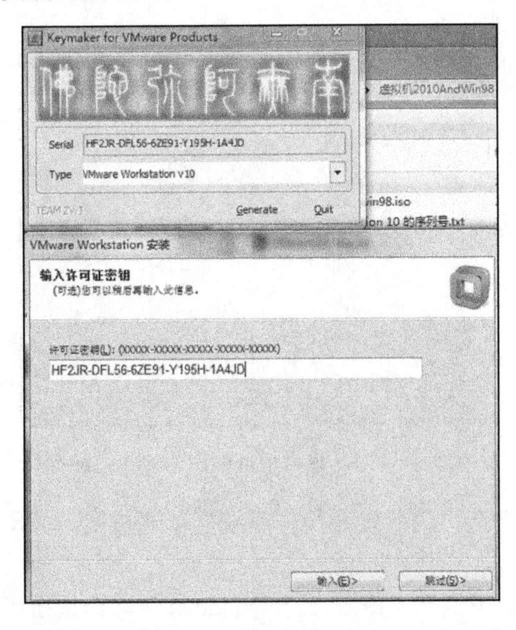

图3-20　输入VMware workstation 10 的序列号

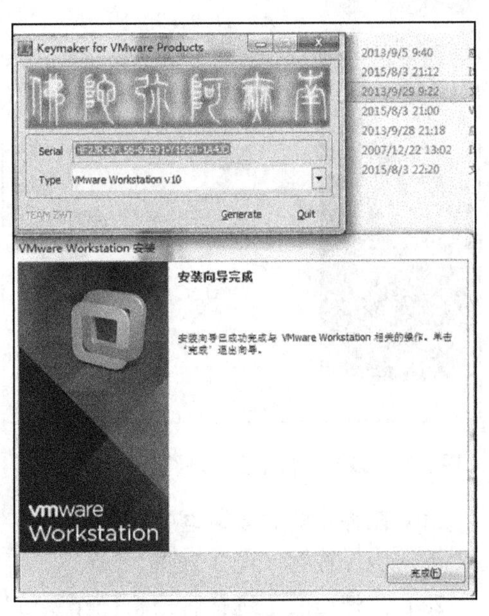

图3-21　关闭注册机

17）选择“开始”→“VMware Workstation”命令，启动虚拟机（图 3-22）。

18）在弹出的“VMware Workstation”窗口中选择“创建新的虚拟机”选项（图 3-23）。

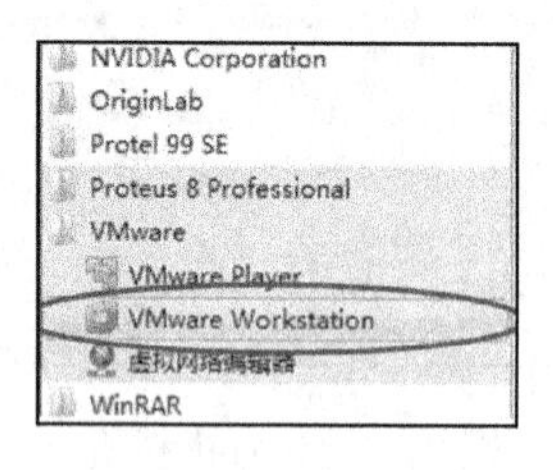

图 3-22　启动虚拟机

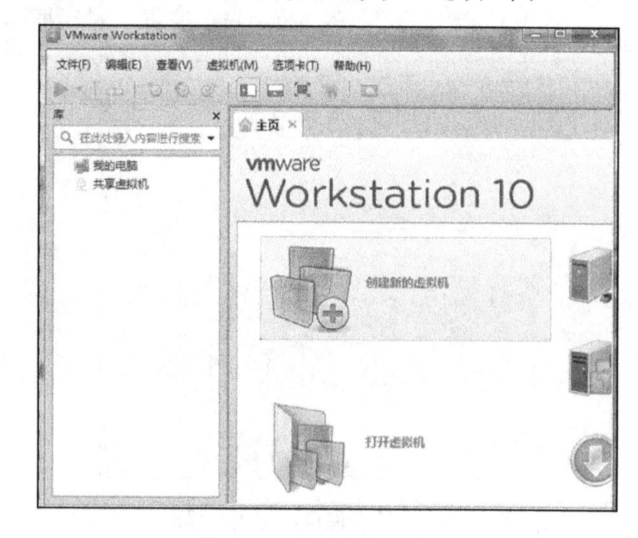

图 3-23　创建新的虚拟机

19）在弹出的“新建虚拟机向导”对话框中点选“自定义（高级）”单选按钮，并单击“下一步”按钮（图 3-24）。

20）在弹出的“选择虚拟机硬件兼容性”界面中选择硬件兼容性为“Workstation 10.0”，并单击“下一步”按钮（图 3-25）。

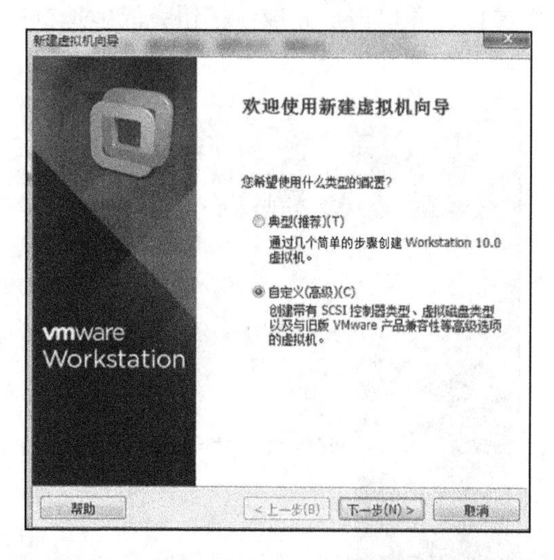

图 3-24　点选“自定义（高级）”单选按钮

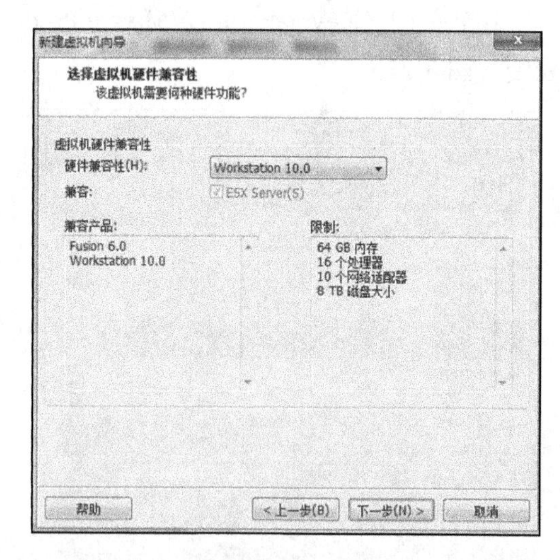

图 3-25　“选择虚拟机硬件兼容性”界面

21）在弹出的“安装客户机操作系统”中点选“稍后安装操作系统”单选按钮，并单击“下一步”按钮（图 3-26）。

22）在弹出的“选择客户机操作系统”界面中点选“Microsoft Windows”单选按钮，接着选择版本为“Windows 98”，并单击“下一步”按钮（图 3-27）。

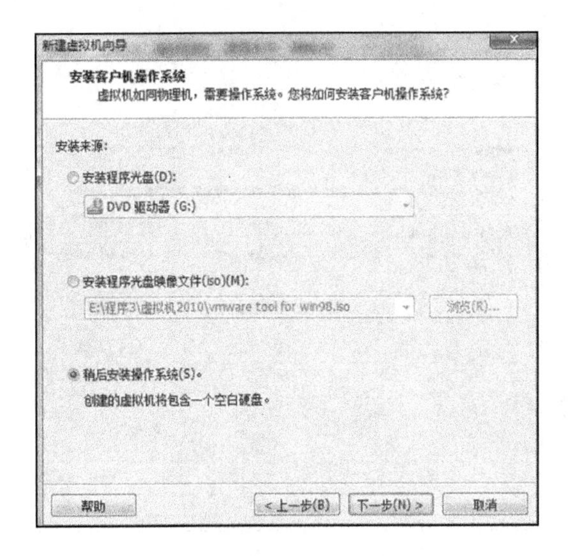

图 3-26　“安装客户机操作系统”界面

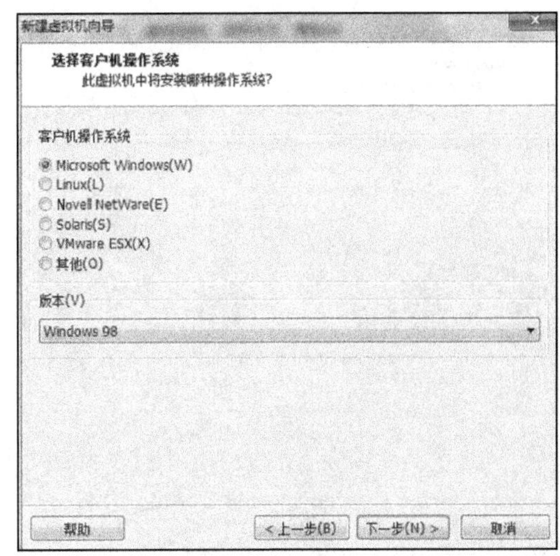

图 3-27　“选择客户机操作系统”界面

23）在弹出的“命名虚拟机”界面中，单击“浏览”按钮选择存放位置，并单击“下一步”按钮（图 3-28）。

24）在弹出的“处理器配置”界面中设置处理器数量和每个处理器的核心数量都为“1”，并单击“下一步”按钮（图 3-29）。

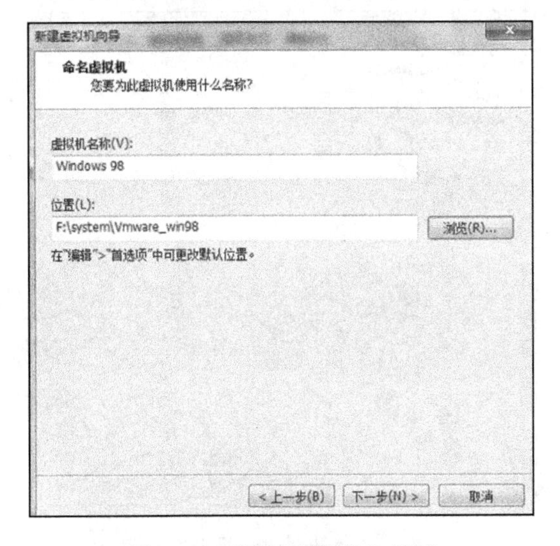

图 3-28　“命名虚拟机”界面

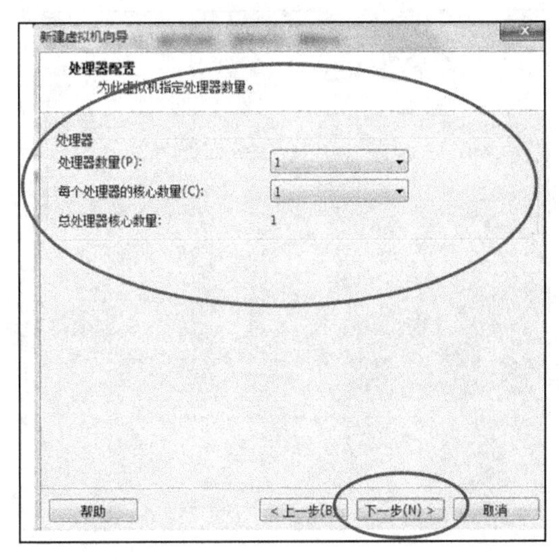

图 3-29　“处理器配置”界面

25）在弹出的“此虚拟机的内存”界面中设置内存为“1GB”，并单击“下一步”按钮（图 3-30）。

26）在弹出的“网络类型”界面中点选“不使用网络连接”单选按钮，并单击“下一步”按钮（图 3-31）。

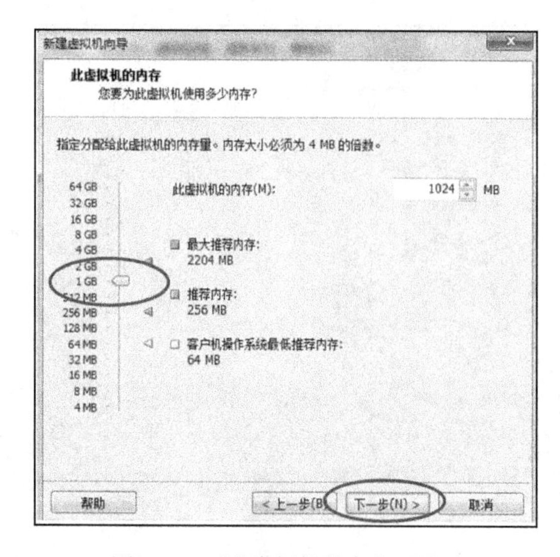

图 3-30　“此虚拟机的内存”界面

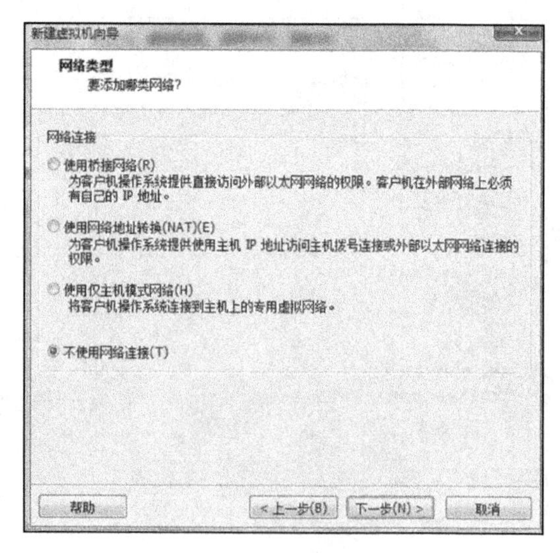

图 3-31　“网络类型”界面

27）在弹出的“选择 I/O 控制器类型”界面中点选“BusLogic”单选按钮，并单击“下一步”按钮（图 3-32）。

28）在弹出的“选择磁盘类型”界面中点选“IDE”单选按钮，并单击“下一步”按钮（图 3-33）。

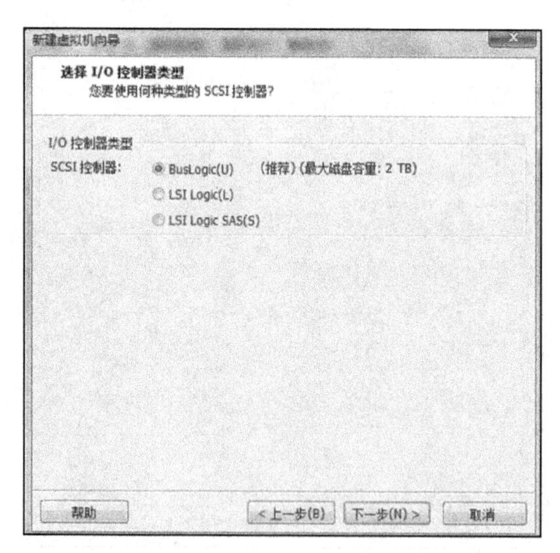

图 3-32　“选择 I/O 控制器类型”界面

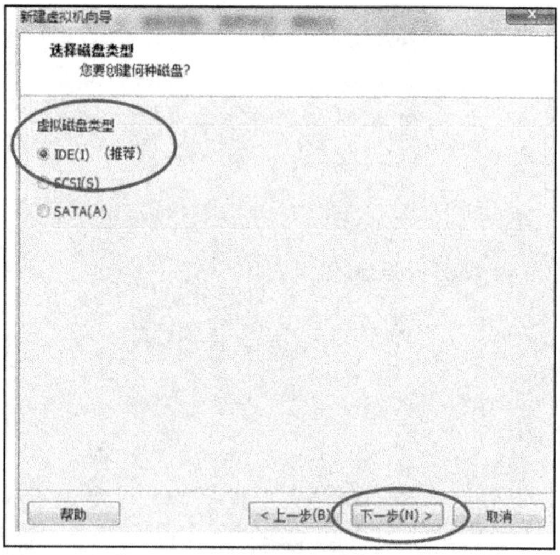

图 3-33　“选择磁盘类型”界面

29）在弹出的“选择磁盘”界面中点选“创建新虚拟磁盘”单选按钮，并单击“下一步”按钮（图 3-34）。

30）在弹出的“指定磁盘容量”界面中设置最大磁盘大小为 8.0GB，并点选“将虚拟磁盘存储为单个文件”单选按钮，接着单击“下一步”按钮（图 3-35）。

31）在弹出的“指定磁盘文件”界面中保持默认设置，并单击“下一步”按钮（图 3-36）。

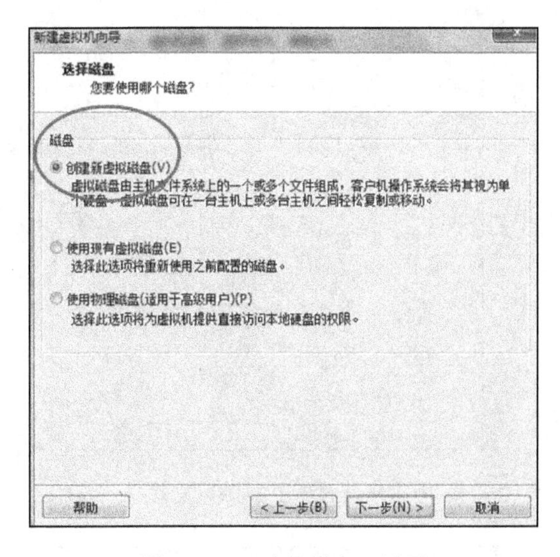

图 3-34　“选择磁盘”界面

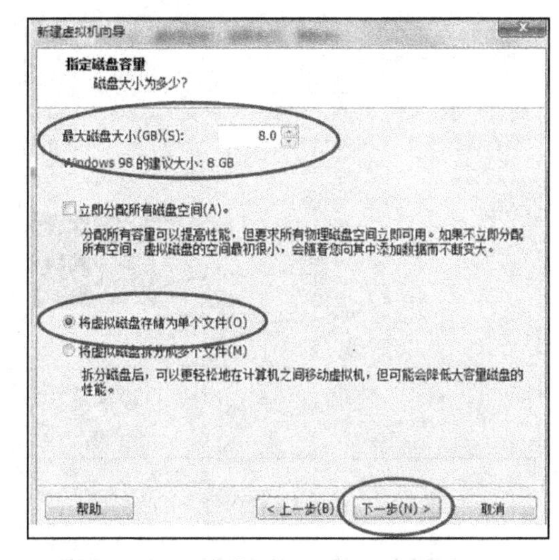

图 3-35　“指定磁盘容量”界面

32）在弹出的“已准备好创建虚拟机”界面中，单击“完成”按钮（图 3-37）。

33）在弹出的“Windows 98-VMware Workstation”窗口中选择“CD/DVD（IDE）” 选项（图 3-38）。

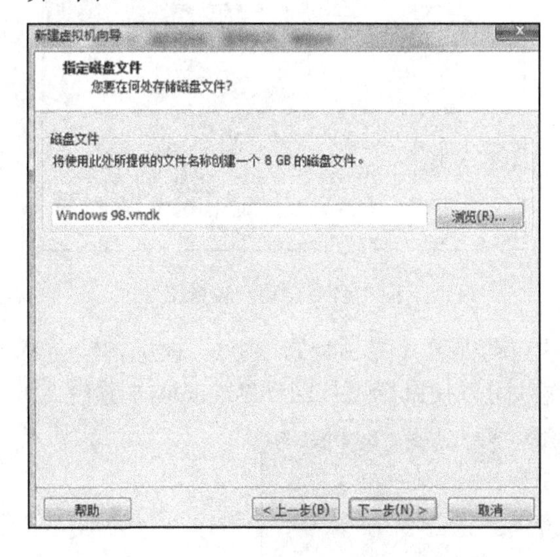

图 3-36　“指定磁盘文件”界面

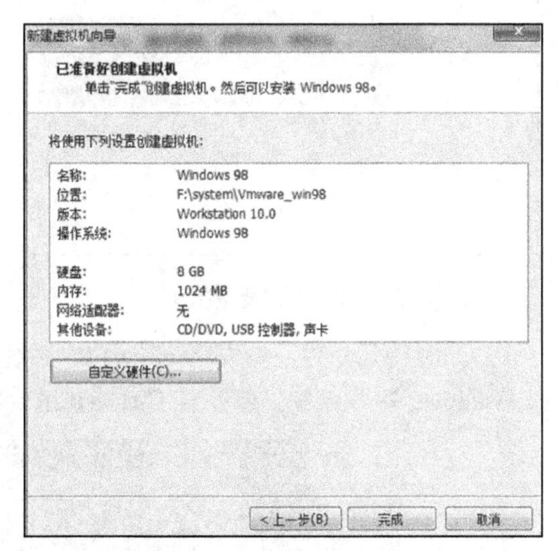

图 3-37　“已准备好创建虚拟机”界面

34）在弹出的“虚拟机设置”对话框中的“硬件”选项卡中选择“CD/DVD（IDE）” 选项，并点选“使用 ISO 映像文件”单选按钮；接着单击“浏览”按钮选择 Windows 98 系统所在位置，再单击“确定”按钮（图 3-39）。

35）在弹出的“Windows 98-VMware Workstation”窗口中单击“开启此虚拟机”按钮（图 3-40）。

36）在弹出的窗口中选择“[2]全自动安装系统到 C 盘”选项（图 3-41）。

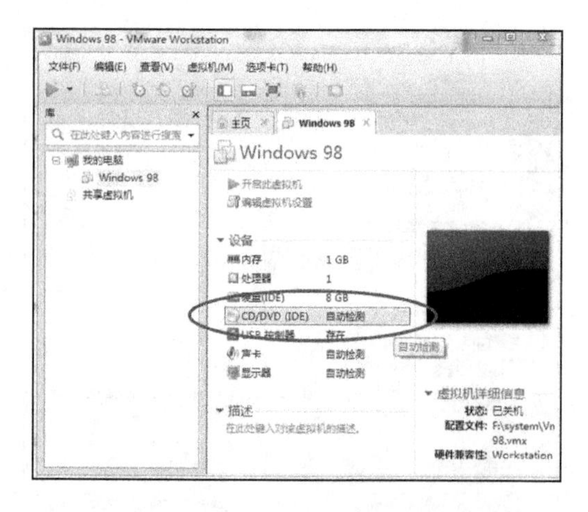

图 3-38　设置 CD/DVD（IDE）

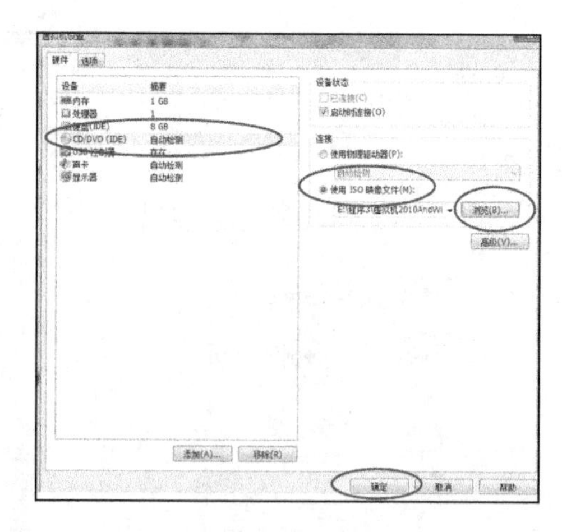

图 3-39　设置 ISO 映像文件（一）

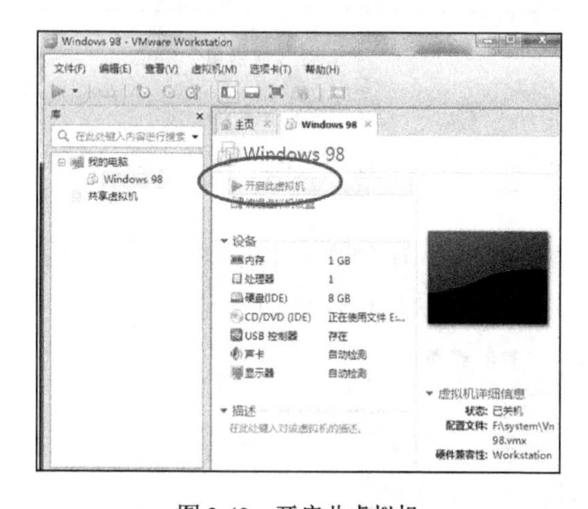

图 3-40　开启此虚拟机

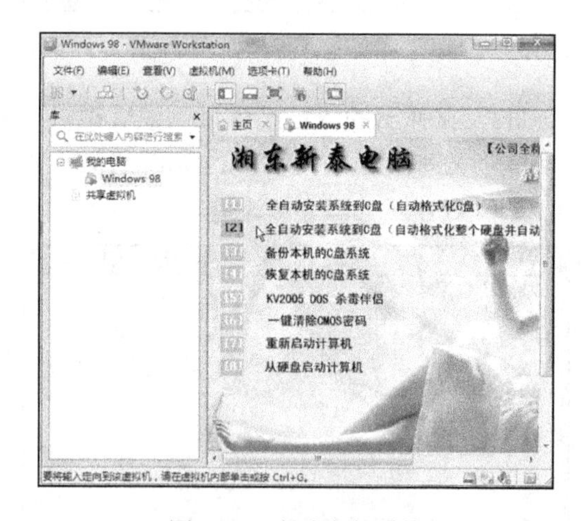

图 3-41　自动安装系统

37）等待几分钟，完成 Windows 98 系统的自动安装（图 3-42）。注意：鼠标指针会锁在 Windows 98 系统中，需要按 Ctrl+Alt 组合键才可以使鼠标指针回到 Windows 7 系统。

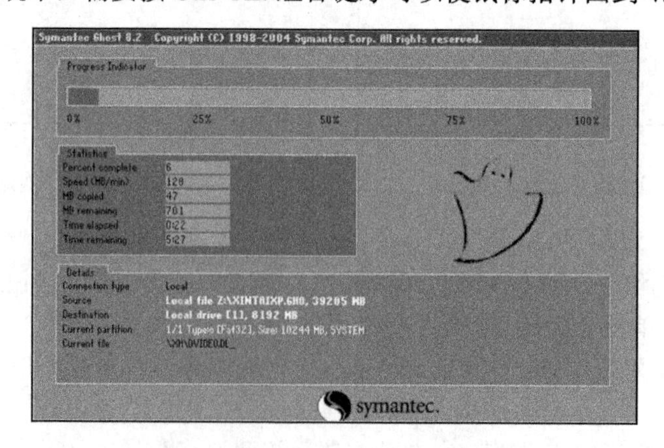

图 3-42　自动安装 Windows 98 系统

38）Windows 98 系统安装完成后，按 Ctrl+Alt 组合键释放鼠标指针，再双击“Windows

98-VMware Workstation”窗口右下角的“CD”按钮（图 3-43）。

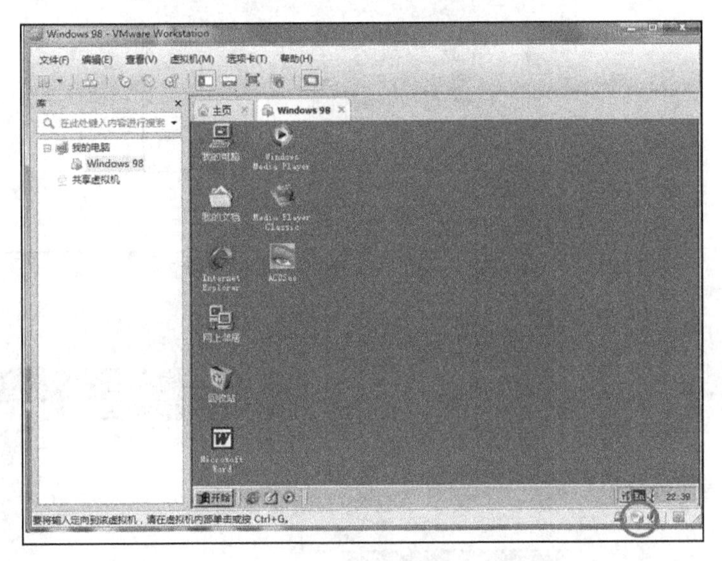

图 3-43 激活虚拟机

39）在弹出的“虚拟机设置”对话框中的“硬件”选项卡中单击“浏览”按钮，选择文件“vmware tool for win98.iso”所在位置，再单击“确定”按钮（图 3-44）。

40）在弹出的消息提示框中单击“是”按钮（图 3-45）。

41）此时如果自动弹出“VMware Tools”对话框，则可以直接单击“Next”按钮（图 3-46）。如果不自动弹出“VMware Tools”对话框，则可以选择“虚拟机”→“安装 VMware Tools”命令，弹出“VMware Tools”对话框，再单击“Next”按钮。注意：鼠标指针可能会锁在 Windows 98 系统中，需要按 Ctrl+Alt 组合键才可以使鼠标指针回到 Windows 7 系统。

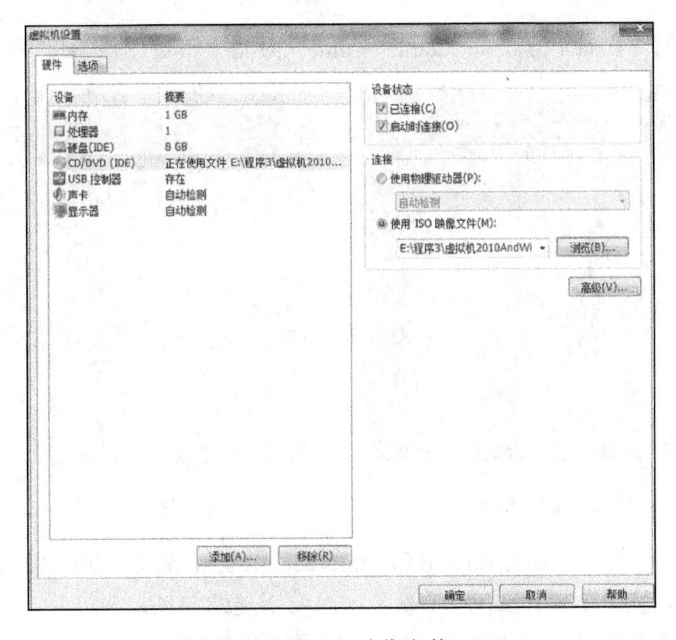

图 3-44 设置 ISO 映像文件（二）

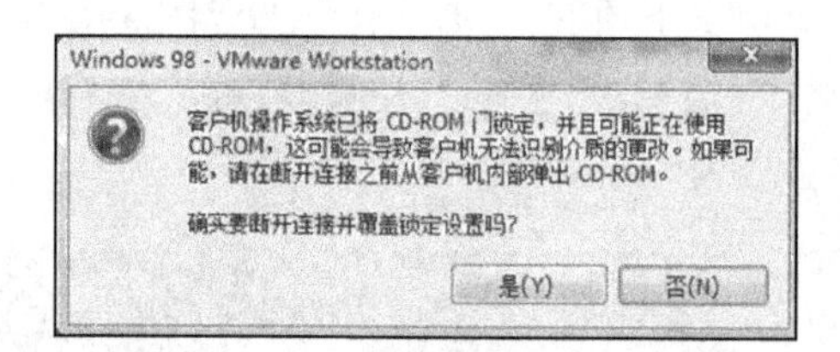

图 3-45　锁定设置

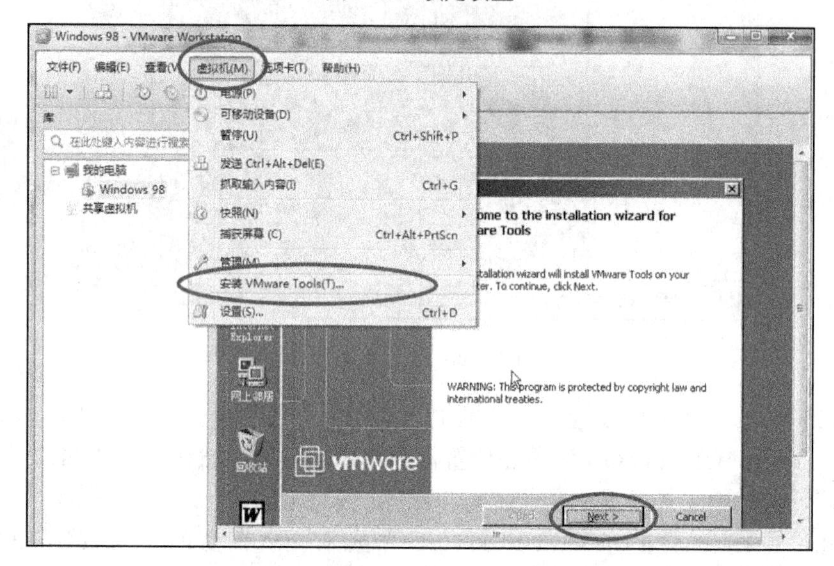

图 3-46　“VMware Tools”对话框（一）

42）在弹出的“Setup Type”界面中点选“Complete”单选按钮，并单击“Next”按钮（图 3-47）。

43）在弹出的“Ready to Install the Program”界面中单击“Install”按钮（图 3-48）。

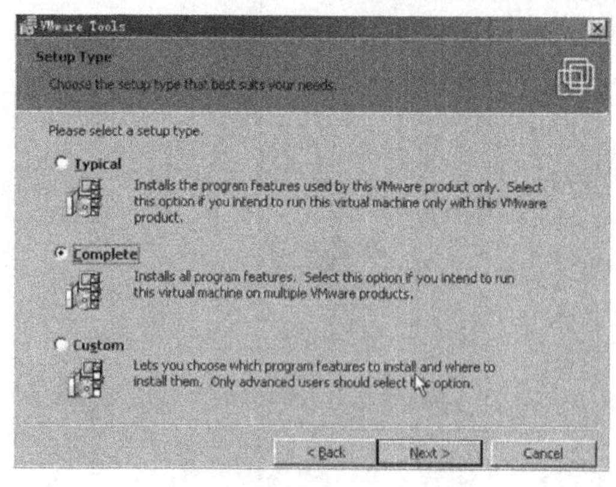

图 3-47　选择安装类型

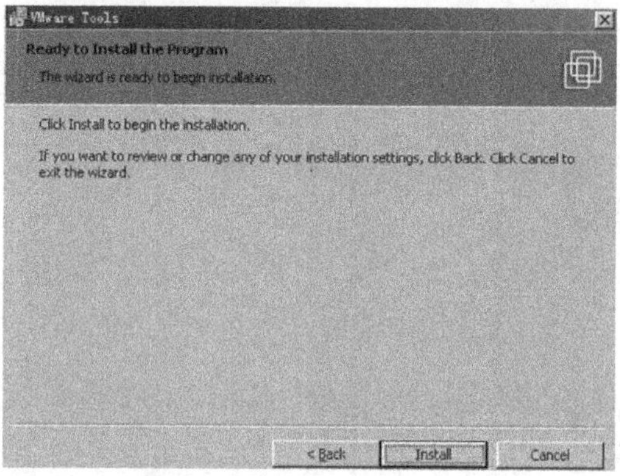

图 3-48　开始安装设置

44）在弹出的“Installation Wizard Completed”界面中单击“Finish”按钮（图 3-49）。此时鼠标指针不会被锁在 Windows 98 系统，而可以随意移动。

45）在弹出的消息提示框中单击“No”按钮（图 3-50）。

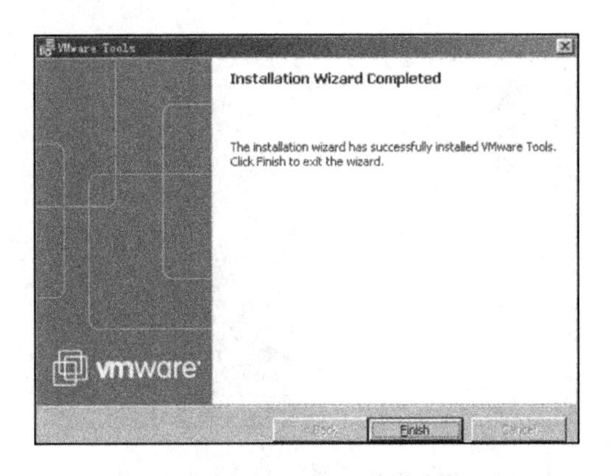

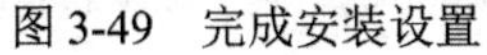
图 3-49　完成安装设置

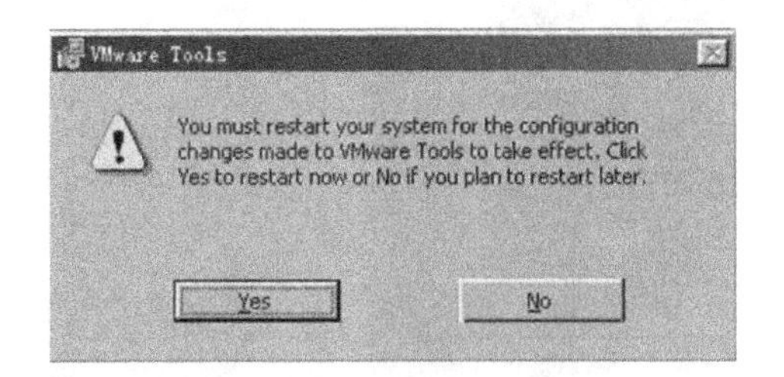

图 3-50　启动系统消息提示框

46）单击“Windows 98-VMware Workstation”窗口右下角的“CD”按钮（图 3-51）。

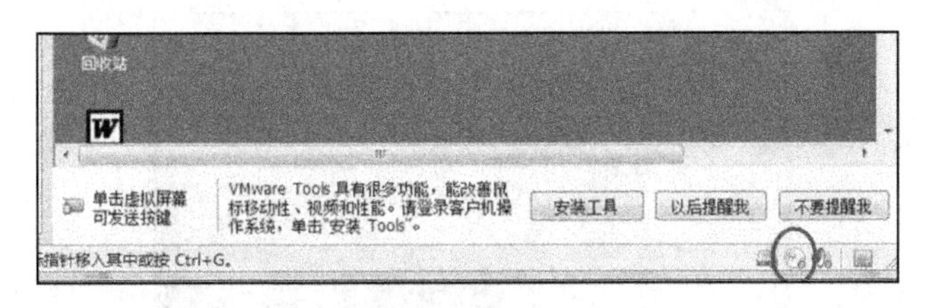

图 3-51　启动 CD 选项

47）在弹出的消息提示框中单击“是”按钮，并在“虚拟机设置”对话框中单击“确定”按钮（图 3-52）。

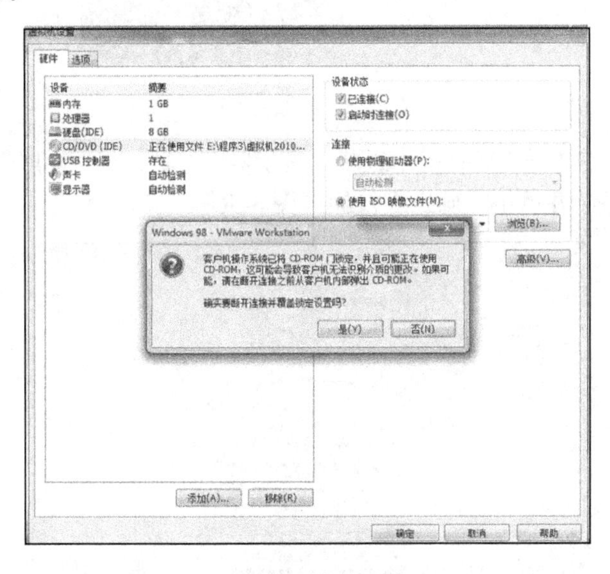

图 3-52　锁定设置

48）在弹出的“VMware Tools”对话框中单击“Next”按钮，重复步骤 42）～步骤 45）再安装一次 VMware Tools（图 3-53）。

49）此时 Windows 7 系统和 Windows 98 系统的文件可直接相互拖动（图 3-54）如果不行，重启 Windows 98 系统，重复步骤 46）～步骤 48）。

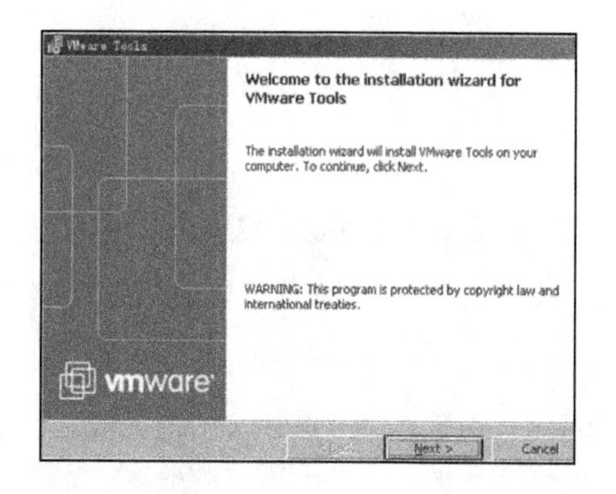

图 3-53　“VMware Tools”对话框（二）

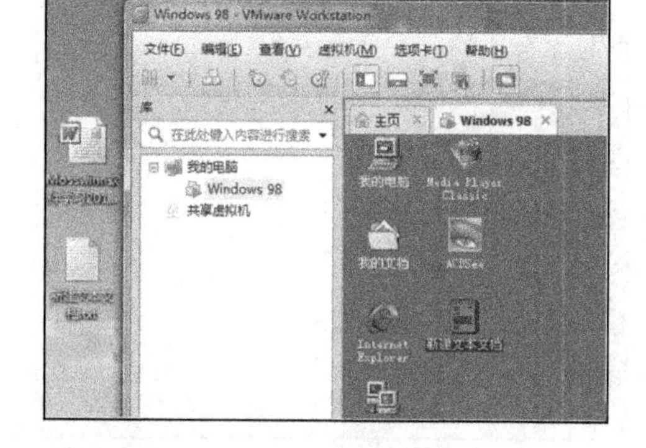

图 3-54　Windows 7 系统和 Windows 98 系统

50）在 Windows 98 系统中选择“编辑”→“首选项”命令（图 3-55）。

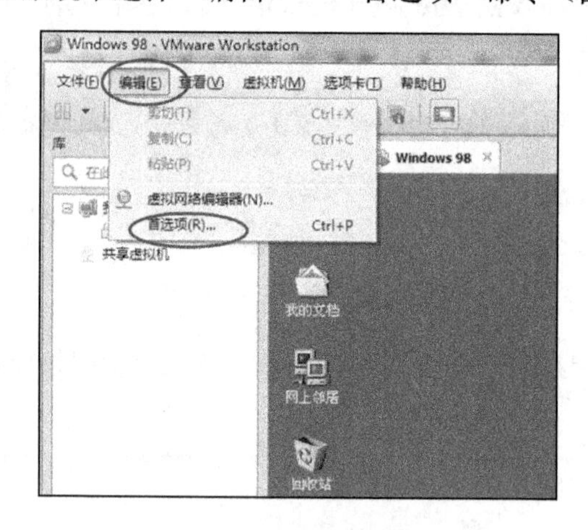

图 3-55　虚拟机菜单

51）在弹出的“首选项”对话框中选择“显示器”选项，在“全屏”选项组中点选“拉伸客户机”单选按钮，并单击“确定”按钮（图 3-56）。

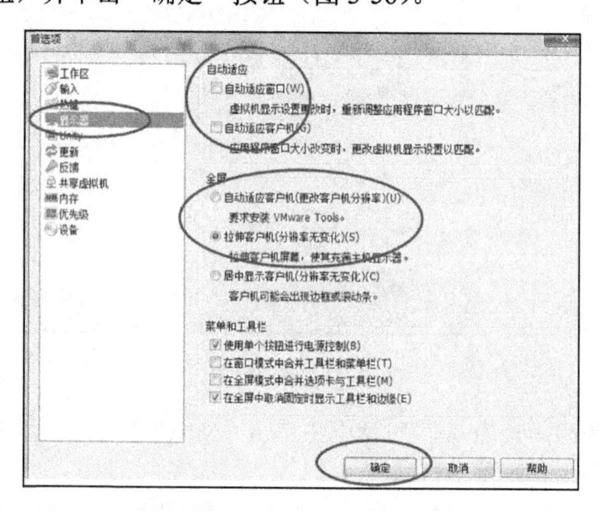

图 3-56　“全屏”选项组设置

52）在 Windows 98 系统的桌面右击，在弹出的快捷菜单中选择“属性”命令，在弹出的“显示 属性”对话框中的“设置”选项卡中设置合适的像素，并单击“应用”按钮（图 3-57）。

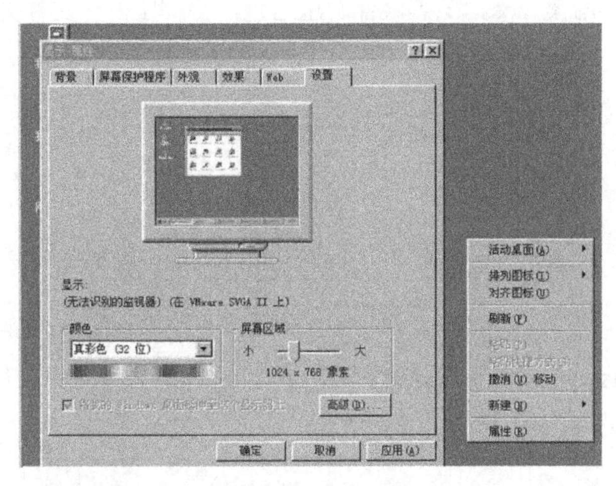

图 3-57　属性设置

53）在弹出的消息提示框中单击“确定”按钮（图 3-58）。

54）在弹出的消息提示框中单击“保留”按钮（图 3-59）。

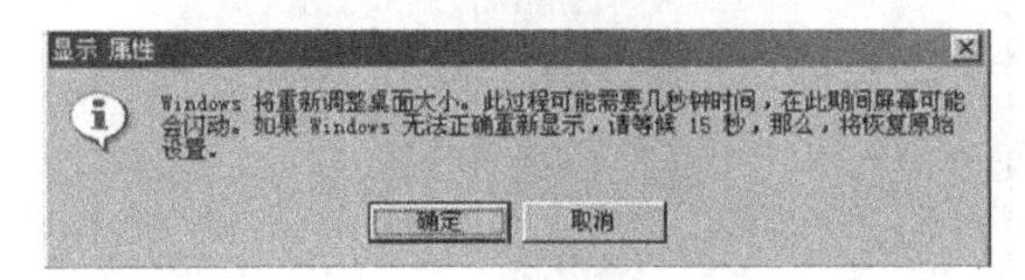

图 3-58　“显示 属性”消息提示框

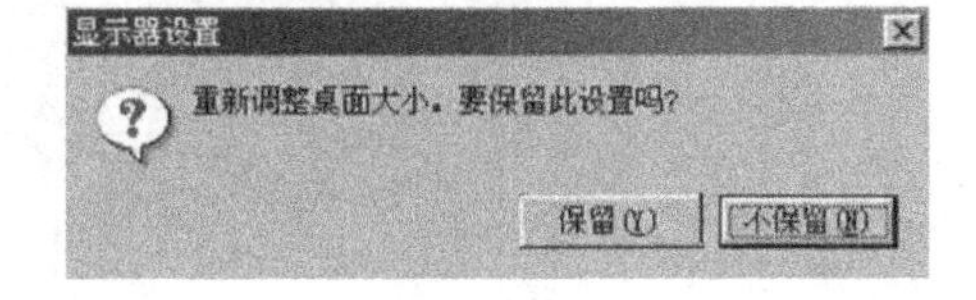

图 3-59　“显示器设置”消息提示框

55）在“显示 属性”对话框中单击“确定”按钮（图 3-60）。

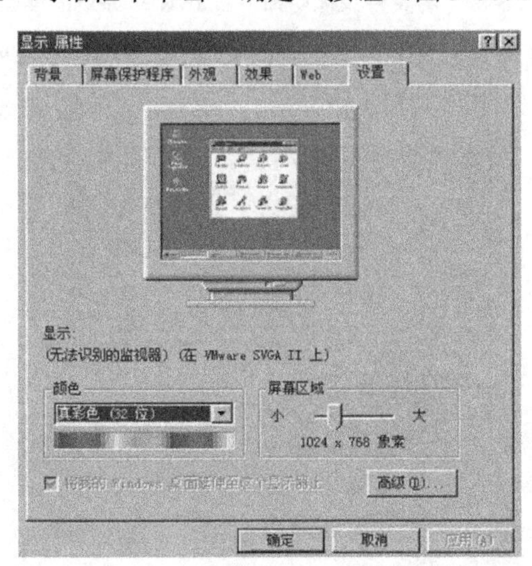

图 3-60　完成“显示 属性”设置

二、Wkpe 和 MossWinn 的安装

Wkpe 和 MossWinn 的安装步骤如下：

1）准备“（A）-南大 moss-影视-软件”压缩包，并解压得到文件夹（图 3-61）。

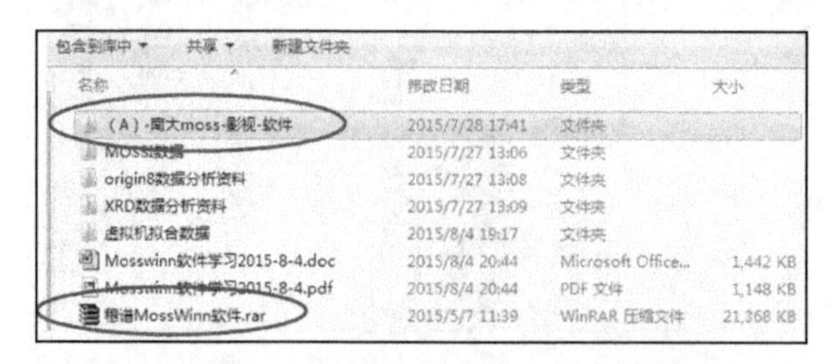

图 3-61　“南大 moss-影视-软件”文件夹

2）直接把 Windows 7 系统解压好的“（A）-南大 moss-影视-软件”文件夹拖动到 Windows 98 系统的桌面（图 3-62）。

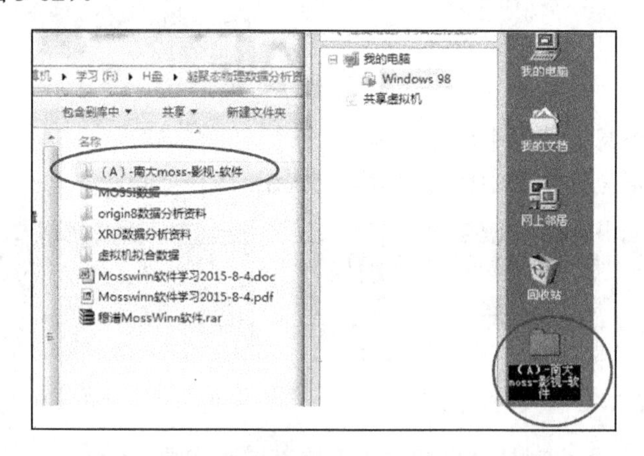

图 3-62　将文件夹拖动到 Windows 98 系统的桌面

3）双击 Windows 98 系统桌面的“（A）-南大 moss-影视-软件”文件夹，在弹出的窗口中双击“mosswinn3.0i”文件夹（图 3-63）。

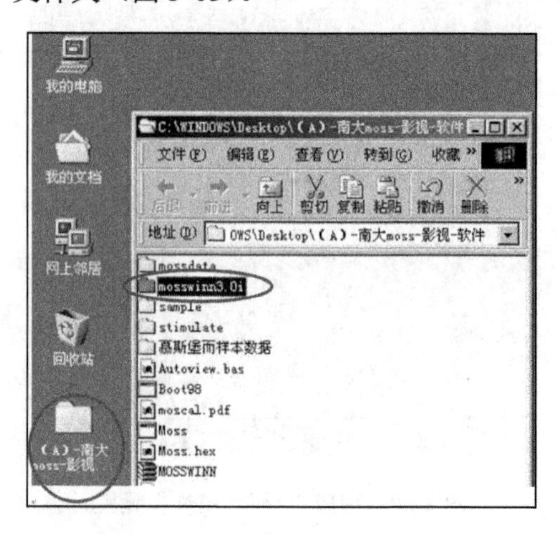

图 3-63　“mosswinn3.0i”文件夹

4）在弹出的窗口中双击“Setup”可执行文件，在弹出的安装窗口中单击“Setup”按钮（图 3-64）。

图 3-64 安装 MossWinn 3.0 软件

5）在弹出的消息提示框中单击“OK”按钮（图 3-65）。

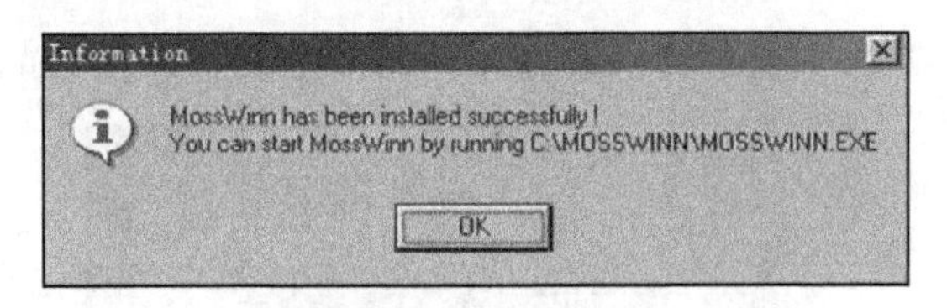

图 3-65 安装完毕

6）打开 C 盘的“MOSSWINN”文件夹，删除 “Mosswinn”快捷方式（图 3-66）。

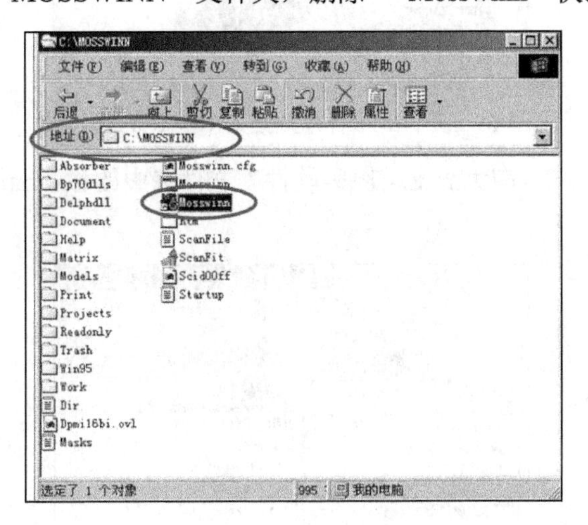

图 3-66 删除快捷方式

7）拖动 C 盘“MOSSWINN”文件夹中的“Mosswinn”到桌面，得到启动快捷方式（图 3-67）。

8）在 C 盘新建一个文件夹，并命名为“MossData”（图 3-68）。

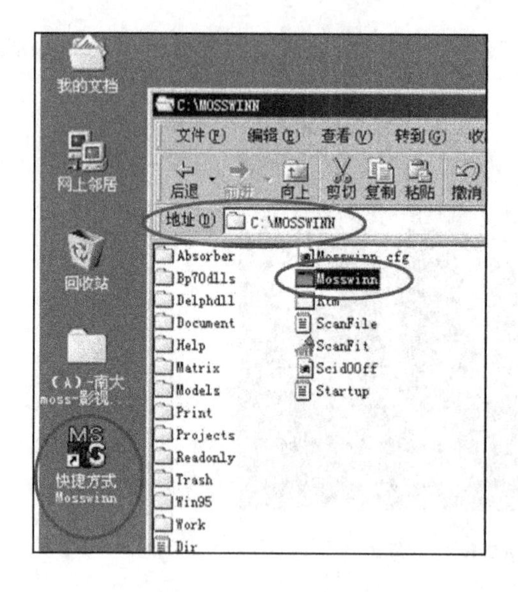

图 3-67　启动快捷方式

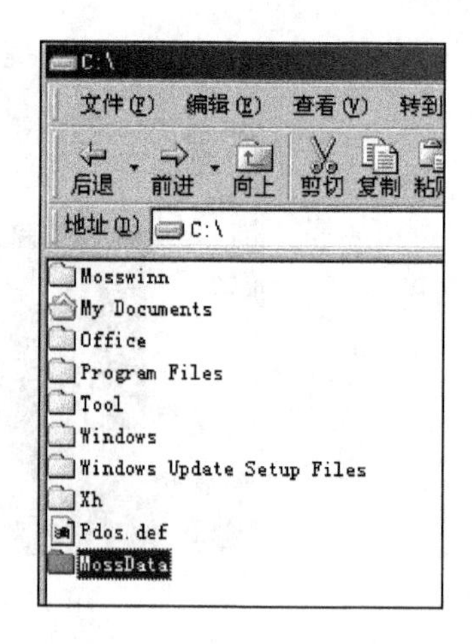

图 3-68　新建“MossData”文件夹

9）复制α-Fe 样本数据文件和样品数据文件到 C 盘的“MossData”文件夹（图 3-69）。

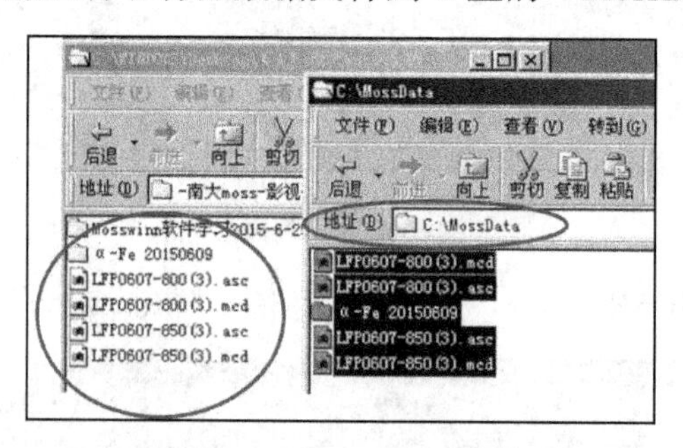

图 3-69　复制α-Fe 样本数据文件和样品数据文件

10）把桌面上“（A）-南大 moss-影视-软件”文件夹中的“stimulate”文件夹复制到 C 盘（图 3-70）。

图 3-70　复制“stimulate”文件夹

11）拖动 C 盘“stimulate”文件夹中的“Wkpe”可执行文件到桌面，得到“快捷方式 Wkpe”（图 3-71）。

12）双击桌面上的“我的电脑”图标，在弹出的窗口中双击“System（C:）”文件夹，进入 C 盘（图 3-72）。

图 3-71　创建快捷方式“Wkpe”

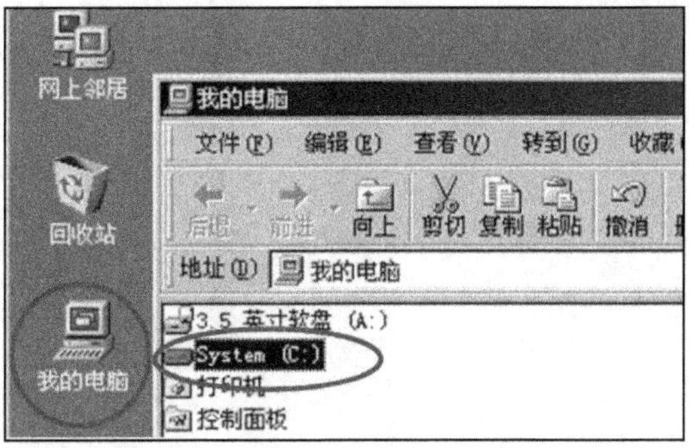

图 3-72　进入 C 盘

13）在弹出的窗口中双击“Windows”文件夹（图 3-73）。

14）将“Windows”文件夹中的“Command”拖动到 Windows 98 系统桌面上，得到“快捷方式 MS-DOS 方式”（图 3-74）。

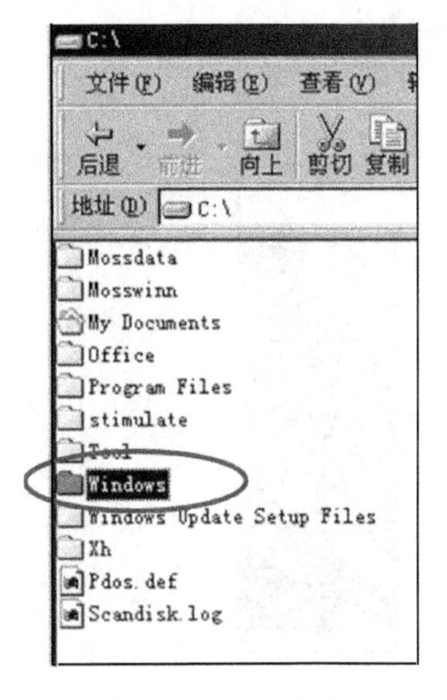

图 3-73　系统文件夹

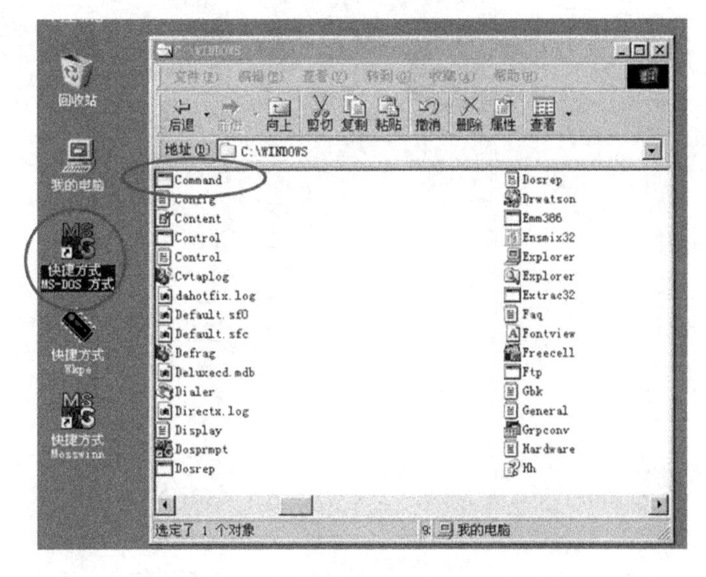

图 3-74　创建“快捷方式 MS-DOS 方式”

三、MossWinn 的使用

MossWinn 的使用步骤如下：

1）选择“开始”→“VMware Workstation”命令，启动虚拟机（图 3-75）。

图 3-75　启动虚拟机

2）在弹出的“Windows 98-VMware Workstation”窗口中单击“开启此虚拟机”按钮，启动虚拟机的 Windows 98 系统（图 3-76）。

3）拖动数据到“mossdata”文件夹中（图 3-77）。

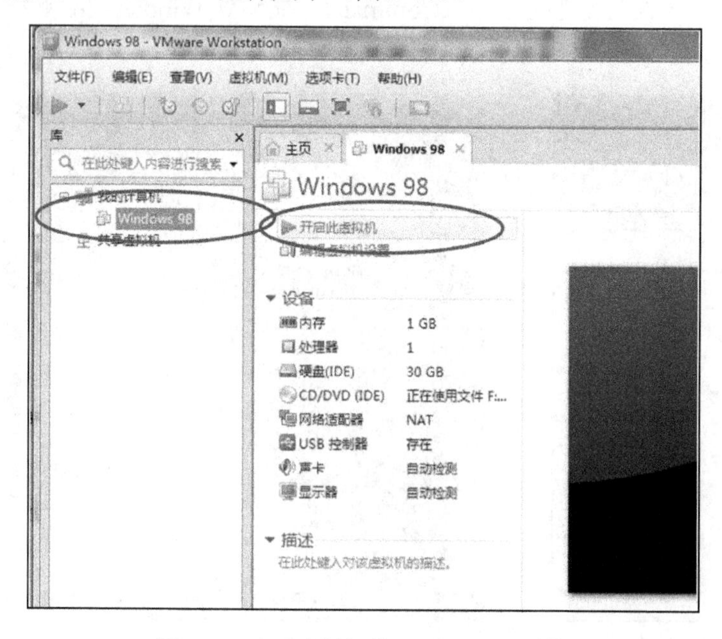

图 3-76　启动虚拟机的 Windows 98 系统

4）拖动的数据有α-Fe 定标数据和需要拟合的数据（图 3-78）。

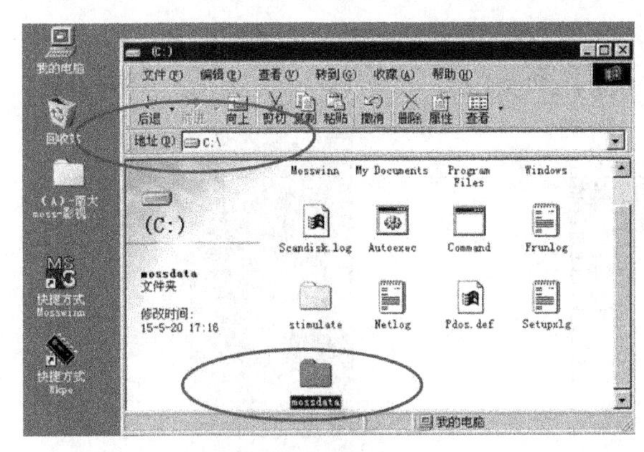

图 3-77　复制数据

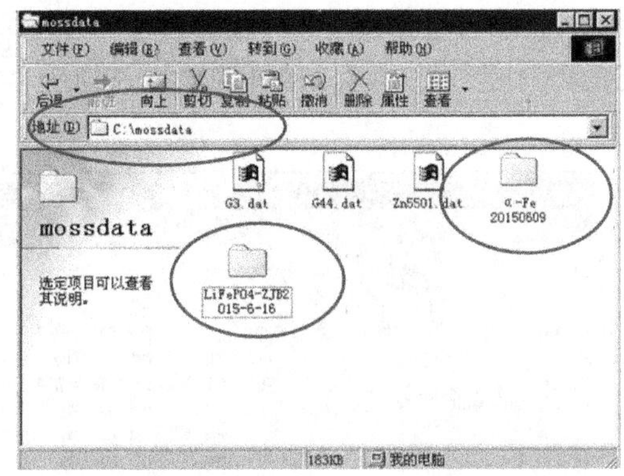

图 3-78　α-Fe 定标数据和需要拟合的数据

5）启动“快捷方式 MS-DOS 方式”（图 3-79）。

图 3-79　启动“快捷方式 MS-DOS 方式”

6）启动 Wkpe 软件，在弹出的“[WKPE] KEYPRO 模拟程式”窗口中选择“档案”→“开启资料档”命令（图 3-80）。

7）在弹出的“打开”对话框中选择“Mosswinn.kpe”文件，并单击“打开”按钮（图 3-81）。

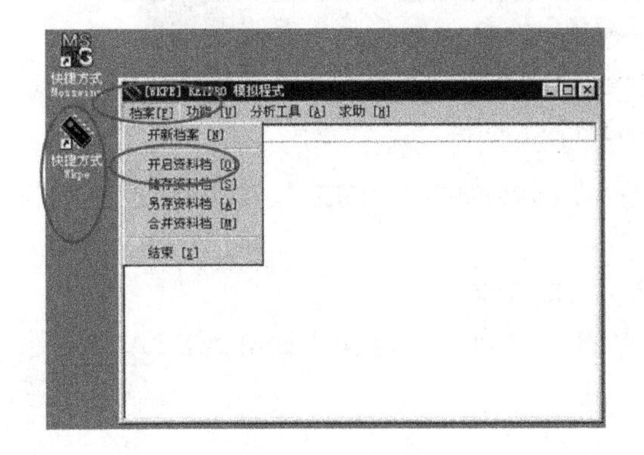

图 3-80　开启资料档

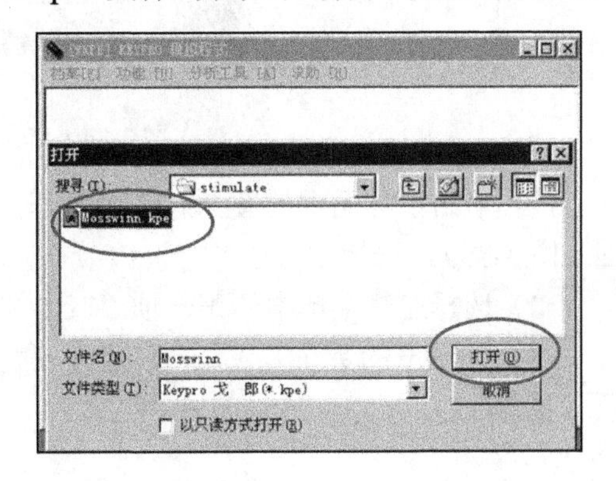

图 3-81　打开“Mosswinn.kpe”文件

8）在“[WKPE] KEYPRO 模拟程式”窗口中选择“功能”→“启动模拟”命令（图 3-82）。

9）启动“快捷方式 Mosswinn”（图 3-83）。注意：进入 Mosswinn 软件主界面后，按 Ctrl+Alt 组合键才可以使鼠标指针移动到 Windows 7 系统。

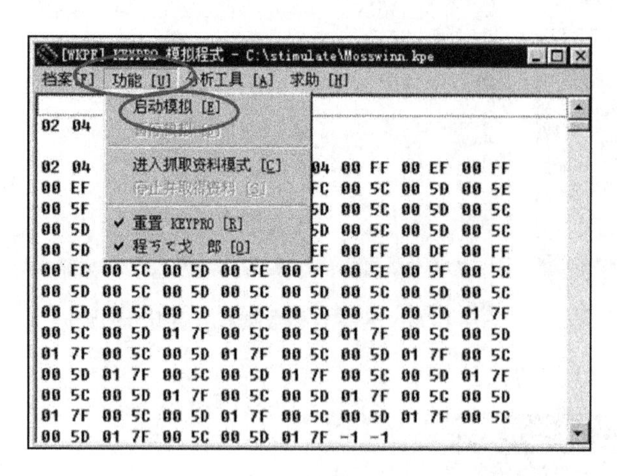

图 3-82　启动模拟

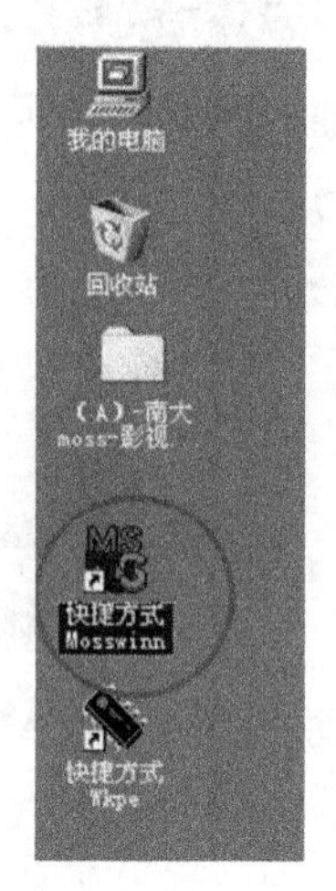

图 3-83　启动 Mosswinn 软件

10）窗口太小时，可以单击虚拟机的“全屏”按钮（图 3-84）。

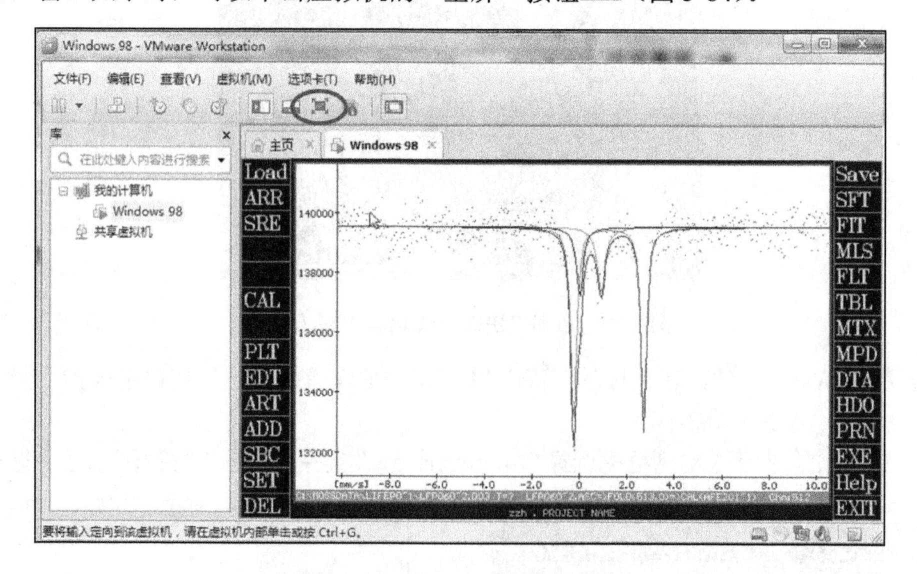

图 3-84　Mosswinn 软件主界面

11）单击主界面中的图会有红色的框，选择左侧菜单中的“DEL”选项，删除之前的图（图 3-85）。

12）选择左侧菜单中的第一项“Load”选项（图 3-86）。

13）在弹出的界面中单击 C 盘，在弹出的下拉列表中选择“E\MOSSDATA”选项（图 3-87）。

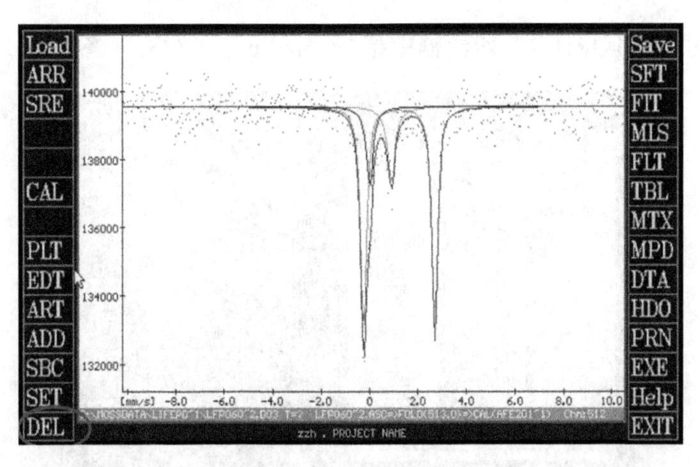

图 3-85　“DEL”选项

图 3-86　“Load”选项（一）

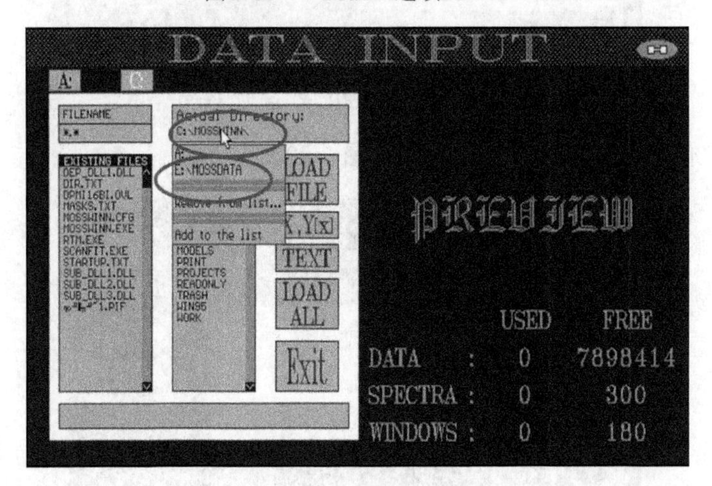

图 3-87　“MOSSDATA”选项（一）

14）在“DIRECTORIES”列表框中选择“α-Fe”文件夹（图3-88）。

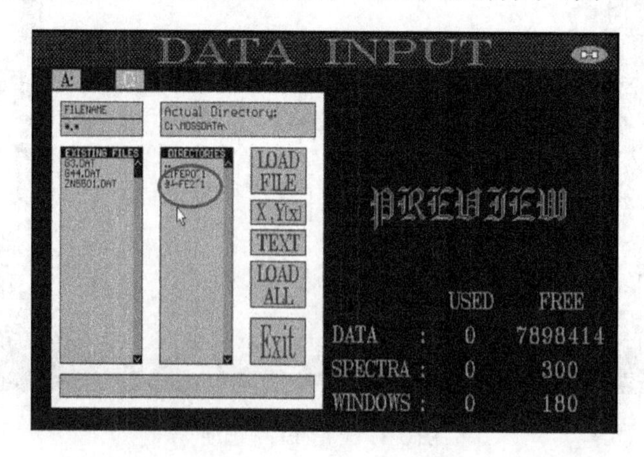

图3-88　“α-Fe”文件夹

15）在“EXISTING FILES”列表框中选择“α-Fe.FLD”文件，选择右侧菜单中的“LOAD FILE”选项（图3-89）。

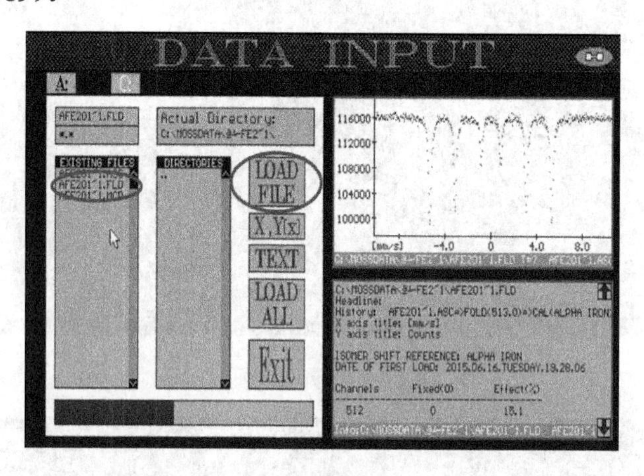

图3-89　“LOAD FILE”选项（一）

16）选择左侧菜单中的“Load”选项（图3-90）。

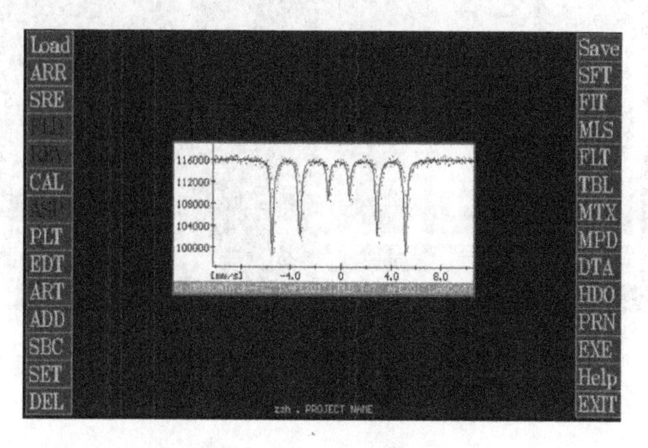

图3-90　“Load”选项（二）

17）在弹出的界面中选择 C 盘，在弹出的下拉列表中选择“E:\MOSSDATA”选项（图 3-91）。

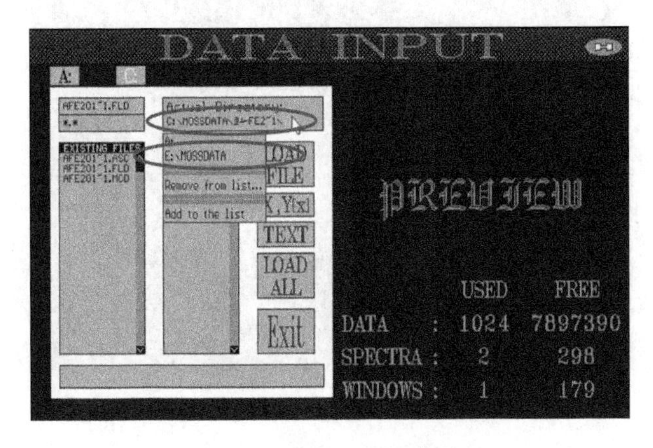

图 3-91　“MOSSDATA”选项（一）

18）在“DIRECTORIES”列表框中，选择需要拟合的数据文件夹“$LiFePO_4$”（图 3-92）。

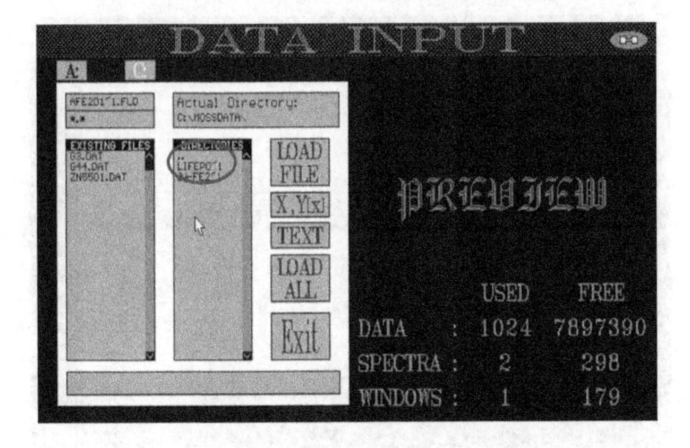

图 3-92　需要拟合的数据文件夹“$LiFePO_4$”

19）在“EXISTING FILES”列表框中选择“$LiFePO_4$.ASC”文件（图 3-93）。

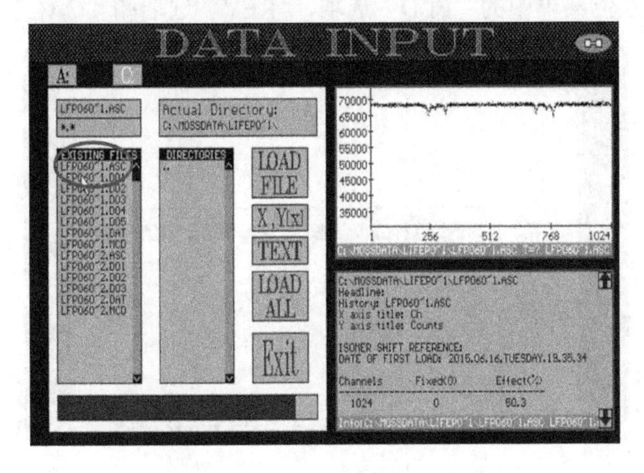

图 3-93　“$LiFePO_4$.ASC”文件

20）选择左侧菜单中的“ARR”选项（图 3-94）。

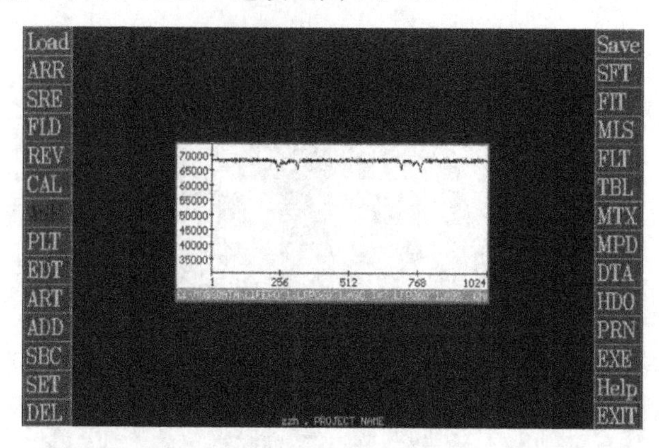

图 3-94　“ARR”选项（一）

21）右击下方α-Fe 的穆斯堡尔谱图，选择图后可以看到图中左右两列的选择项（图 3-95）。

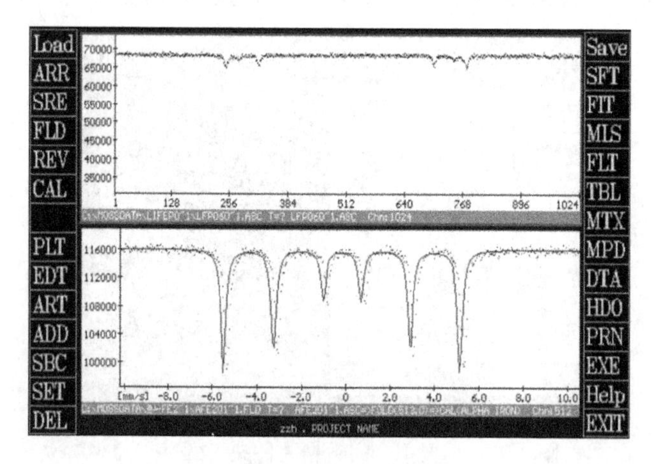

图 3-95　α-Fe 图

22）依次选择左侧菜单中的“FLD”选项、“REV”选项和“CAL”选项（图 3-96）。

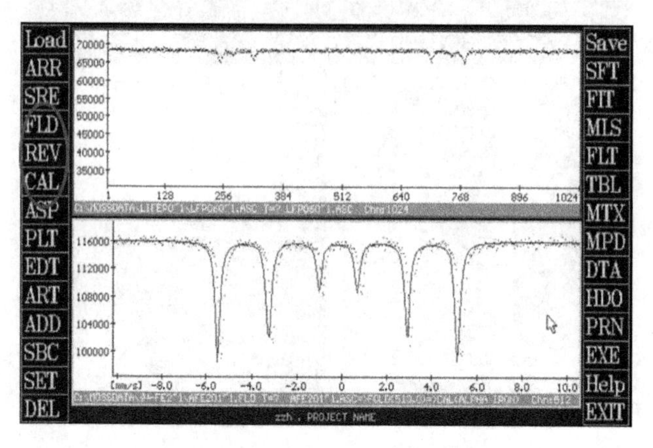

图 3-96　依次选择“FLD”选项、“REV”选项和“CAL”选项

23）右击下方α-Fe 的穆斯堡尔谱图，取消选择下方的图后，图四周的绿色框（图中方框）消失（图 3-97）。

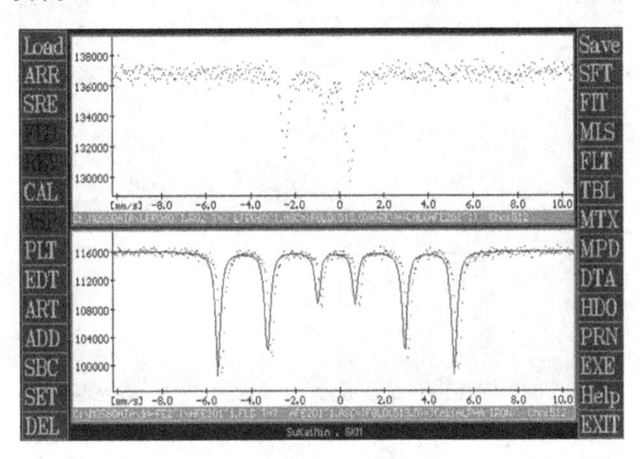

图 3-97　α-Fe 的穆斯堡尔谱图

24）选择右侧菜单中的“FIT”选项（图 3-98）。

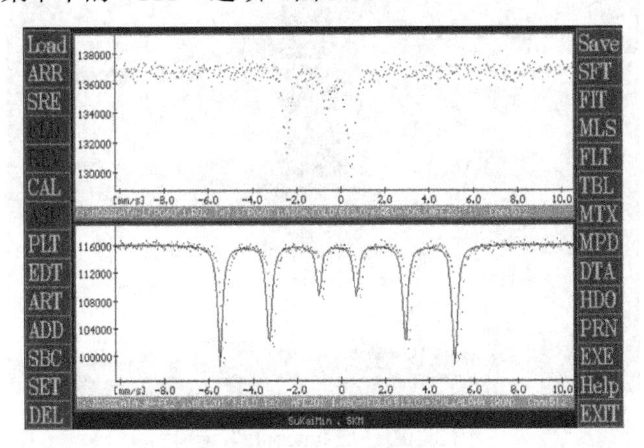

图 3-98　“FIT”选项

25）选择“Base Line”选项（图 3-99）。

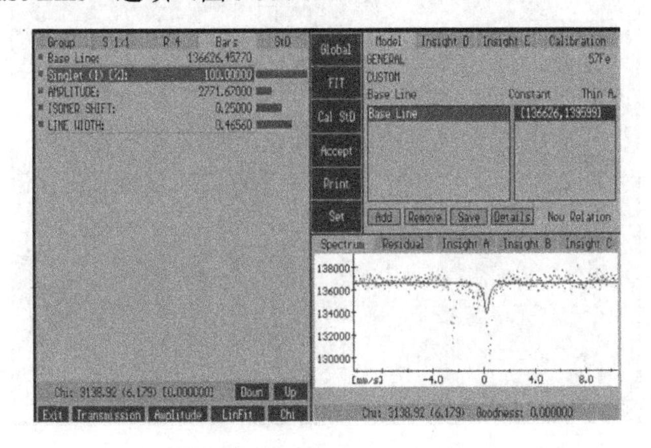

图 3-99　“Base Line”选项

26）在弹出的下拉列表中选择“Singlet”选项（图 3-100）。

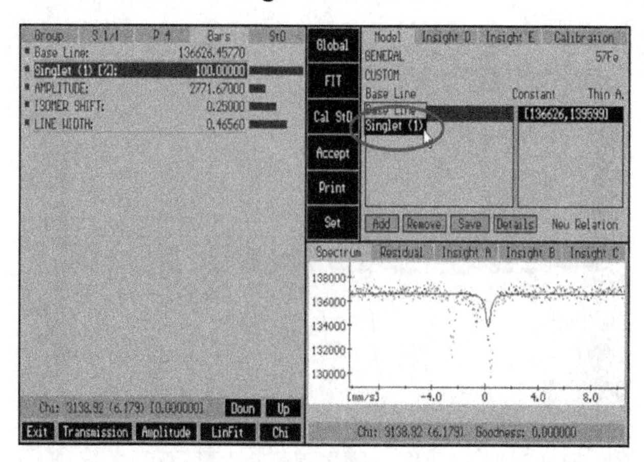

图 3-100　“Singlet”选项

27）在右侧选择“Monopole”选项（图 3-101）。

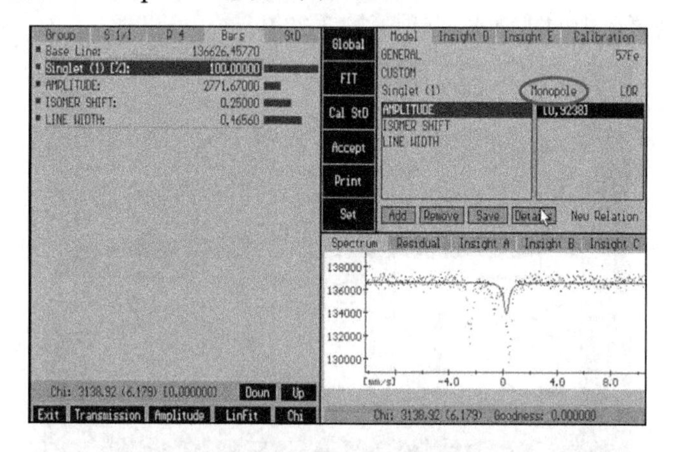

图 3-101　“Monopole”选项

28）双峰时在弹出的下拉列表中选择“Quadrupole（Powder）”选项（图 3-102）。

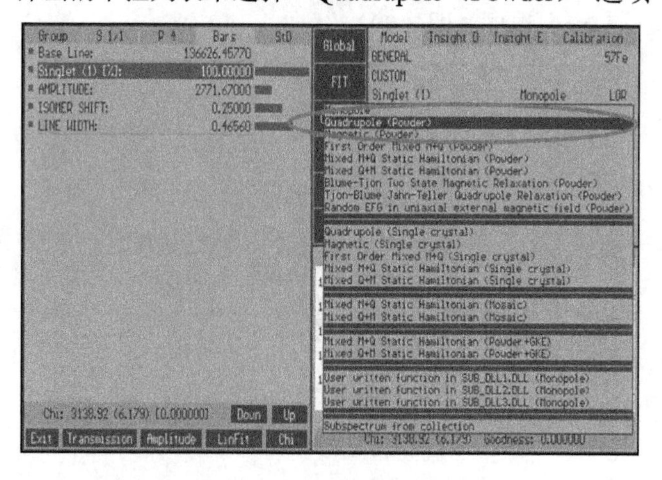

图 3-102　“Quadrupole（Powder）”选项

29）单击红色条码调整长度，使峰形基本吻合（图 3-103）。

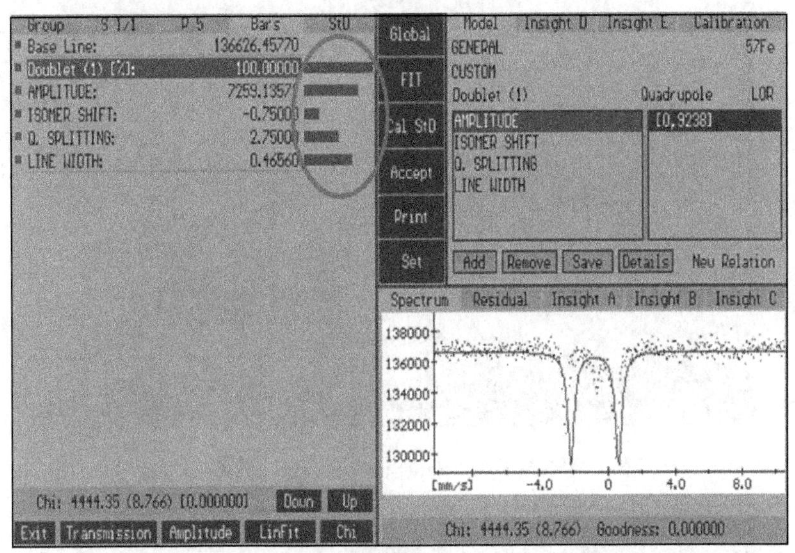

图 3-103　峰形调节

30）拟合图一般不单是一种谱，需要增加其他亚谱，单击“Add”按钮（图 3-104）。

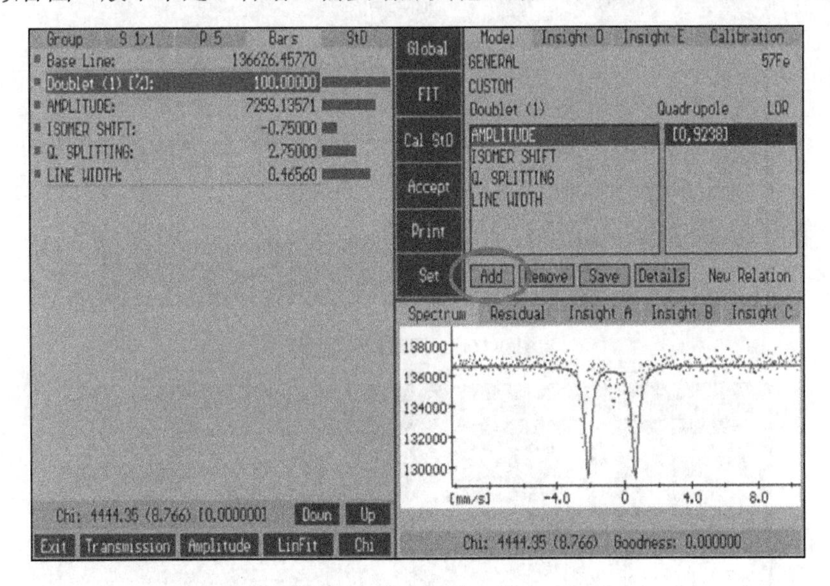

图 3-104　增加亚谱

31）在弹出的下拉列表中选择“New Subspectrum”→“User written function in SUB_DLL2.0LL”选项或者其他谱，具体视实际情况而定（图 3-105）。

32）单击增加亚谱的浅绿色条纹长度，使其峰形基本一致（图 3-106）。

33）单击“Global”按钮，开始拟合（图 3-107）。

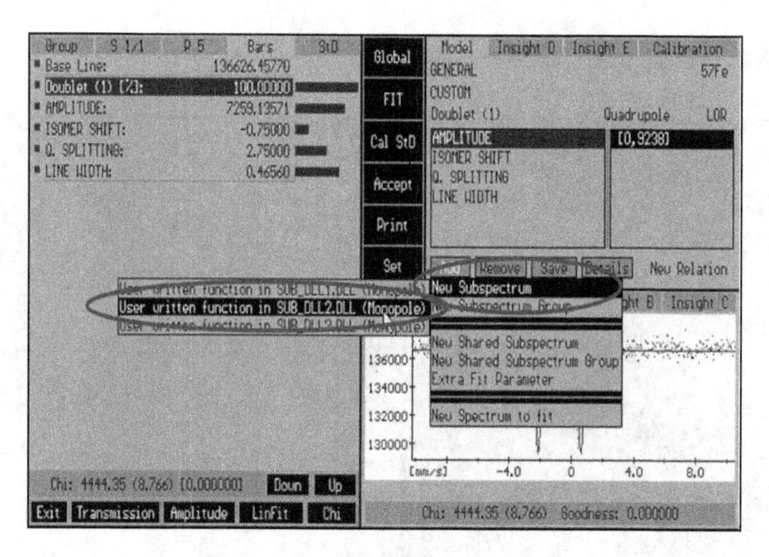

图 3-105　“New Subspectrum”选项

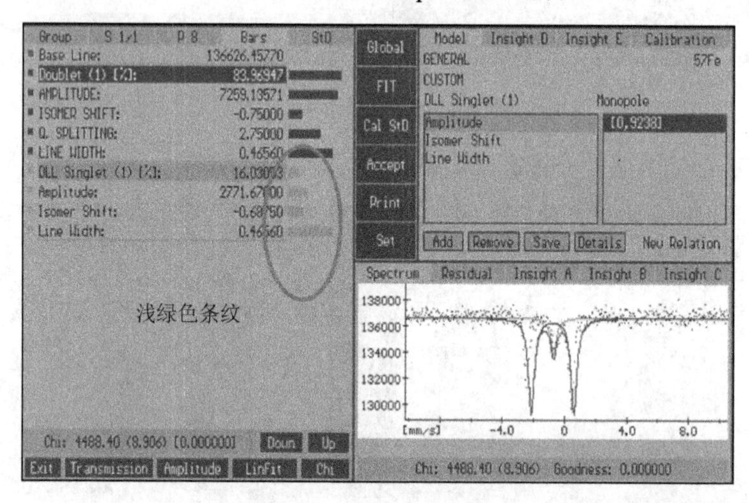

图 3-106　调节峰形设置

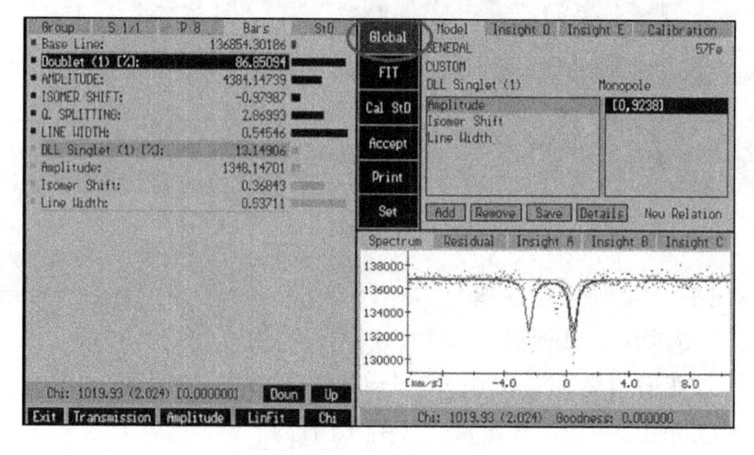

图 3-107　Global 拟合

34）当拟合数据基本不再变化，即底部“Chi：……”的数字基本不变时，按 Esc 键停止拟合，再依次单击“FIT”按钮、“Cal StD”按钮及“Accept”按钮，最后单击左下角的“Exit”按钮（图 3-108）。

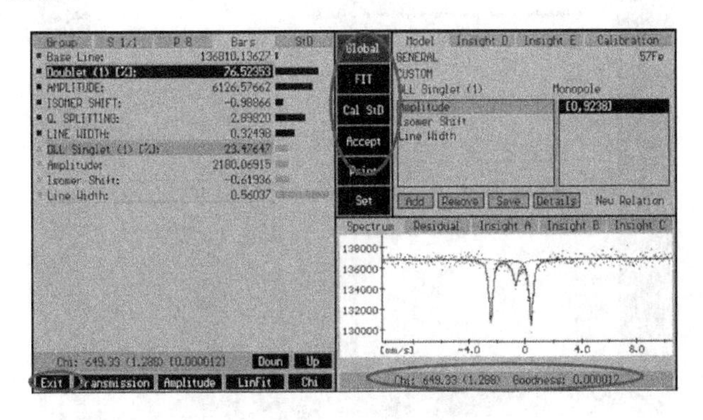

图 3-108　“Global”选项（一）

35）保存数据为.dat 格式，单击“Save”按钮，在弹出的下拉列表中选择“Save Spectrum”选项（图 3-109）。

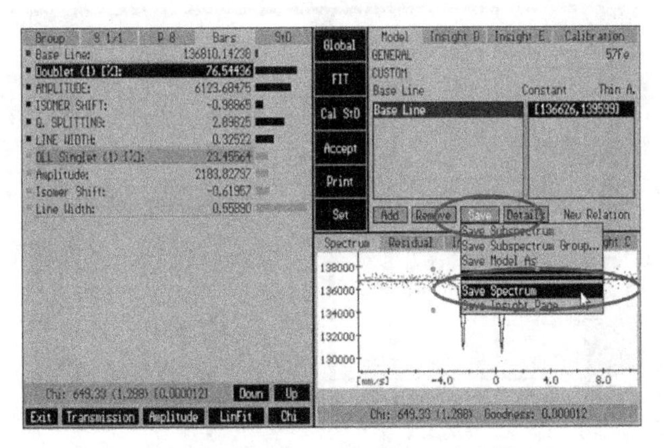

图 3-109　“Save Spectrum”选项

36）填写保存数据的名称，一般格式为“名称+.dat”。这里输入“SU.dat”，即数据类型为.dat，再单击“OK”按钮即可；然后单击左下角的“Exit”按钮（图 3-110）。

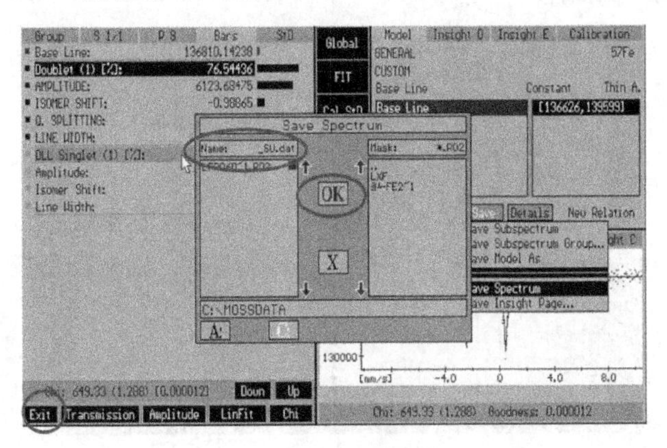

图 3-110　数据类型

37）选择右侧菜单中的“HDO”选项，在弹出的下拉列表中选择“Update all windows”选项，保存数据（图 3-111）。

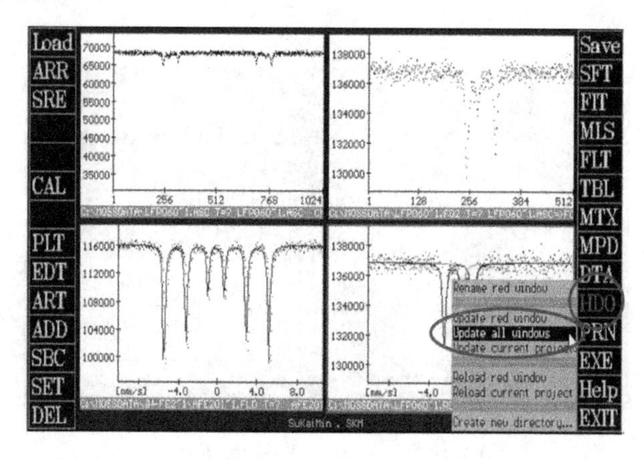

图 3-111　“Update all windows”选项

38）选择原始数据穆斯堡尔谱图（图 3-112）。

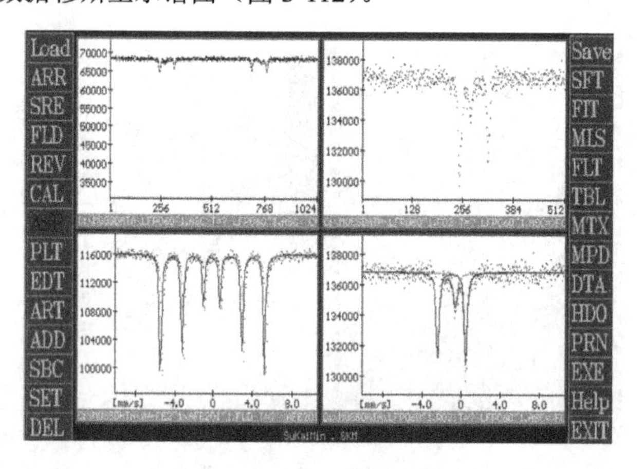

图 3-112　原始数据图

39）选择左侧菜单中的“DEL”选项将其删除（图 3-113），采用相同的方法删除α-Fe 和数据折叠后的穆斯堡尔谱图。

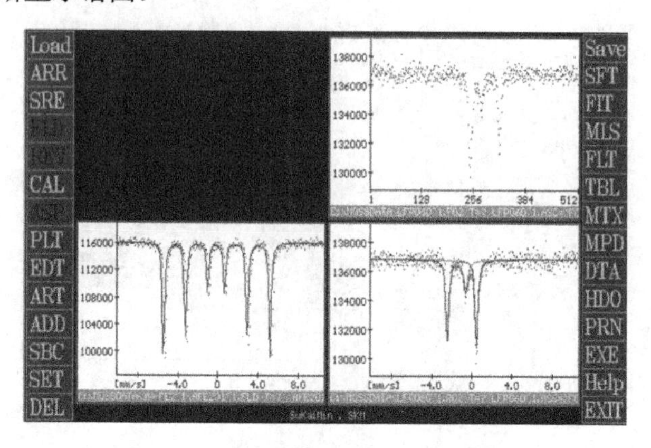

图 3-113　折叠后的穆斯堡尔谱图

40）选择左侧菜单中的“ARR”选项，可以看到拟合图（图 3-114）。

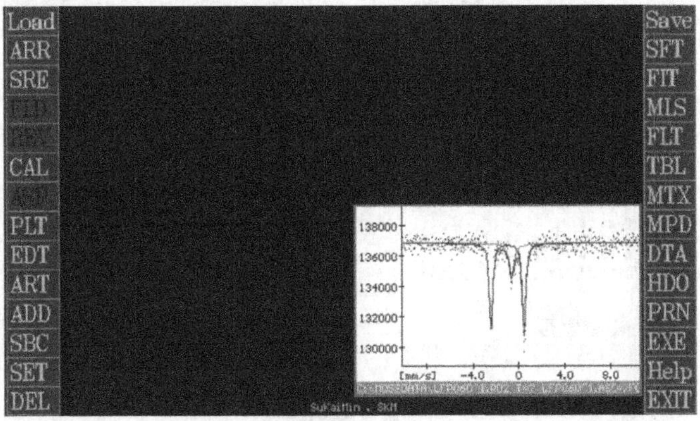

图 3-114　拟合图

41）选择右侧菜单中的“EXIT”选项，退出 Mosswinn 软件（图 3-115）。

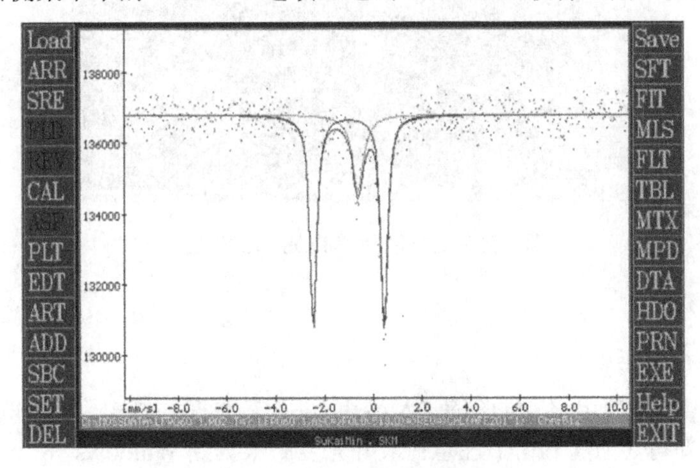

图 3-115　退出 Mosswinn 软件

42）退出时，如果出现图 3-116 所示画面，可以按 Ctrl+C 组合键退出。

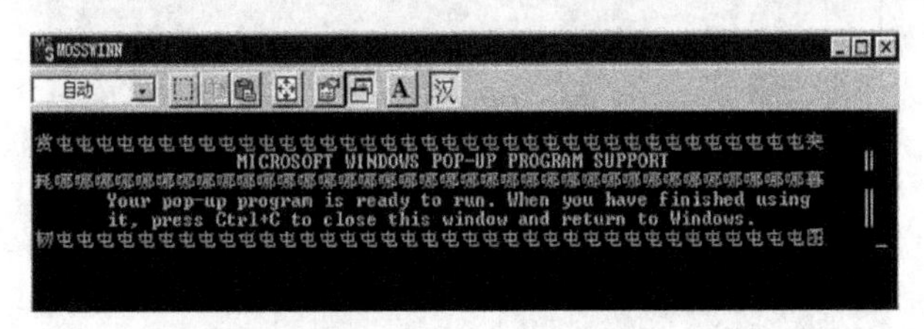

图 3-116　退出模式

43）在“[WKPE] KEYPRO 模拟程式”窗口中选择“功能”→“暂停模拟”命令可以关闭 Wkpe 软件（图 3-117）。

44）在“[WKPE] KEYPRO 模拟程式”窗口中选择“档案”→“结束”命令（图 3-118）。

45）单击“MS-DOS 方式”窗口中的“关闭”按钮即可关闭“MS-DOS 方式”（图 3-119）。

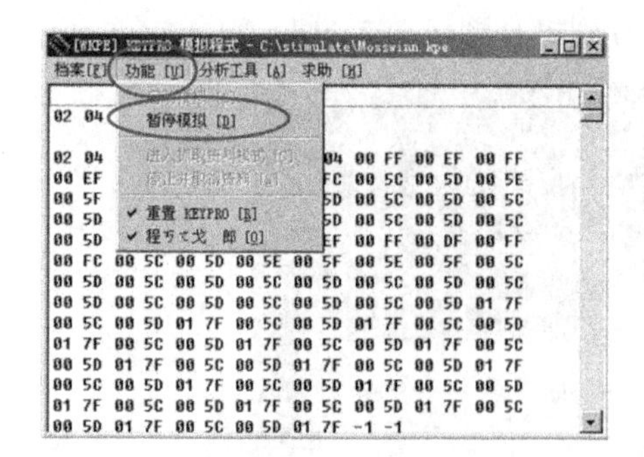

图 3-117　暂停模拟

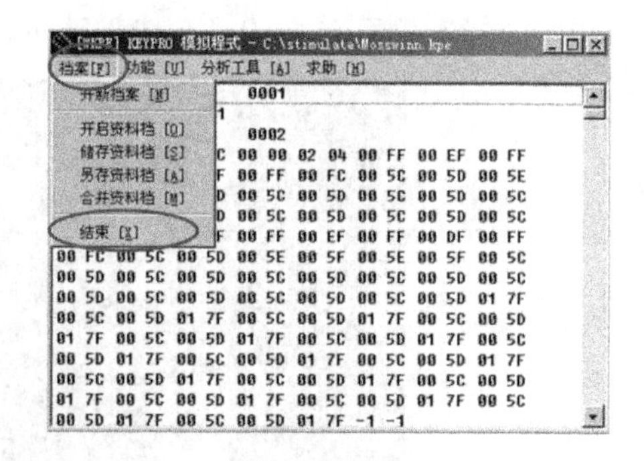

图 3-118　结束

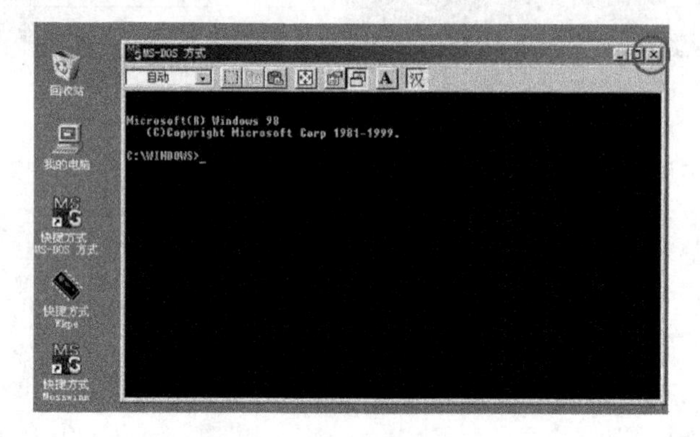

图 3-119　关闭“MS-DOS 方式”窗口

四、简单数据处理

简单数据处理的步骤如下：

1）数据处理时，打开 C 盘中的“MossData”文件夹，将拟合好的.dat 文件拖动到 Windows 7 系统即可（图 3-120）。注意：最好先复制数据到 Windows 98 系统桌面，然后把 Windows 98 桌面上的数据拖动到 Windows 7 桌面上，再使用 Windows 7 系统软件处理。

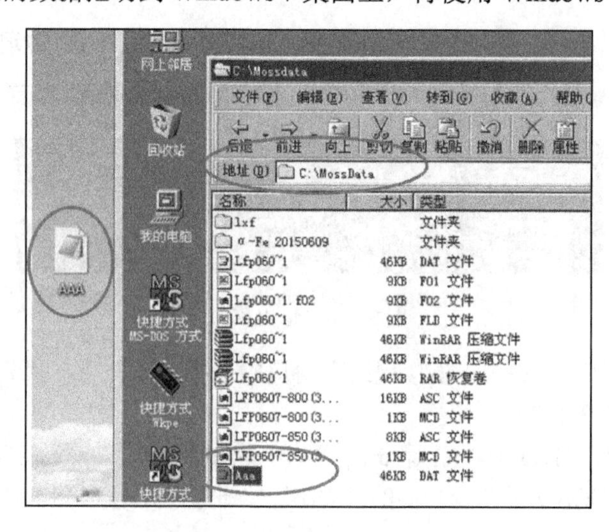

图 3-120　“MossData”文件夹

2）启动 OriginPro 8.1，直接将刚才的数据文件拖动到 OriginPro 8.1 中（图 3-121）。

Book1 - AAA.DAT

	A(X)	B(Y)	C(Y)	D(Y)	E(Y)
Long Name					
Units					
Comments					
Sparklines					
1	-10.23527	136062	136804.22244	136806.06532	136808.2
2	-10.19473	136751	136804.16814	136806.02665	136808.28
3	-10.15418	136475	136804.11308	136805.98741	136808.26
4	-10.11364	137233	136804.05723	136805.9476	136808.25
5	-10.0731	136560	136804.0006	136805.9072	136808.23
6	-10.03255	136690	136803.94315	136805.8662	136808.21
7	-9.99201	136850	136803.88489	136805.82459	136808.20
8	-9.95147	136506	136803.82578	136805.78235	136808.1
9	-9.91092	137964	136803.76581	136805.73948	136808.1
10	-9.87038	136434	136803.70497	136805.69596	136808.15
11	-9.82984	136351	136803.64323	136805.65178	136808.13
12	-9.78929	137237	136803.58059	136805.60692	136808.11
13	-9.74875	137345	136803.51702	136805.56137	136808.09
14	-9.7082	136979	136803.45251	136805.51512	136808.07
15	-9.66766	136822	136803.38702	136805.46815	136808.06
16	-9.62712	136997	136803.32056	136805.42044	136808.0
17	-9.58657	136741	136803.25309	136805.37198	136808.02

图 3-121　启动 OriginPro 8.1

3）把“A（X）”数据列拉大，通过下拉右侧的滚动条在数据的后面找到“Base Line.Base Line=>136810.14237617（StD=18.8）”行并复制“136810.14237617”（图 3-122）。

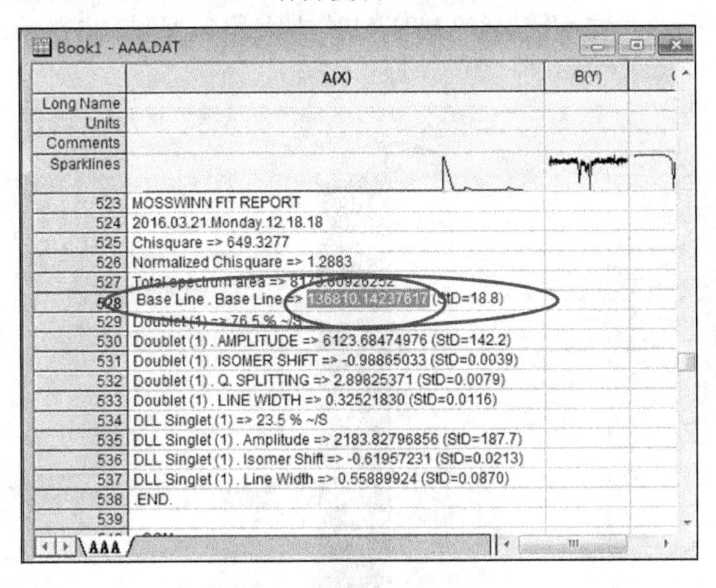

Book1 - AAA.DAT

	A(X)
Long Name	
Units	
Comments	
Sparklines	
523	MOSSWINN FIT REPORT
524	2016.03.21.Monday.12.18.18
525	Chisquare => 649.3277
526	Normalized Chisquare => 1.2883
527	Total spectrum area => [illegible]
528	Base Line . Base Line => 136810.14237617 (StD=18.8)
529	Doublet (1) => 76.5 % ~/S
530	Doublet (1) . AMPLITUDE => 6123.68474976 (StD=142.2)
531	Doublet (1) . ISOMER SHIFT => -0.98865033 (StD=0.0039)
532	Doublet (1) . Q. SPLITTING => 2.89825371 (StD=0.0079)
533	Doublet (1) . LINE WIDTH => 0.32521830 (StD=0.0116)
534	DLL Singlet (1) => 23.5 % ~/S
535	DLL Singlet (1) . Amplitude => 2183.82796856 (StD=187.7)
536	DLL Singlet (1) . Isomer Shift => -0.61957231 (StD=0.0213)
537	DLL Singlet (1) . Line Width => 0.55889924 (StD=0.0870)
538	.END.
539	

图 3-122　OriginPro 8.1 数值

4）选中数据列后面的文字，右击，在弹出的快捷菜单中选择“Delete”命令，将其删除（图 3-123）。

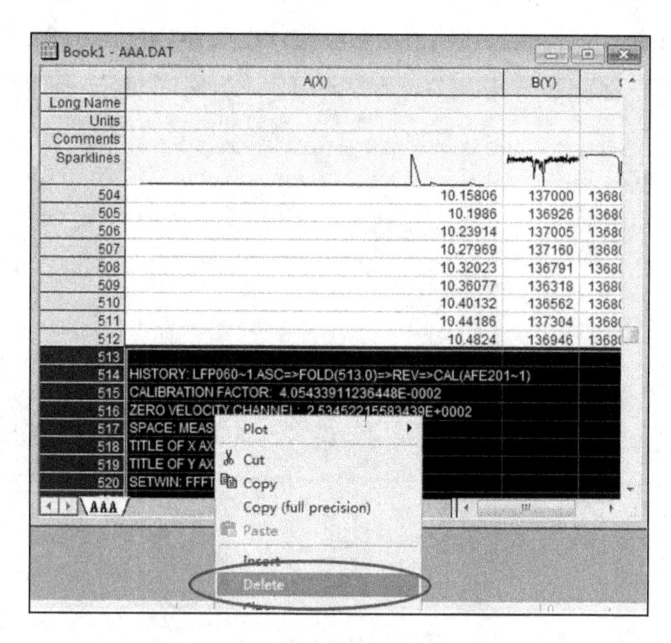

图 3-123　删除数据列后面的文字

5）选中“B（Y）”列数据，右击，在弹出的快捷菜单中选择“Set Column Values”命令（图 3-124）。

6）在弹出的“Set Values”窗口中选择“Col（A）”→“Col（B）”命令，这时文本框会写入“Col（B）”，然后输入“/136810.14237617”，即步骤 3）复制的内容，最后单击“Apply”按钮对“B（Y）”数据列进行归一化（图 3-125）。

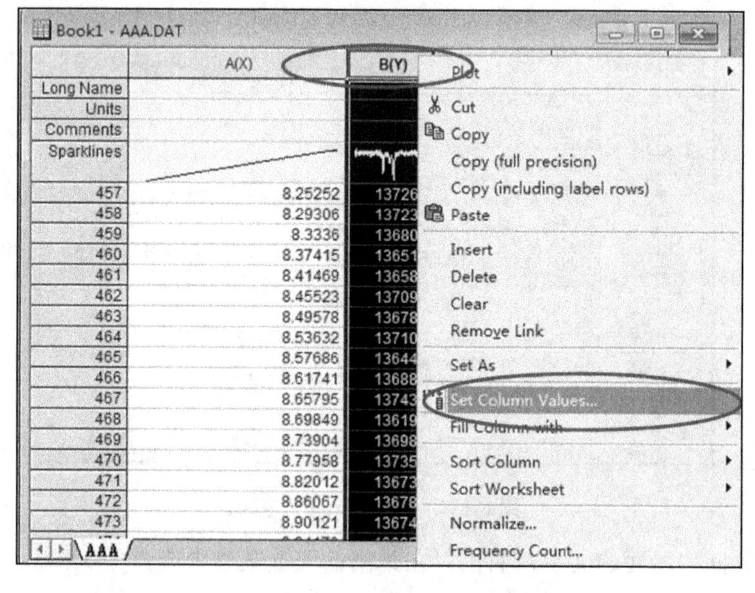

图 3-124　“Set Column Values”命令

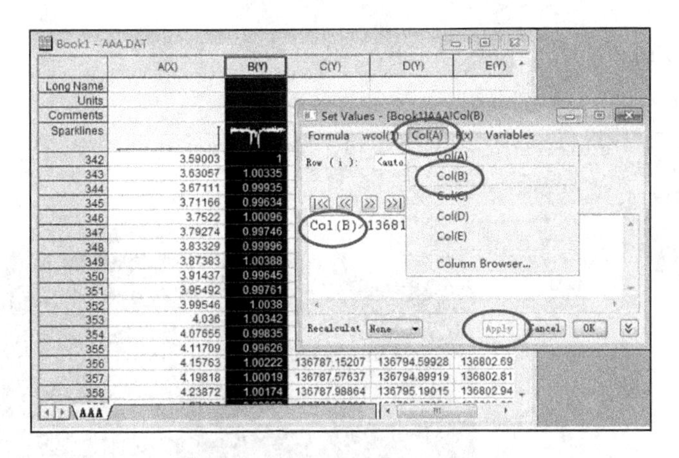

图 3-125　公式设置（一）

7）单击按钮切换到“C（Y）”数据列（图 3-126）。

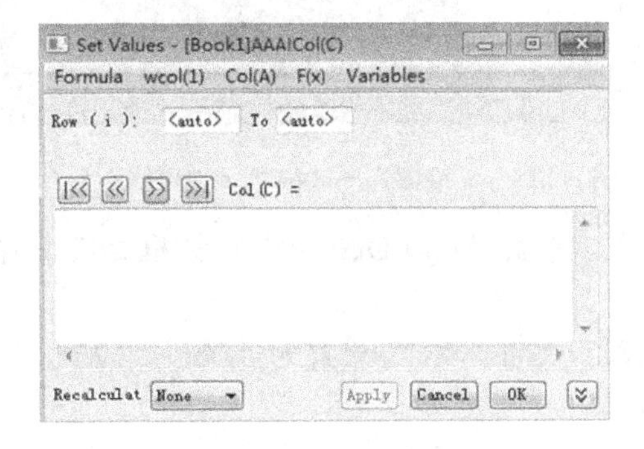

图 3-126　数据设置

8）右击，在弹出的快捷菜单中选择“Set Column Values”命令，在弹出的“Set Values”窗口中选择“Col（A）”→“Col（C）”命令，这时文本框会写入“Col（C）”，然后输入“/136810.14237617”，即步骤 3）复制的内容，最后单击“Apply”按钮，对“C（Y）”数据列进行归一化（图 3-127）。之后无论有多少数据列，均采用同样的操作进行归一化。

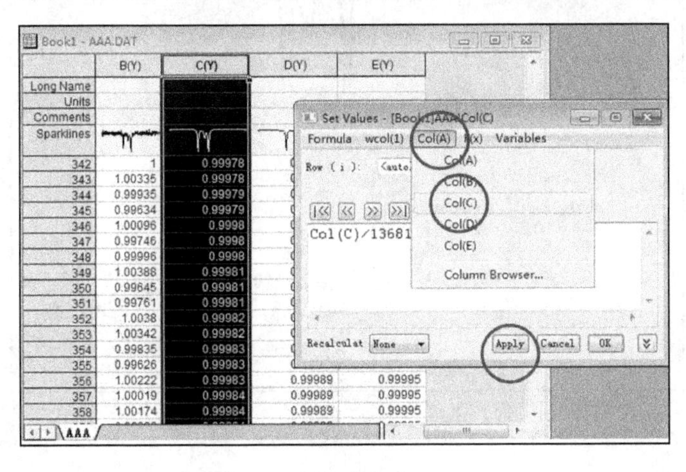

图 3-127　公式设置（二）

9）在 OriginPro 8.1 界面中选择数据，然后选择“绘图”→“线”→“直线”命令（图 3-128）。

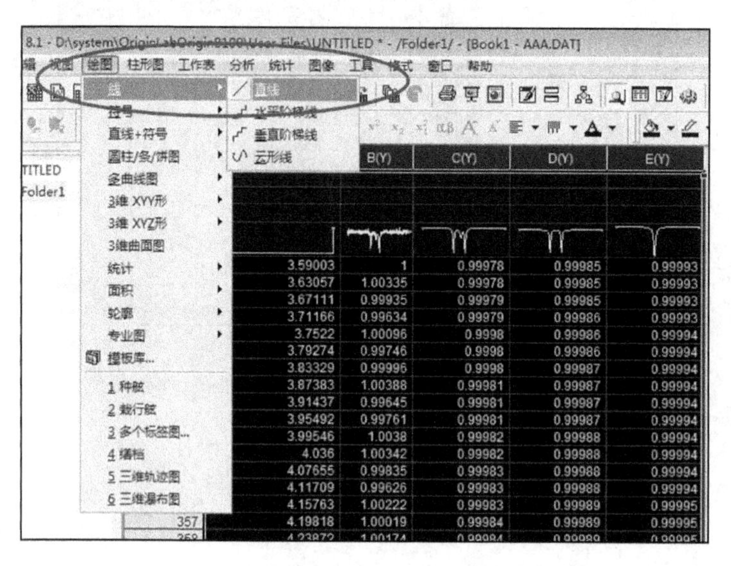

图 3-128　“绘图”→“线”→“直线”命令

10）双击生成的图像，弹出“Plot Details”对话框，在其中可以根据需要设置参数（图 3-129）。

11）选择“Line”选项卡，将“Styl”设置为“Dot”，“Width”设置成“2”，然后单击“Apply”按钮（图 3-130）。

12）其他一些设置，如图 3-131 所示。

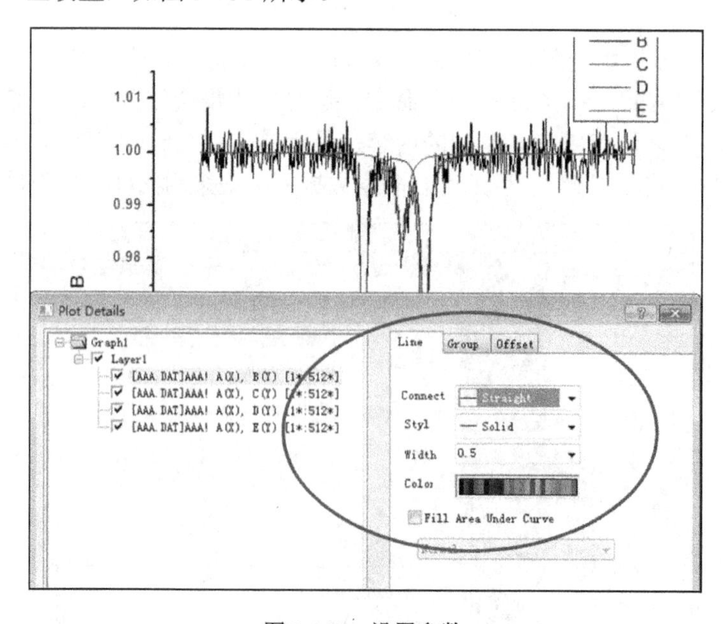

图 3-129　设置参数

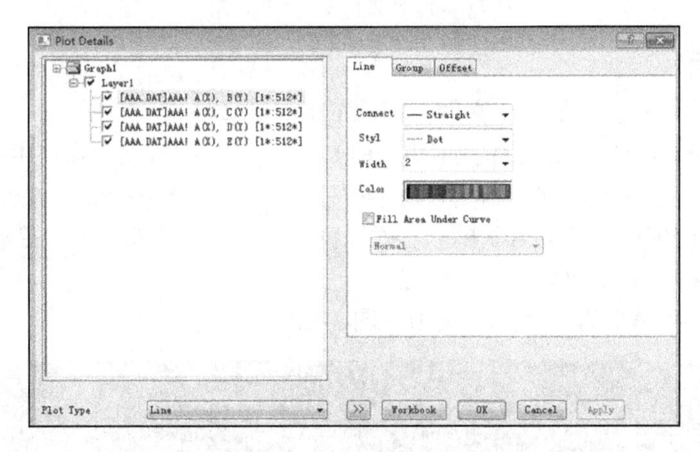

图 3-130　“Line”选项卡

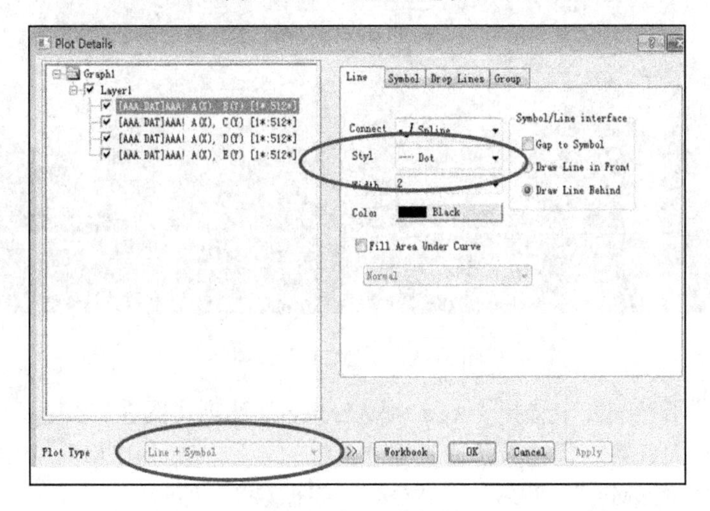

图 3-131　其他设置

13）一般将穆斯堡尔谱图调成图 3-132 所示。

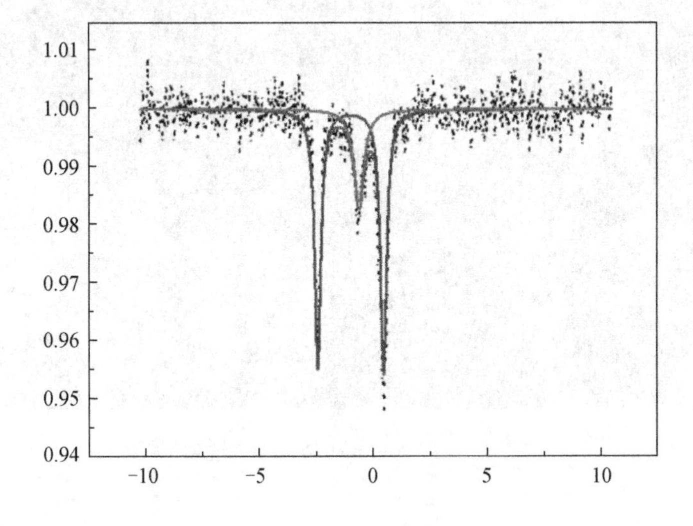

图 3-132　穆斯堡尔谱图

五、α-Fe 的标定

如果之前有α-Fe 标定的.FLD 文件，则以下步骤可省略。

1）启动 Wkpe 软件，在弹出的“[WKPE] KEYPRO 模拟程式”窗口中选择“档案”→“开启资料档”命令，在弹出的“打开”对话框中选择“Mosswinn.kpe”文件并单击“打开”按钮。然后在“[WKPE] KEYPRO 模拟程式”窗口中选择“功能”→“启动模拟”命令。

2）启动 Mosswinn 软件。

3）选择右侧菜单中的“MPD”选项（图 3-133）。

图 3-133　“MPD”选项

4）在弹出的下拉列表中选择“Add New Project”选项（图 3-134）。

5）在弹出界面的第二行输入新建工程项目组的名称，如“SKM”；在第三行输入新的工程名称，如“SuKaiMin”，然后单击“OK”按钮（图 3-135）。

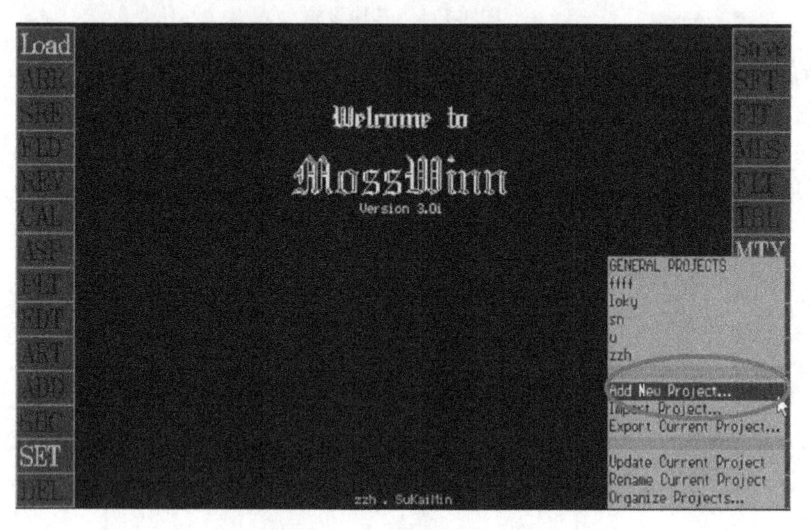

图 3-134　“Add new Project”选项

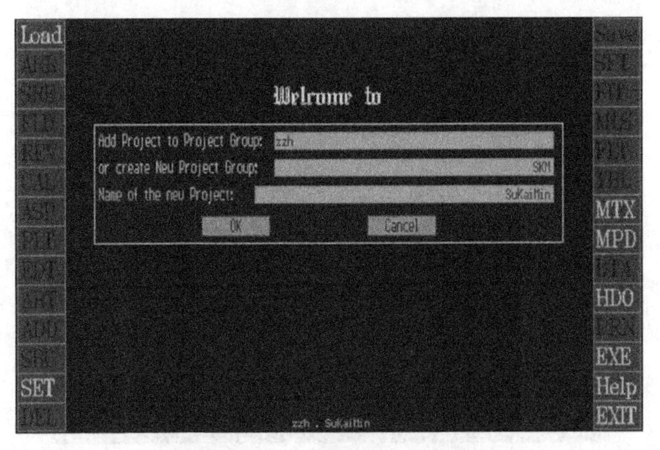

图 3-135　“SuKaiMin”选项

6）在界面下方可以看到项目组名称和项目名称（图 3-136），选择左侧菜单中的“Load”选项。

图 3-136　项目组名称和项目名称

7）在弹出的界面中单击 C 盘，在弹出的下拉列表中选择“C:\MOSSDATA”选项（图 3-137）。

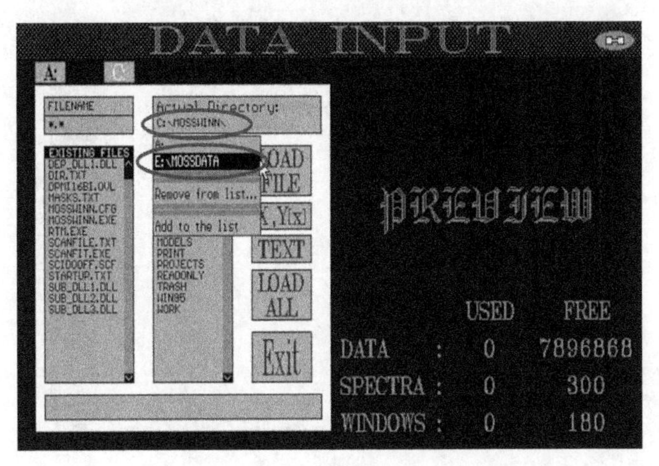

图 3-137　“MossData”选项（二）

8）在“DIRECTORIES”列表框中选择“α-Fe”文件夹（图 3-138）。

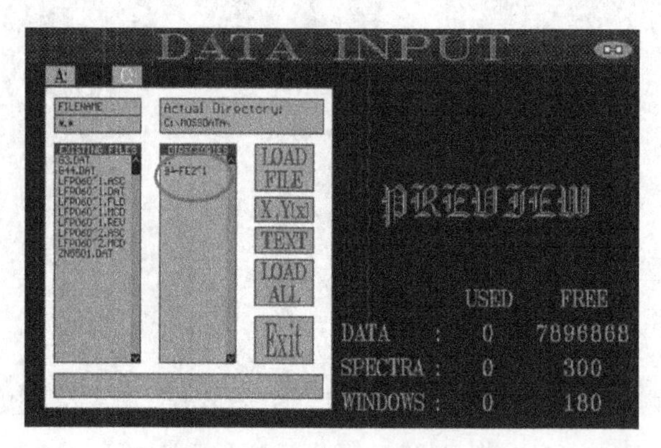

图 3-138　“α-Fe”文件夹

9）在“EXISTING FILES”列表框中选择“α-Fe.ASC”文件，可以看到图 3-139 所示的穆斯堡尔谱图，再选择“LOAD FILE”选项（图 3-139）。

10）选择左侧菜单中的“ARR”选项（图 3-140）。

11）选择左侧菜单中的“FLD”选项，在弹出的消息提示框中单击“OK”按钮，再选择右侧菜单中的“FIT”选项（图 3-141）。

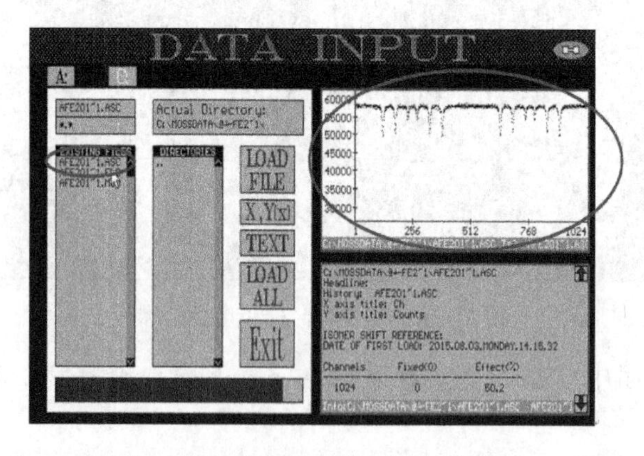

图 3-139　“LOAD FILE”选项（二）

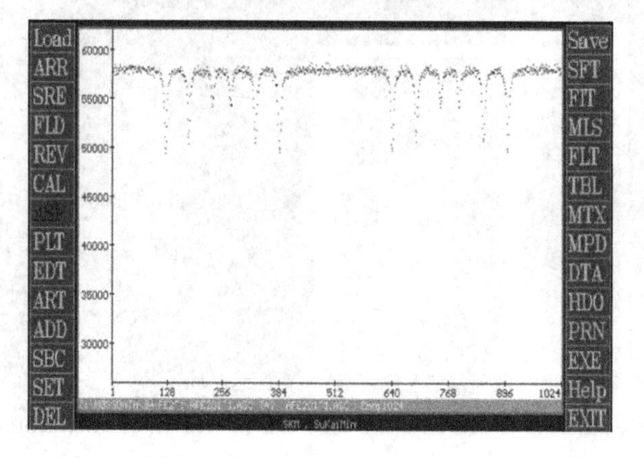

图 3-140　“ARR”选项（二）

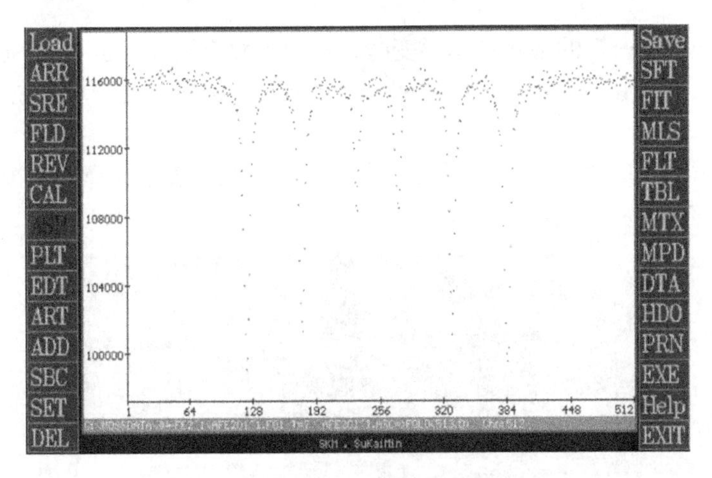

图 3-141　“FIT”选项

12）选择“Calibration”选项卡，再选择“Active”选项，接着选择“Alpha Iron”选项，使字体有蓝色背景填充（图 3-142）。

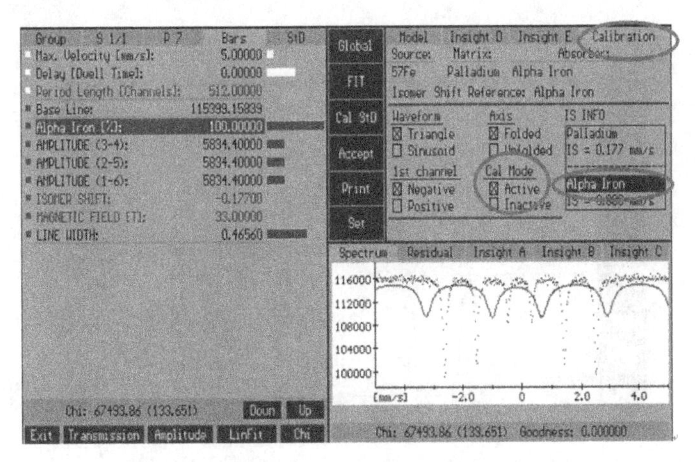

图 3-142　“Calibration”选项卡

13）单击“Global”按钮，待底部“Chi：……”的数字基本不变即可（图 3-143）。

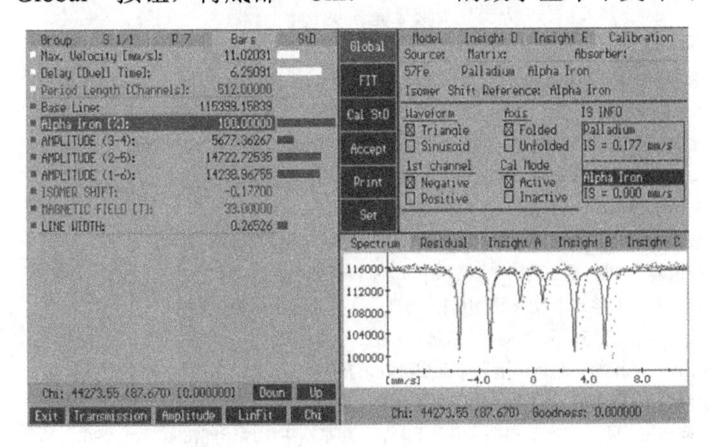

图 3-143　“Global”选项（二）

14）待“Chi：……”的数字基本不变时，括号内数字为 1.850，按 Esc 键停止拟合，再依次单击“FIT”按钮、“Cal StD”按钮和“Accept”按钮，接着单击左下角的“Exit”按钮（图 3-144）。

15）选择右侧菜单中的“HDO”选项，在弹出的下拉列表中选择“Update all windows”选项就完成了α-Fe 的标定（图 3-145）。

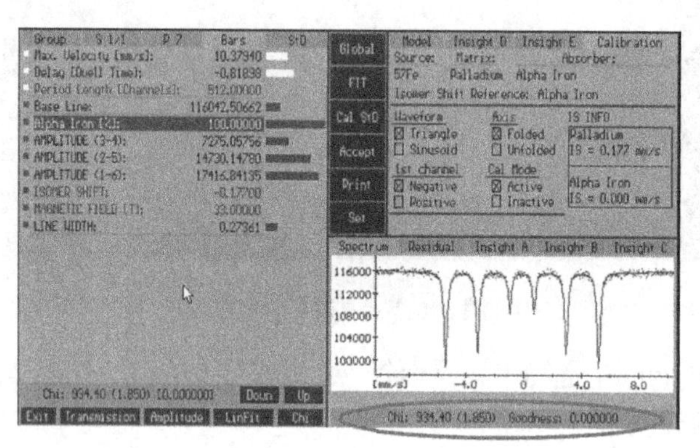

图 3-144　“Global”选项（三）

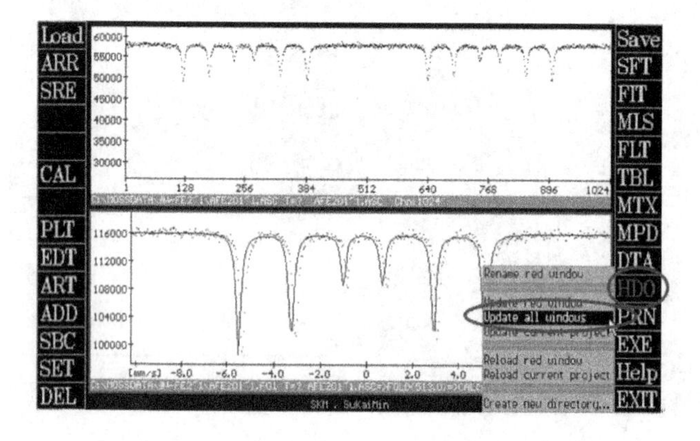

图 3-145　完成α-Fe 的标定

参 考 文 献

[1] 应育浦．穆斯堡尔效应在矿物学中的应用[M]．北京：地质出版社，1977.

[2] 贡泽尔·U．穆斯堡尔谱学[M]．北京：科学出版社，1979.

[3] 夏元复，叶纯灏，张健．穆斯堡尔效应及其应用[M]．北京：中国原子能出版社，1984.

[4] 夏元复，李永希．催化、表面科学与穆斯堡尔谱学[M]．北京：科学出版社，1986.

[5] 夏元复，陈懿．穆斯堡尔谱学基础和应用[M]．北京：科学出版社，1987.

[6] 夏元复，章佩群，顾元吉，等．穆斯堡尔谱学（Ⅱ）[M]．北京：科学出版社，1988.

[7] 夏元复，倪新柏，彭郁卿．实验核物理应用方法[M]．北京：科学出版社，1989.

[8] 夏元复，刘荣川．穆斯堡尔谱学常用数据手册[M]．南京：江苏科技出版社，1990.

[9] 张宝峰．穆斯堡尔谱学[M]．天津：天津大学出版社，1991.

[10] 马如璋．穆斯堡尔谱学手册[M]．北京：冶金工业出版社，1993.

[11] 李士．铁钥匙：穆斯堡尔谱学[M]．长沙：湖南教育出版社，1994.

[12] 夏元复，许裕生，黄润生，等．表面层穆斯堡尔研究[M]．北京：中国原子能出版社，1996.

[13] 马如璋，徐英庭．穆斯堡尔谱学[M]．北京：科学出版社，1996.

[14] 李哲．矿物穆斯堡尔谱学[M]．北京：科学出版社，1996.
[15] 祁守仁．穆斯堡尔谱学与稀土富铁磁学[M]．武汉：华中师范大学出版社，1998.
[16] 吴杭生．铁电-铁磁混合陶瓷的穆斯堡尔谱学研究[J]．物理学报，1963，21（7）：67502.
[17] 夏元复．穆斯堡尔谱学[J]．自然杂志，1978（2）：32-36.
[18] 南京大学物理系穆斯堡尔谱学科研组．一台等加速穆斯堡尔谱仪及其应用[J]．物理，1978（2）：107-111.
[19] 夏元复．穆斯堡尔谱学和超精细相互作用[J]．石油炼制与化工，1980（9）：33-40.
[20] 夏元复．穆斯鲍尔谱学的进展及当前国际动向[J]．原子能科学技术，1982，16（4）：419，506-510.

第四章　掺杂非磁性离子的钴铁氧体和镁铁氧体的磁性与穆斯堡尔效应研究

第一节　掺杂非磁性稀土离子Gd^{3+}的钴铁氧体的磁性与穆斯堡尔谱研究

一、引言

在包含有3d过渡金属离子的材料中，磁矩携带者源于3d壳层的电子，它被认为是从一个电子迁移到另一个电子。而在稀土材料中，磁矩携带者为4f电子，它为$5s^2 5p^6$壳层所包围，因此它的磁矩完全局域在单个原子中。稀土离子在决定铁氧体的磁晶各向异性时起到重要的作用，通过4f元素的稀土离子取代铁氧体中的Fe^{3+}，样品将表现出较强的3d-4f耦合。稀土离子的磁矩变化范围很大（0～$10.6\mu_B$），而Gd^{3+}的磁矩为$7.94\mu_B$。本节采用溶胶-凝胶自蔓延法制备样品$CoGd_xFe_2O_4$（x=0、0.02、0.04、0.06、0.08），并研究掺杂稀土离子Gd^{3+}的钴铁氧体的结构与磁性能的变化情况。

二、实验

（一）样品制备

采用溶胶-凝胶自蔓延法制备样品，首先以分析纯的硝酸钴[$Co(NO_3)_2 \cdot 6H_2O$]、硝酸钆[$Gd(NO_3)_3 \cdot 6H_2O$]、硝酸铁[$Fe(NO_3)_3 \cdot 9H_2O$]、柠檬酸（$C_6H_8O_7 \cdot H_2O$）与氨水（$NH_3 \cdot H_2O$）为原料，按照分子式$CoGd_xFe_2O_4$（x=0、0.02、0.04、0.06、0.08）进行配比，并称量所需的硝酸盐。然后将硝酸盐溶于去离子水中混合至完全溶解，加入氨水调节到适当的pH后，将混合溶液放在80℃的数显恒温水浴锅上加热。其次根据柠檬酸与总金属离子物质的量比为1∶1称取柠檬酸，并溶于去离子水中，将其在水浴过程中逐渐滴加并不断搅拌混合溶液，直至形成湿凝胶。再次将湿凝胶放于数显鼓风干燥箱中，在120℃下干燥2h，把得到的干凝胶在空气中滴加助燃剂（无水乙醇）点燃自蔓延，将得到的粉末在玛瑙研钵中研磨均匀。最后按照所需煅烧的温度将样品放入箱式电阻炉中进行煅烧，即可得到最后的样品。

（二）样品表征

使用X射线衍射仪（D/max 2500 PC）分析样品的晶体结构，使用扫描电子显微镜（Nova^{TM} Nano SEM 430）观察样品形貌，使用穆斯堡尔谱仪（Tec PC-moss Ⅱ）测量室温下的穆斯堡尔谱，使用超导量子干涉仪（MPMS-XL-7）测量样品在室温下的磁滞回线。

三、结果与讨论

（一）XRD分析

图4-1为样品$CoGd_xFe_{2-x}O_4$在800℃煅烧3h后的XRD谱图。XRD谱图表明，所有的

样品均为单相的尖晶石结构，所有衍射峰都与尖晶石结构的 $CoFe_2O_4$ 铁氧体的标准衍射峰相符合（JCPDS No.22-1086），同时在这些样品中没有检测到杂相。

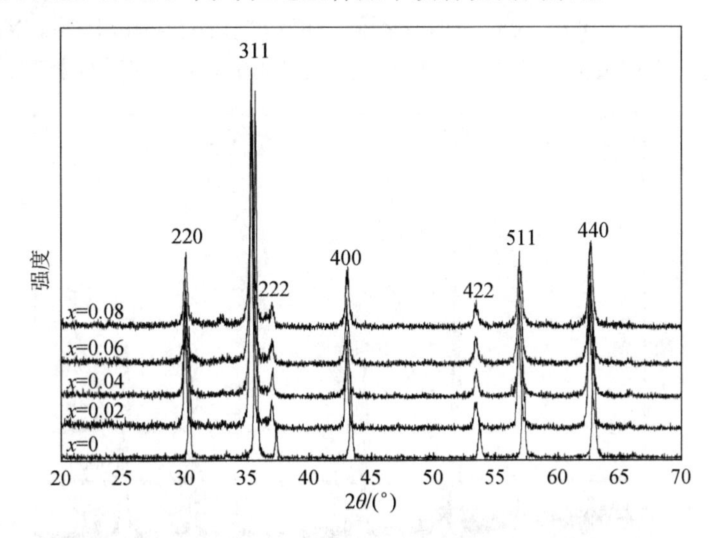

图 4-1　样品 $CoGd_xFe_{2-x}O_4$ 在 800℃煅烧 3h 后的 XRD 谱图

表 4-1 为样品 $CoGd_xFe_{2-x}O_4$ 在 800℃煅烧 3h 后的 XRD 参数。由表 4-1 可知，掺杂 Gd^{3+} 的钴铁氧体的晶格常数比纯钴铁氧体样品要大，这是因为 Gd^{3+} 的半径（0.938Å）大于 Fe^{3+} 的半径（0.645Å）[1-4]。但是晶格常数并不是随着 Gd^{3+} 掺杂量的增加而单调变大的，这也许是因为半径较大的 Gd^{3+} 掺杂在 $CoFe_2O_4$ 铁氧体中时会引起晶格变形[1]。

表 4-1　样品 $CoGd_xFe_{2-x}O_4$ 在 800℃煅烧 3h 后的 XRD 参数

样品	晶格常数/Å	平均晶粒尺寸/Å	密度/（g/cm^3）
$x=0$	8.35497	556	5.3468
$x=0.02$	8.40359	402	5.2973
$x=0.04$	8.39787	343	5.3536
$x=0.06$	8.40258	316	5.3900
$x=0.08$	8.39755	316	5.4452

通过谢乐公式[3,5,6]估算可知，样品的平均晶粒尺寸为 31.6～55.6nm。平均晶粒尺寸随着 Gd^{3+} 的掺杂而变小，这一结果跟其他文献[7-9]的研究结果一致。相对于 $Fe^{3+}—O^{2-}$，$Gd^{3+}—O^{2-}$ 具有较大的键能，因此若要 Gd^{3+} 进入晶格中而形成 $Gd^{3+}—O^{2-}$ 就需要更多的能量。因此掺杂 Gd^{3+} 的钴铁氧体样品相对于纯的钴铁氧体样品具有更高的热稳定性，需要更多的能量使掺杂的样品完成结晶与颗粒的成长。

从 XRD 分析中所得的密度，可通过以下关系式计算[3,4,10]：

$$\rho_x = \frac{8M}{N_A a^3} \tag{4-1}$$

式中，M 为相对原子质量；N_A 为阿伏伽德罗常量；a 为晶格常数。表 4-1 表明，掺杂 Gd^{3+} 的钴铁氧体的密度随着 Gd^{3+} 掺杂量的增加呈现变大的趋势。Gd 的相对原子质量大于 Fe 的相对原子质量，所以掺杂 Gd^{3+} 的钴铁氧体的相对分子质量随着 Gd^{3+} 掺杂量的增加而变大；

而晶格常数并没有因 Gd^{3+}的掺杂而发生明显变化，所以掺杂 Gd^{3+}的钴铁氧体密度的变大可以归结于相对分子质量的增大。

图 4-2 为钴铁氧体 $CoGd_{0.02}Fe_{1.98}O_4$ 在不同温度煅烧后的 XRD 谱图。XRD 谱图表明，所有的样品均为单相的尖晶石结构（JCPDS No.22-1086），并没有检测到杂相。

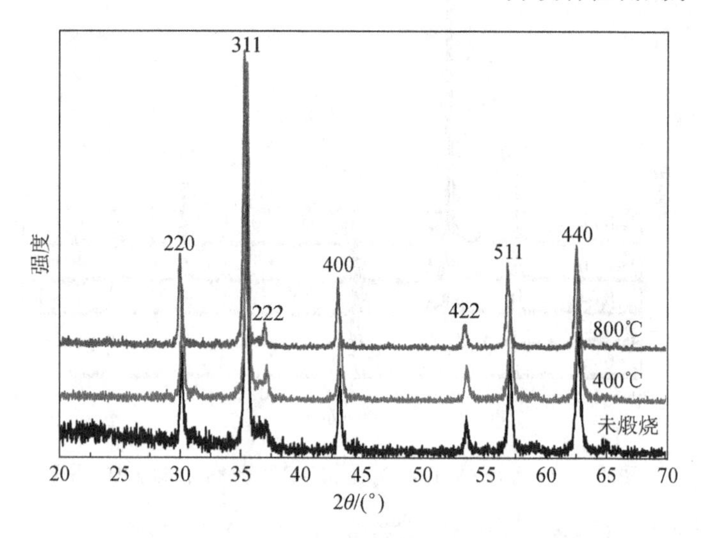

图 4-2　样品 $CoGd_{0.02}Fe_{1.98}O_4$ 在不同温度煅烧后的 XRD 谱图

表 4-2 为样品 $CoGd_{0.02}Fe_{1.98}O_4$ 在不同温度煅烧后的 XRD 参数。从表 4-2 可知，随着煅烧温度的升高，样品的晶格常数发生了变化，而平均晶粒尺寸呈现增大的趋势。在其他作者的研究中[11]，样品 $CoGd_{0.1}Fe_{1.9}O_4$ 在低温煅烧时的 XRD 谱图中的衍射峰并不尖锐，但本节研究的 $CoGd_{0.02}Fe_{1.98}O_4$ 样品在未煅烧时的 XRD 谱图中的衍射峰却十分尖锐。未煅烧样品的晶格常数与在各种温度煅烧后样品的晶格常数相比，并没有发生太大的变化，但样品的平均晶粒尺寸却随着煅烧温度的升高而增大。因此所得的结果表明，采用溶胶-凝胶自蔓延法制备的样品即使未经煅烧也有良好的结晶度。

表 4-2　样品 $CoGd_{0.02}Fe_{1.98}O_4$ 在不同温度煅烧后的 XRD 参数

样品	晶格常数/Å	平均晶粒尺寸/Å	密度/（g/cm³）
未煅烧	8.39446	303	5.3146
400℃	8.38050	294	5.3412
800℃	8.40359	402	5.2973

（二）SEM 分析

图 4-3 为样品 $CoFe_2O_4$、$CoGd_{0.02}Fe_{1.98}O_4$ 在 800℃煅烧 3h 后的 SEM 照片。从图 4-3 中可以观察到，样品的颗粒尺寸分布均匀、结晶度良好。掺杂 Gd^{3+}的钴铁氧体出现了少量的团聚，这是因为颗粒之间存在磁相互作用力[8,12]。

图 4-4 为样品 $CoFe_2O_4$、$CoGd_{0.02}Fe_{1.98}O_4$ 在 800℃煅烧 3h 后的颗粒尺寸分布直方图。通过统计平均法，可以估算出铁氧体 $CoFe_2O_4$ 与 $CoGd_{0.02}Fe_{1.98}O_4$ 的颗粒尺寸分别为 96.12nm 及 46.15nm。这表明本节所制备的铁氧体粉末为纳米颗粒，样品的平均颗粒尺寸随着 Gd^{3+}掺杂量的增加而减小。平均颗粒尺寸相对于 XRD 谱图中所得到的晶粒尺寸要大，这表明样

品的每个颗粒是由一定数量的晶粒组成的，即制备的铁氧体粉末为多晶样品[13,14]。

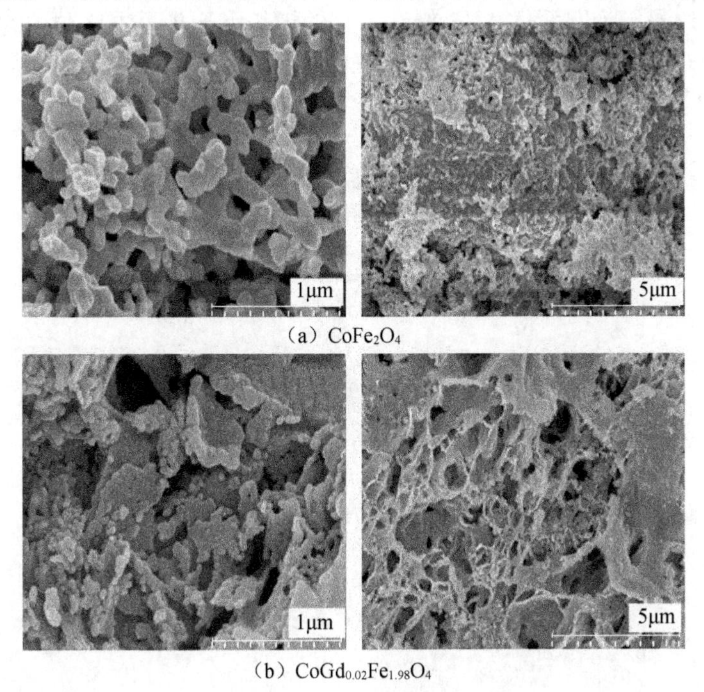

图 4-3　样品 $CoFe_2O_4$、$CoGd_{0.02}Fe_{1.98}O_4$ 在 800℃煅烧 3h 后的 SEM 照片

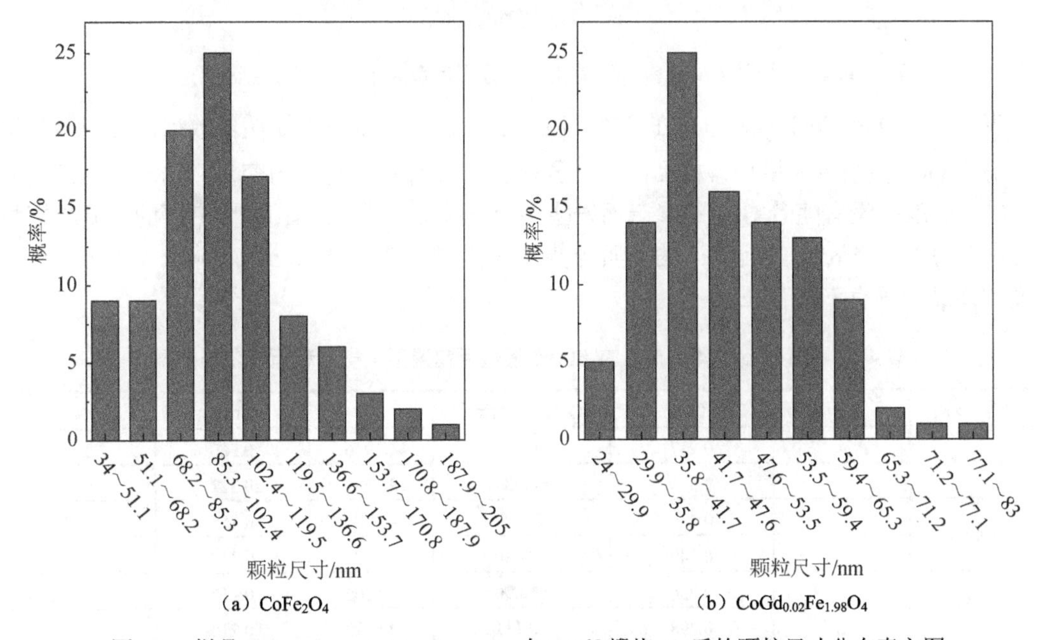

图 4-4　样品 $CoFe_2O_4$、$CoGd_{0.02}Fe_{1.98}O_4$ 在 800℃煅烧 3h 后的颗粒尺寸分布直方图

（三）穆斯堡尔谱分析

图 4-5 为样品 $CoGd_xFe_{2-x}O_4$ 在 800℃煅烧后室温下的穆斯堡尔谱图。所有样品的穆斯堡尔谱图数据用 MossWinn 3.0 软件进行分析。由图 4-5 可知，样品的穆斯堡尔谱图为两套正常塞曼分裂的六线峰，因为 Fe^{3+} 占据四面体晶格 A 位与八面体晶格 B 位，所以样品为亚铁

磁状态。对于两套磁六线峰，同质异能移较大的为 B 位的六线峰，而同质异能移较小的为 A 位的六线峰。这是因为四面体 A 位 Fe^{3+}—O^{2-}的键长小于八面体 B 位 Fe^{3+}—O^{2-}的键长，并且 A 位 Fe^{3+}—O^{2-}的轨道重叠较大，即 A 位的共价性比 B 位的共价性大，所以 B 位的同质异能移较大[15,16]。

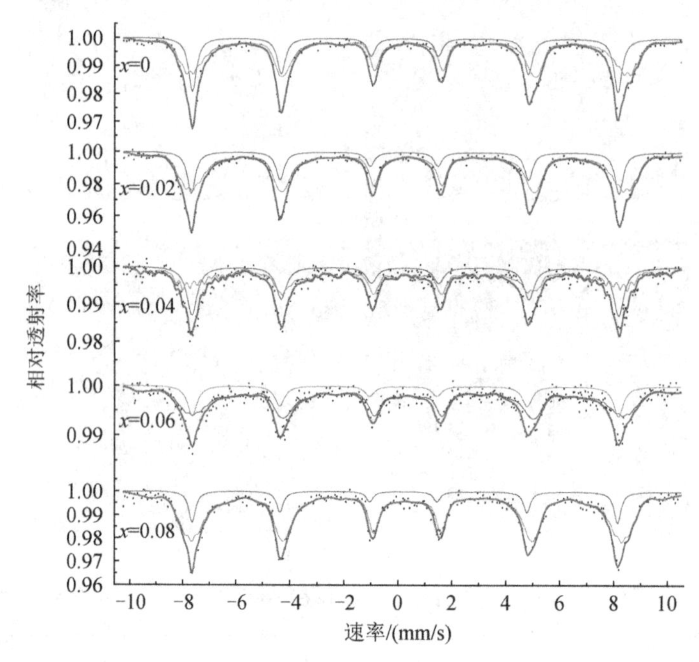

图 4-5　样品 $CoGd_xFe_{2-x}O_4$ 在 800℃煅烧后室温下的穆斯堡尔谱图

表 4-3 为样品 $CoGd_xFe_{2-x}O_4$ 在 800℃煅烧后室温下测得的穆斯堡尔数据。由表 4-3 可知，随着 Gd^{3+}掺杂量的增加，样品的同质异能移并没有发生明显的变化，这表明 Fe^{3+}周围的 s 电子密度并没有随着 Gd^{3+}的掺杂而发生明显变化[17]。根据文献[17]，Fe^{3+}的同质异能移的范围是 0.1～0.5mm/s，而 Fe^{2+}的同质异能移的范围是 0.6～1.7mm/s。从表 4-3 可知，在研究的样品中仅有 Fe^{3+}存在。

表 4-3　样品 $CoGd_xFe_{2-x}O_4$ 在 800℃煅烧后室温下测得的穆斯堡尔谱数据

掺杂量（x）	组分	I.S./（mm/s）	Q.S./（mm/s）	H/T	Γ/（mm/s）	A_0/%
$x=0$	A	0.237	−0.004	48.946	0.360	32.4
	B	0.375	−0.024	45.695	0.322	67.6
$x=0.02$	A	0.231	0.015	49.201	0.357	25.5
	B	0.349	−0.020	46.173	0.342	74.5
$x=0.04$	A	0.256	−0.006	49.105	0.462	38.3
	B	0.298	−0.111	42.123	0.214	61.7
$x=0.06$	A	0.226	0.058	49.048	0.424	21.9
	B	0.363	−0.033	43.956	0.378	78.1
$x=0.08$	A	0.223	0.037	48.964	0.304	14.3
	B	0.334	−0.049	45.482	0.361	85.7

注：I.S.—同质异能移；Q.S.—四极裂距；H—超精细场；Γ—线宽；A_0—子谱面积所占百分比。下同。

由表 4-3 可知，随着 Gd^{3+}掺杂量的增加，A 位超精细场并没有发生明显的变化，但 B 位超精细场却呈现逐渐变小的趋势。这也许是因为 Gd^{3+}取代 Fe^{3+}后占据了 B 位。Gd 是唯一一种居里温度（293.2K）接近室温的稀土元素[9]。在室温下稀土离子的磁偶极取向表现为无序的状态，因此掺杂稀土离子 Gd^{3+}的 $CoFe_2O_4$ 就像非磁性离子取代了处在尖晶石结构八面体晶格 B 位上的 Fe^{3+}一样[1]。所有样品的两套磁六线峰的四极裂距都非常小，以至于可以忽略，所以 Gd^{3+}的掺杂对钴铁氧体的四极裂距几乎没有影响，这表明尖晶石铁氧体原子核周围的电荷分布是对称的。

图 4-6 为样品 $CoGd_{0.02}Fe_{1.98}O_4$ 在不同温度煅烧后室温下的穆斯堡尔谱图。不同温度煅烧后的 $CoGd_{0.02}Fe_{1.98}O_4$ 室温下的穆斯堡尔谱图均为磁六线峰。

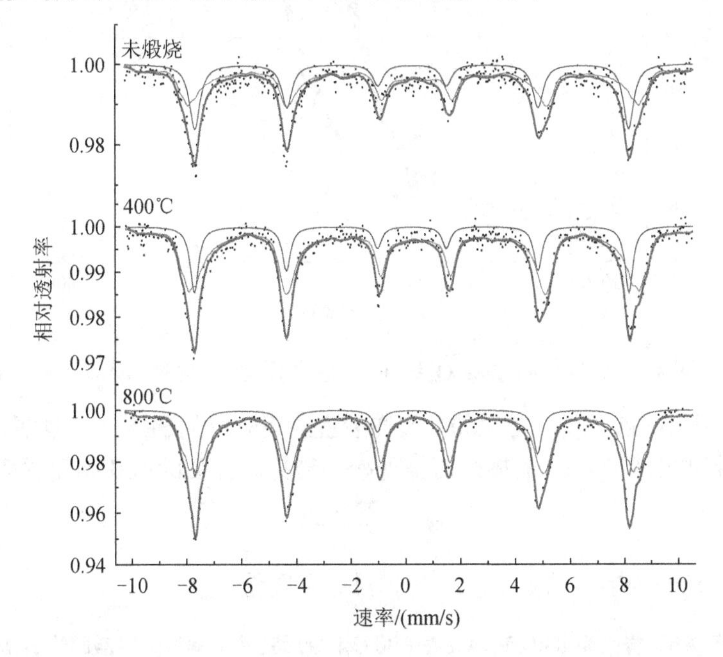

图 4-6 样品 $CoGd_{0.02}Fe_{1.98}O_4$ 在不同温度煅烧后室温下的穆斯堡尔谱图

表 4-4 为样品 $CoGd_{0.02}Fe_{1.98}O_4$ 在不同温度煅烧后室温下测得的穆斯堡尔谱数据。表 4-4 表明，超精细场随着煅烧温度升高而略增大。XRD 谱图表明，样品在不同温度煅烧后均有良好的结晶度，平均晶粒尺寸随着煅烧温度的提高而变大，所以样品的超精细场随着煅烧温度的升高而增大，这是因为样品的平均晶粒尺寸随着煅烧温度的升高而变大[18]。铁氧体的穆斯堡尔谱图的面积随着煅烧温度的变化也会发生改变，这表明煅烧温度会对 Fe^{3+}占据 A 位、B 位晶格的情况产生影响。

表 4-4 样品 $CoGd_{0.02}Fe_{1.98}O_4$ 在不同温度煅烧后室温下测得的穆斯堡尔谱数据

样品	组分	I.S./（mm/s）	Q.S./（mm/s）	H/T	Γ/（mm/s）	A_0/%
未煅烧	A	0.251	−0.013	49.183	0.460	34.6
	B	0.380	−0.119	43.110	0.380	65.4
400℃	A	0.240	−0.003	49.272	0.361	24.6
	B	0.355	−0.052	44.805	0.378	75.4
800℃	A	0.231	0.015	49.201	0.357	25.5
	B	0.349	−0.020	46.173	0.342	74.5

（四）SQUID 分析

图 4-7 为样品 $CoGd_xFe_{2-x}O_4$ 在 800℃煅烧后室温下测得的磁滞回线。由图 4-7 可知，在外磁场为 10000Oe 时，所有样品的磁化强度都达到了饱和。

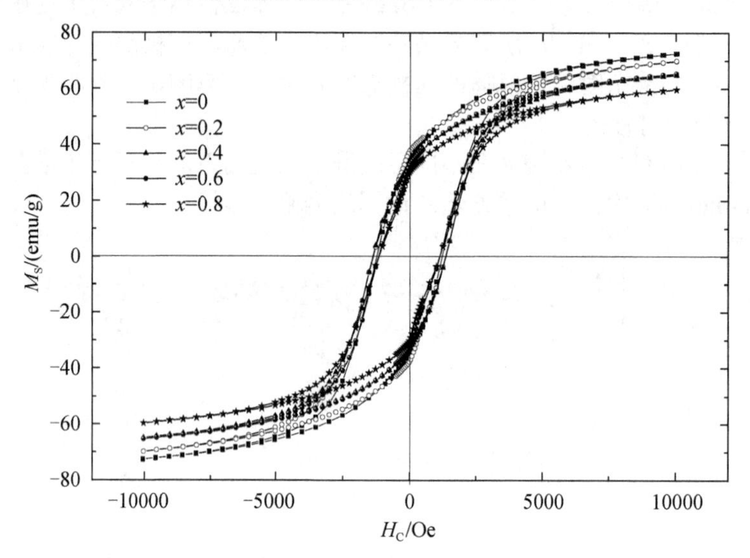

图 4-7　样品 $CoGd_xFe_{2-x}O_4$ 经 800℃煅烧后室温下测得的磁滞回线

表 4-5 为样品 $CoGd_xFe_{2-x}O_4$ 在 800℃煅烧后室温下测得的磁滞回线数据。由表 4-5 可知，样品的饱和磁化强度随着 Gd^{3+}的掺杂而呈现减小趋势。样品的饱和磁化强度表示为[19,20]

$$M_S = \frac{5585n_B}{M} \tag{4-2}$$

式中，n_B 以玻尔磁子为单位的磁矩；M 为相对分子质量。

表 4-5　样品 $CoGd_xFe_{2-x}O_4$ 在 800℃煅烧后室温下测得的磁滞回线数据

掺杂量（x）	M_S/（emu/g）	H_C/Oe	M_r/（emu/g）	n_B/μ_B
$x=0$	72.58	1005.33	34.71	3.05
$x=0.02$	69.97	1351.25	38.68	2.96
$x=0.04$	65.00	1365.17	33.24	2.78
$x=0.06$	65.42	1143.90	32.60	2.82
$x=0.08$	59.77	1125.26	30.12	2.60

注：M_S 一饱和磁化强度；H_C 一矫顽力；M_r 一剩余磁化强度；n_B 一以玻尔磁子为单位的磁矩。

随着 Gd^{3+}掺杂量的增加，样品的相对分子质量变大，而磁矩 n_B 的变化可以用奈尔理论来解释。Gd^{3+}、Co^{2+}与 Fe^{3+}的离子磁矩分别为 7.94μ_B、3μ_B 及 5μ_B[8,9,21,22]。在室温下稀土离子的磁偶极取向将表现出无序的状态。因此在本节的研究中，在室温下把稀土离子 Gd^{3+}当作非磁性离子是合理的。

样品的离子分布式为$(Fe)_A[CoGd_xFe_{1-x}]_BO_4$，这是因为在反尖晶石 $CoFe_2O_4$ 材料中 Co^{2+}倾向于占据八面体晶格 B 位[23,24]，而 Gd^{3+}具有较大的离子半径，只能占据八面体晶格 B 位[3,9]。由奈尔理论的双晶格模型[4,25]可知，样品的总磁矩理论计算为

$$n_B = M_B - M_A = 3 + 5(1-x) - 5 = 3 - 5x \tag{4-3}$$

式中，M_B、M_A 分别为八面体晶格 B 位、四面体晶格 A 位的磁矩。

图 4-8 为样品 $CoGd_xFe_{2-x}O_4$ 的磁矩随 Gd^{3+} 掺杂量的变化情况。

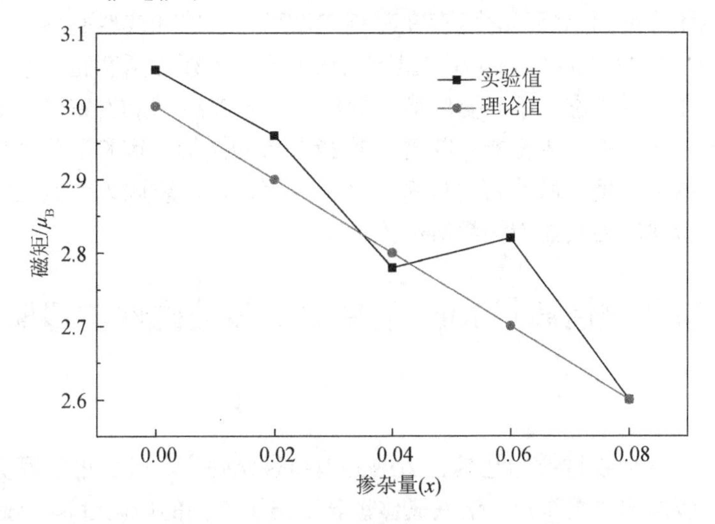

图 4-8 样品 $CoGd_xFe_{2-x}O_4$ 的磁矩随 Gd^{3+} 掺杂量的变化情况

从图 4-8 可知，理论磁矩随着 Gd^{3+} 掺杂量的增加而减小，从实验中得到的磁矩也呈现减小的趋势，出现拐点可能与离子占位、杂质等因素有关。因此对于本节研究的样品，饱和磁化强度实验值的变化情况与饱和磁化强度理论值的变化相符。

由表 4-5 给出了样品的矫顽力随着 Gd^{3+} 掺杂量的变化情况。掺杂 Gd^{3+} 的钴铁氧体样品的矫顽力大于纯钴铁氧体样品。矫顽力 H_C 与磁晶各向异性常数及饱和磁化强度有如下关系式[6]：

$$H_C = \frac{2K_1}{\mu_0 M_S} \tag{4-4}$$

式中，K_1 为磁晶各向异性常数；M_S 为饱和磁化强度；μ_0 为真空磁导率。

像 Co^{2+} 一样，稀土离子 Gd^{3+} 有较强的自旋-轨道耦合和较弱的晶体场，所以它们都有较强的磁晶各向异性常数[3,11,25]，因此随着 Gd^{3+} 掺杂量的增加样品的磁晶各向异性常数增大，而样品的饱和磁化强度随着 Gd^{3+} 掺杂量的增加而变小，结合式（4-4）可知，样品的矫顽力变大。此外，矫顽力的变大也可以解释如下：Gd^{3+} 的半径比 Fe^{3+} 的半径大，因此掺杂 Gd^{3+} 后样品的晶体对称性将减小，即晶格或晶体场可能因为出现变形而产生内应力[6,7]。众所周知，晶粒边界将随着晶粒尺寸的减小而变大，样品中的晶粒尺寸随着 Gd^{3+} 掺杂量的增加而变小，离子在晶粒边界的无序排列将会阻碍畴壁的运动，即矫顽力将会随 Gd^{3+} 掺杂量的增加而变大。但是矫顽力并不是随着 Gd^{3+} 掺杂量的增加而单调变大，这也许是因为矫顽力受到很多因素的影响，如结晶度、微观应变、磁性颗粒的微观结构和尺寸分布、各向异性及磁单畴尺寸等[7]。

四、小结

XRD 谱图的分析结果表明，800℃煅烧的样品 $CoGd_xFe_{2-x}O_4$ 为单相的尖晶石结构。样品的晶格常数随着Gd^{3+}掺杂量的增加而变大，这是因为Gd^{3+}的半径大于Fe^{3+}的半径。不同温度煅烧下样品$CoGd_{0.02}Fe_{1.98}O_4$的XRD谱图表明，所采用的溶胶-凝胶自蔓延法制备的样品即使没有煅烧也有很好的结晶度。SEM照片给出了样品的微观形貌及颗粒分布情况，其中少量颗粒出现团聚是因为颗粒之间存在磁相互作用力。SEM表明制备的铁氧体粉末为纳米颗粒。800℃煅烧后的$CoGd_xFe_{2-x}O_4$室温下的穆斯堡尔谱图为两套正常塞曼分裂的磁六线峰，表明样品为亚铁磁状态。不同温度煅烧的样品$CoGd_{0.02}Fe_{1.98}O_4$室温下的穆斯堡尔谱图表明煅烧温度会对磁性能产生影响。随着Gd^{3+}掺杂量的增加，饱和磁化强度减小，而矫顽力则变大。饱和磁化强度的减小可以用奈尔理论来解释，而矫顽力的变化情况归结于磁晶各向异性常数、微观应力及晶粒边界等因素的影响。

第二节　掺杂非磁性离子Mg^{2+}的钴铁氧体的磁性与穆斯堡尔谱研究

一、引言

钴铁氧体是一种硬磁材料，它具有适中的饱和磁化强度、较大的矫顽力、较大的磁晶各向异性常数及较高的居里温度。钴铁氧体也表现出了较高的电磁性能、较大的磁光效应、良好的绝缘性、优良的化学稳定性及物理硬度。由前面提及的奈尔理论可知，可以采用离子掺杂，特别是非磁性离子掺杂来实现对钴铁氧体磁化强度的控制。本节通过非磁性离子Mg^{2+}的掺杂来实现对钴铁氧体磁性能的调控，采用溶胶-凝胶自蔓延法制备样品$Co_{1-x}Mg_xFe_2O_4$（x=0、0.1、0.3、0.5、0.7、0.9），并研究掺杂非磁性离子Mg^{2+}的钴铁氧体的结构与磁性能的变化情况。

二、实验

（一）样品制备

采用溶胶-凝胶自蔓延法制备样品，首先以分析纯的硝酸钴[$Co(NO_3)_2 \cdot 6H_2O$]、硝酸镁[$Mg(NO_3)_2 \cdot 6H_2O$]、硝酸铁[$Fe(NO_3)_3 \cdot 9H_2O$]、柠檬酸($C_6H_8O_7 \cdot H_2O$)与氨水($NH_3 \cdot H_2O$)为原料，按照分子式$Co_{1-x}Mg_xFe_2O_4$（x=0、0.1、0.3、0.5、0.7、0.9）进行配比，并称量所需的硝酸盐。然后将硝酸盐溶于去离子水中混合至完全溶解，加入氨水调节到适当的pH后，将混合溶液放在80℃的数显恒温水浴锅上加热。其次根据柠檬酸与总金属离子物质的量比为1∶1称取柠檬酸，并溶于去离子水中，将其在水浴过程中逐渐滴加并不断搅拌混合溶液，直至形成湿凝胶。再次将湿凝胶放于数显鼓风干燥箱中，在120℃下干燥2h，把得到的干凝胶在空气中滴加助燃剂（无水乙醇）点燃自蔓延，将得到的粉末在玛瑙研钵中研磨均匀。最后按照所需煅烧的温度将样品放入箱式电阻炉中进行煅烧，即可得到最后的样品。

（二）样品表征

使用X射线衍射仪（D/max 2500 PC）分析样品的晶体结构，使用扫描电子显微镜（Nova™ Nano SEM 430）观察样品形貌，使用穆斯堡尔谱仪（Tec PC-moss Ⅱ）测量室温下的穆斯堡尔谱，使用超导量子干涉仪（MPMS-XL-7）测量样品在室温下的磁滞回线。

三、结果与讨论

（一）XRD 分析

图 4-9 为样品 $Co_{1-x}Mg_xFe_2O_4$ 在 800℃煅烧 3h 后的 XRD 谱图。XRD 谱图表明，所有的样品均为单相的尖晶石结构，所有衍射峰都与尖晶石结构的 $CoFe_2O_4$ 铁氧体的标准衍射峰相符合（JCPDS No.22-1086），同时在这些样品中并没有检测到杂相。

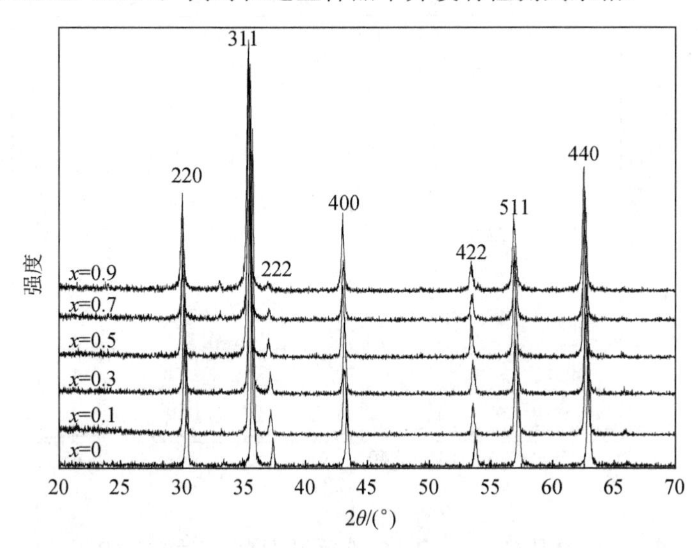

图 4-9　样品 $Co_{1-x}Mg_xFe_2O_4$ 在 800℃煅烧 3h 后的 XRD 谱图

表 4-6 为样品 $Co_{1-x}Mg_xFe_2O_4$ 在 800℃煅烧 3h 后的 XRD 参数。由表 4-6 可知，晶格常数随着 Mg^{2+}掺杂量的增加并未呈现明显的变化，这也许是因为 Co^{2+} 和 Mg^{2+} 有相似的离子半径，但是掺杂 Mg^{2+}后，样品的晶格常数要比纯钴铁氧体样品的大，相似的结果在其他文献中也被报道[26]。

表 4-6　样品 $Co_{1-x}Mg_xFe_2O_4$ 在 800℃煅烧 3h 后的 XRD 参数

掺杂量（x）	晶格常数/Å	平均晶粒尺寸/Å	密度/（g/cm^3）
$x=0$	8.35497	556	5.3468
$x=0.1$	8.38563	464	5.2077
$x=0.3$	8.38670	480	5.0498
$x=0.5$	8.40595	475	4.8602
$x=0.7$	8.40134	490	4.7131
$x=0.9$	8.40832	362	4.5466

表 4-6 表明，所有样品的密度随着 Mg^{2+}掺杂量的增加而减小。Co 的相对原子质量大于 Mg 的相对原子质量，因此样品的相对分子质量随着 Mg^{2+}掺杂量的增加而变小，而晶格常数趋于变大，因此样品密度变小。

平均晶粒尺寸是由 XRD 谱图中的最强衍射峰（311）决定的，使用谢乐公式估算如下[27-29]：

$$D=\frac{0.9\lambda}{\beta\cos\theta} \tag{4-5}$$

式中，D 为平均晶粒尺寸；β 为最强衍射峰（311）的半高宽；λ 为铜靶的波长（0.15405nm）；θ 为布拉格衍射角。

图 4-10 中为样品 $Co_{0.9}Mg_{0.1}Fe_2O_4$ 在不同温度煅烧后的 XRD 谱图。XRD 谱图表明，所有样品均为单相的尖晶石结构，没有发现杂相。

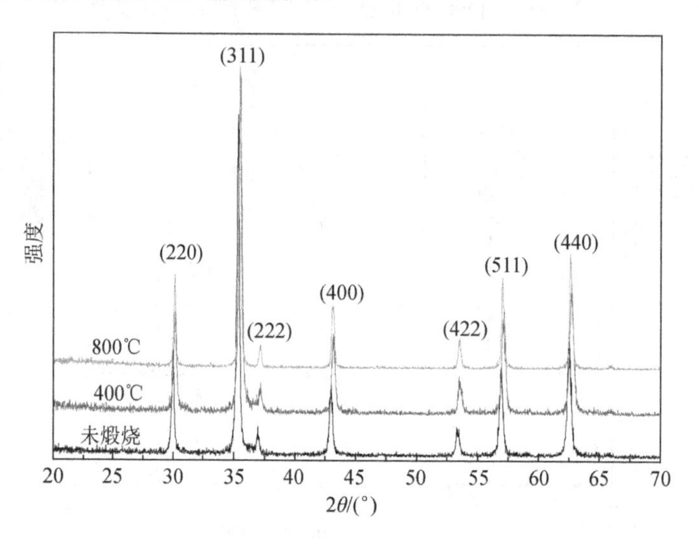

图 4-10　样品 $Co_{0.9}Mg_{0.1}Fe_2O_4$ 在不同温度煅烧后的 XRD 谱图

表 4-7 为样品 $Co_{0.9}Mg_{0.1}Fe_2O_4$ 在不同温度煅烧后的 XRD 参数。由表 4-7 可知，所有样品的晶格常数都发生了变化，样品 $Co_{0.9}Mg_{0.1}Fe_2O_4$ 的平均晶粒尺寸则随着煅烧温度的升高而趋于增大。在其他的研究中[17]，样品 $Co_{0.7}Mg_{0.3}Fe_2O_4$ 在低温煅烧时的 XRD 谱图中的衍射峰并不尖锐，但在本节的研究中，即使没有进行煅烧的样品 $Co_{0.9}Mg_{0.1}Fe_2O_4$ 的 XRD 谱图中的衍射峰也非常尖锐。因此所得的结果表明，采用溶胶-凝胶自蔓延法制备的样品即使未经煅烧也有良好的结晶度。

表 4-7　样品 $Co_{0.9}Mg_{0.1}Fe_2O_4$ 在不同温度煅烧后的 XRD 参数

样品	晶格常数/Å	平均晶粒尺寸/Å	密度/（g/cm^3）
未煅烧	8.40781	382	5.1666
400℃	8.37995	325	5.2183
800℃	8.38563	464	5.2077

（二）SEM 分析

图 4-11 为样品 $CoFe_2O_4$、$Co_{0.9}Mg_{0.1}Fe_2O_4$ 在 800℃下煅烧 3h 后的 SEM 照片。从图 4-11 中可以观察到，样品的颗粒尺寸分布均一且有良好的结晶度。

图 4-12 为样品 $CoFe_2O_4$、$Co_{0.9}Mg_{0.1}Fe_2O_4$ 在 800℃煅烧 3h 后的颗粒尺寸分布直方图。通过统计平均法，估算出 $CoFe_2O_4$ 和 $Co_{0.9}Mg_{0.1}Fe_2O_4$ 的平均颗粒尺寸分别为 96.26nm 及

116.91nm。这表明 $CoFe_2O_4$ 铁氧体粉末为纳米颗粒，而平均颗粒尺寸随着 Mg^{2+} 掺杂量的增加而变大。具有较低激活能的 Mg^{2+} 可以提高结晶度使颗粒成长，这与其他文献[29]中的相似。平均颗粒尺寸大于 XRD 中所得到的平均晶粒尺寸，这表明样品的每个颗粒是由几个晶粒组成的[30]。

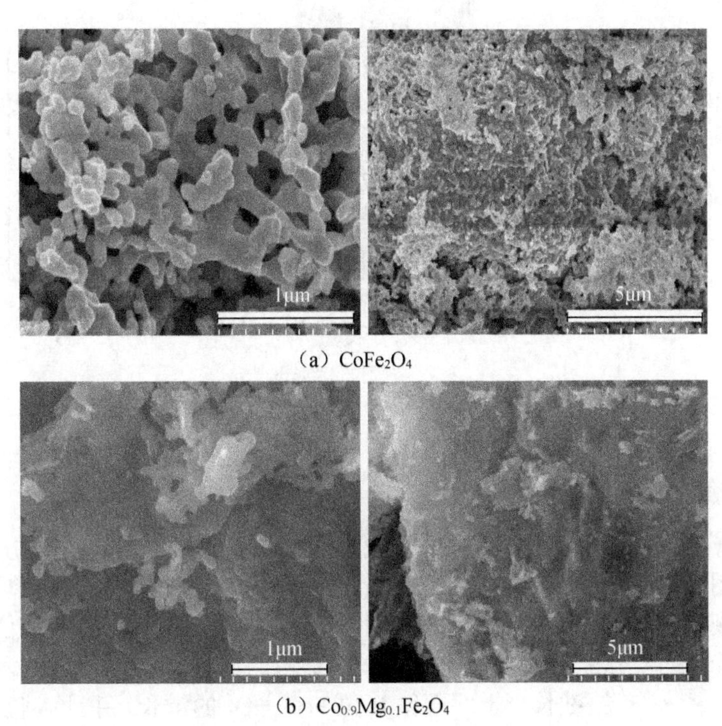

（a）$CoFe_2O_4$

（b）$Co_{0.9}Mg_{0.1}Fe_2O_4$

图 4-11　样品 $CoFe_2O_4$、$Co_{0.9}Mg_{0.1}Fe_2O_4$ 在 800℃煅烧 3h 后的 SEM 照片

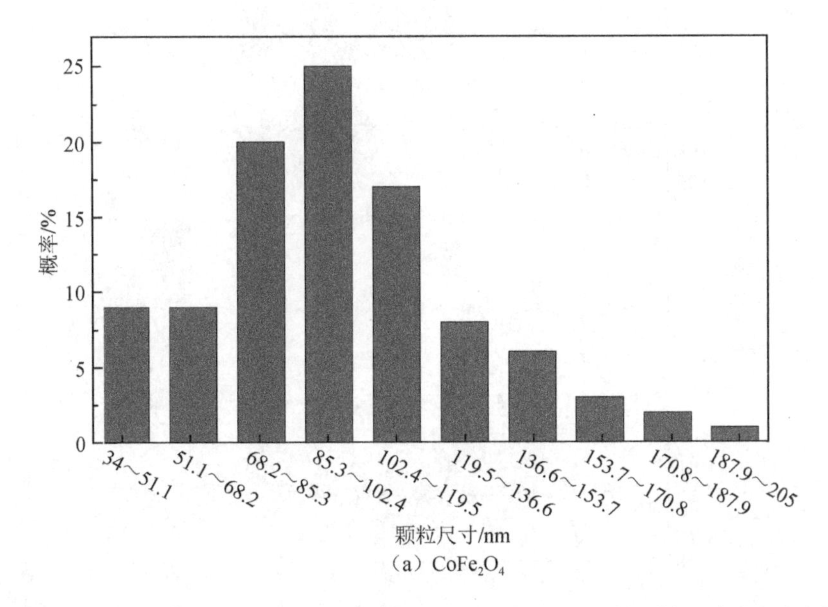

（a）$CoFe_2O_4$

图 4-12　样品 $CoFe_2O_4$ 、$Co_{0.9}Mg_{0.1}Fe_2O_4$ 在 800℃煅烧 3h 后的颗粒尺寸分布直方图

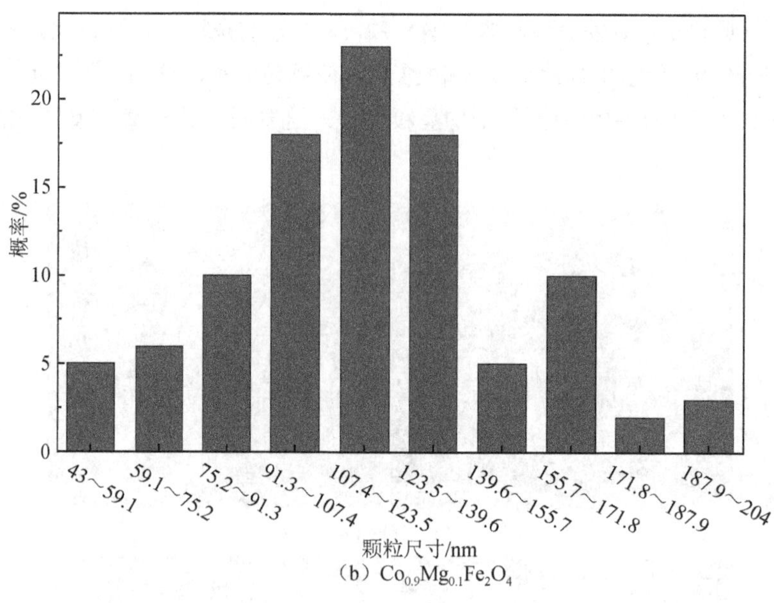

（b）$Co_{0.9}Mg_{0.1}Fe_2O_4$

图 4-12（续）

（三）穆斯堡尔谱分析

图 4-13 为样品 $Co_{1-x}Mg_xFe_2O_4$ 在 800℃煅烧后室温下的穆斯堡尔谱图。所有样品的穆斯堡尔谱图数据用 MossWinn 3.0 软件进行分析。由图 4-13 可知，样品的穆斯堡尔谱图为两套正常塞曼分裂的六线峰，因为 Fe^{3+} 占据四面体晶格 A 位与八面体晶格 B 位，所以样品具有铁磁性能。其中同质异能移较大的为 B 位的六线峰，而较小的为 A 位的六线峰。这是因为四面体 A 位 $Fe^{3+}—O^{2-}$ 的键长小于八面体 B 位 $Fe^{3+}—O^{2-}$ 的键长，并且 A 位 $Fe^{3+}—O^{2-}$ 的轨道重叠较大，即 A 位的共价性比 B 位的共价性大[31-34]。

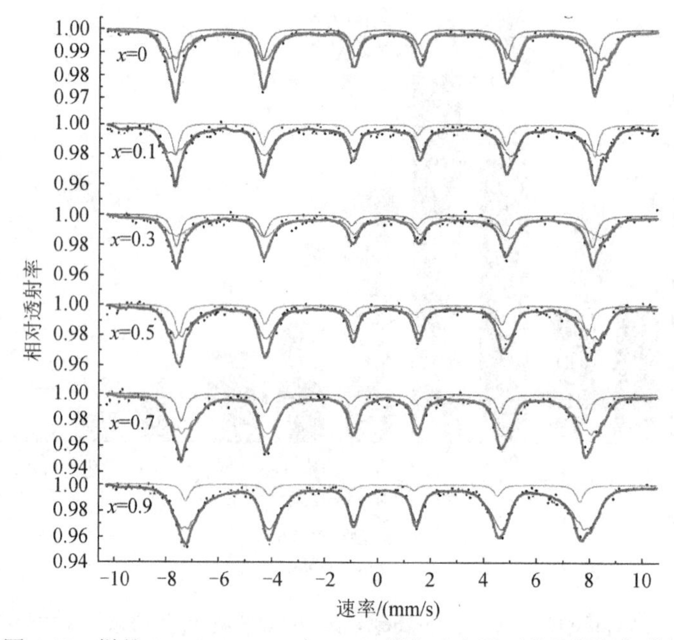

图 4-13　样品 $Co_{1-x}Mg_xFe_2O_4$ 在 800℃煅烧后室温下的穆斯堡尔谱图

表 4-8 为样品 $Co_{1-x}Mg_xFe_2O_4$ 在 800℃煅烧后室温下测得的穆斯堡尔谱数据。由表 4-8 可知，随着 Mg^{2+}掺杂量的增加，样品的同质异能移并没有发生明显的变化，这表明 Fe^{3+}周围的 s 电子密度并没有随着 Mg^{2+}的掺杂而发生明显变化[32-34]。根据文献[17]，Fe^{3+}的同质异能移的范围是 0.1～0.5mm/s，而 Fe^{2+}的同质异能移的范围是 0.6～1.7mm/s。从表 4-8 中所有样品的同质异能移的范围可知，本节所制备的样品中仅有 Fe^{3+}存在。

表 4-8　样品 $Co_{1-x}Mg_xFe_2O_4$ 在 800℃煅烧后室温下测得的穆斯堡尔谱数据

掺杂量（x）	组分	I.S./（mm/s）	Q.S./（mm/s）	H/T	Γ/（mm/s）	A_0/%
$x=0$	A	0.237	−0.004	48.946	0.360	32.4
	B	0.375	−0.024	45.695	0.322	67.6
$x=0.1$	A	0.245	0.013	48.921	0.313	20.9
	B	0.324	−0.034	45.661	0.353	79.1
$x=0.3$	A	0.237	−0.001	48.618	0.388	29.9
	B	0.361	0.035	44.354	0.384	70.1
$x=0.5$	A	0.209	−0.008	47.752	0.370	23.2
	B	0.338	0.004	45.799	0.322	76.8
$x=0.7$	A	0.204	0.027	47.288	0.373	18.9
	B	0.326	−0.005	45.165	0.345	81.1
$x=0.9$	A	0.209	−0.021	46.033	0.347	10.1
	B	0.310	0.016	44.214	0.371	89.9

由表 4-8 可知，A 位晶格与 B 位晶格的超精细场都随着非磁性离子 Mg^{2+}的掺杂量的增加而呈现减小的趋势，这是由于随着非磁性的 Mg^{2+}取代 Co^{2+}，A-B 磁超交换作用减弱精细场，因而超精细场减小[33,34]。所有样品 A 位与 B 位的四极裂距非常小，以至于可以忽略，所以非磁性离子 Mg^{2+}的掺杂对钴铁氧体的四极裂距几乎没有影响，表明尖晶石铁氧体原子核周围的电荷分布是对称的。

图 4-14 为样品 $Co_{0.9}Mg_{0.1}Fe_2O_4$ 在不同温度煅烧后室温下的穆斯堡尔谱图。由图 4-14 可知，不同温度煅烧后的 $Co_{0.9}Mg_{0.1}Fe_2O_4$ 室温下的穆斯堡尔谱均为磁六线峰。

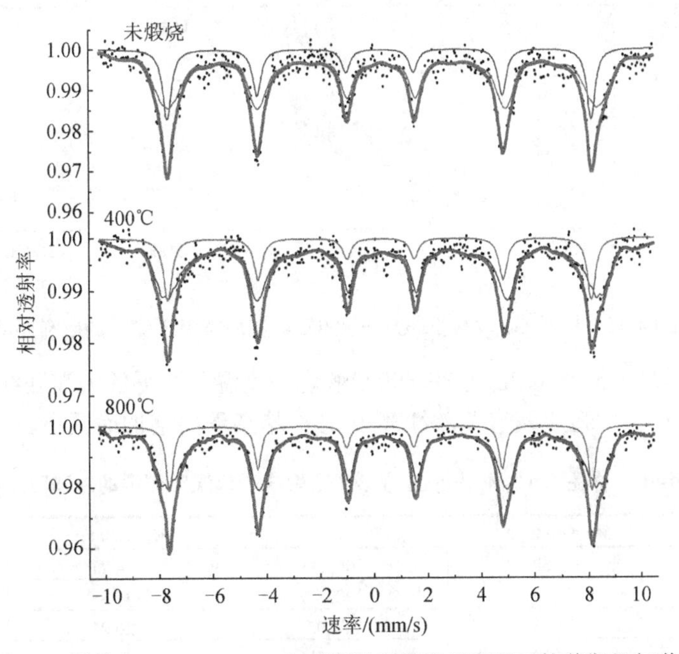

图 4-14　样品 $Co_{0.9}Mg_{0.1}Fe_2O_4$ 在不同温度煅烧后室温下的穆斯堡尔谱图

表 4-9 为样品 $Co_{0.9}Mg_{0.1}Fe_2O_4$ 在不同温度煅烧后室温下测得的穆斯堡尔谱数据。表 4-9 表明，样品 B 位的超精细场随着煅烧温度的提高而略微增大。XRD 谱图表明，样品 $Co_{0.9}Mg_{0.1}Fe_2O_4$ 在不同温度煅烧后均有良好的结晶度，平均晶粒尺寸随着煅烧温度的提高而呈现变大的趋势。样品的超精细场之所以随着煅烧温度的提高而增大，是因为样品的平均晶粒尺寸随着煅烧温度的提高而变大[18,35]。铁氧体穆斯堡尔谱图的面积随着煅烧温度的变化也会发生改变，这表明样品的煅烧温度会对 Fe^{3+} 占据 A、B 位晶格的情况产生影响[36]。

表 4-9　样品 $Co_{0.9}Mg_{0.1}Fe_2O_4$ 在不同温度煅烧后室温下测得的穆斯堡尔谱数据

样品	组分	I.S./（mm/s）	Q.S./（mm/s）	H/T	Γ/（mm/s）	A_0/%
未煅烧	A	0.254	−0.034	49.101	0.381	24.9
	B	0.344	0.027	44.774	0.463	75.1
400℃	A	0.252	−0.050	49.054	0.375	22.7
	B	0.336	−0.004	44.323	0.364	77.3
800℃	A	0.245	0.013	48.921	0.313	20.9
	B	0.324	−0.034	45.661	0.353	79.1

（四）SQUID 分析

图 4-15 为样品 $Co_{1-x}Mg_xFe_2O_4$ 在 800℃煅烧后室温下测得的磁滞回线。由图 4-15 可知，在外磁场为 10000Oe 时，所有样品的磁化强度都达到了饱和。

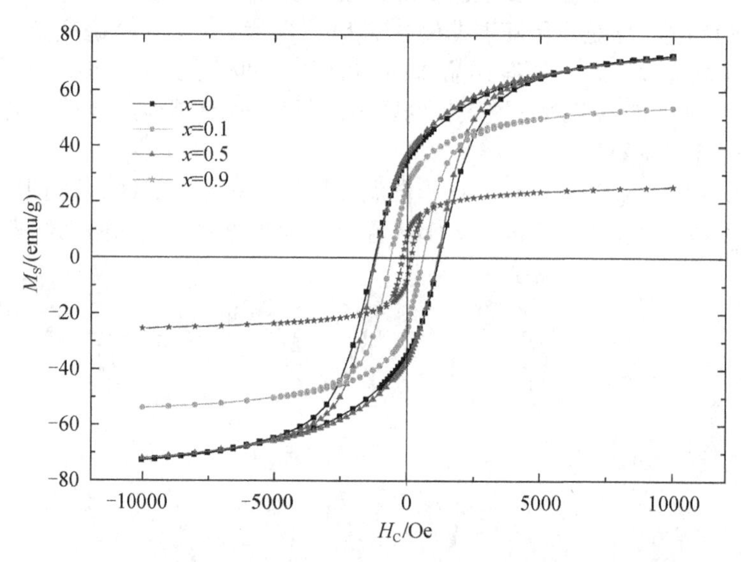

图 4-15　样品 $Co_{1-x}Mg_xFe_2O_4$ 在 800℃煅烧后室温下测得的磁滞回线

表 4-10 为样品 $Co_{1-x}Mg_xFe_2O_4$ 在 800℃煅烧后室温下测得的磁滞回线数据。由表 4-10 可知，样品的饱和磁化强度随着非磁性离子 Mg^{2+} 掺杂量的增加而减小。

表 4-10　样品 $Co_{1-x}Mg_xFe_2O_4$ 在 800℃煅烧后室温下测得的磁滞回线数据

掺杂量（x）	M_s/（emu/g）	H_C/Oe	M_r/（emu/g）	n_B/μ_B
$x=0$	72.58	1005.33	34.71	3.05
$x=0.1$	71.89	1003.50	37.35	2.98
$x=0.5$	53.76	501.95	26.21	2.09
$x=0.9$	25.39	150.51	7.84	0.92

随着 Mg^{2+}掺杂量的增加，样品 $Co_{1-x}Mg_xFe_2O_4$ 的相对分子质量减小，而磁矩 n_B 的变化可以用奈尔理论来解释。Mg^{2+}、Co^{2+}与 Fe^{3+}的离子磁矩分别为 $0\mu_B$、$3\mu_B$ 与 $5\mu_B$[37,38]，而样品的离子分布式为$(Fe)_A[Co_{1-x}Mg_xFe]_BO_4$。这是因为在反尖晶石 $CoFe_2O_4$ 材料中 Co^{2+}倾向于占据八面体晶格 B 位[23,24]，而 Mg^{2+}在两个晶格中都存在，但是它具有占据八面体晶格 B 位的取向[39,40]。由奈尔理论的双晶格模型可知，样品的总磁矩理论计算为[37,38,41-43]：

$$n_B = M_B - M_A = 3(1-x) = 3-3x \tag{4-6}$$

式中，M_B、M_A 分别为八面体晶格 B 位、四面体晶格 A 位的磁矩。

图 4-16 为样品 $Co_{1-x}Mg_xFe_2O_4$ 的磁矩随 Mg^{2+}掺杂量的变化情况。由图 4-16 可知，随着 Mg^{2+}掺杂量的增加，磁矩的实验值和理论值都减小。根据式（4-6）可知，样品的理论饱和磁化强度随着 Mg^{2+}掺杂量的增加而减小，而实验所得到的饱和磁化强度也随着 Mg^{2+}掺杂量的增加而减小，这与理论分析所得的结果相符合。

由表 4-10 可知，样品 $Co_{1-x}Mg_xFe_2O_4$ 的矫顽力随着 Mg^{2+}掺杂量的增加而减小。对于 $CoFe_2O_4$ 铁氧体，它的各向异性常数主要由 B 位晶格上的 Co^{2+}决定。Co^{2+}具有 $3d^7$ 的电子组态，占据八面体晶格 B 位时具有较强的自旋-轨道耦合，从而使钴铁氧体具有较强的磁晶各向异性常数[40,44]。矫顽力随着 Mg^{2+}掺杂量的增加而减小，也许是因为非磁性离子 Mg^{2+}没有成对的电子，所以总电子自旋为零（l=0），它对磁晶各向异性常数没有贡献。当 Mg^{2+}取代 Co^{2+}时，自旋-轨道耦合变弱导致磁晶各向异性常数变小[45]。

结合式（4-4）可知，当样品的磁晶各向异性常数随着 Mg^{2+}掺杂量的增加而减小时，将会导致矫顽力变小。

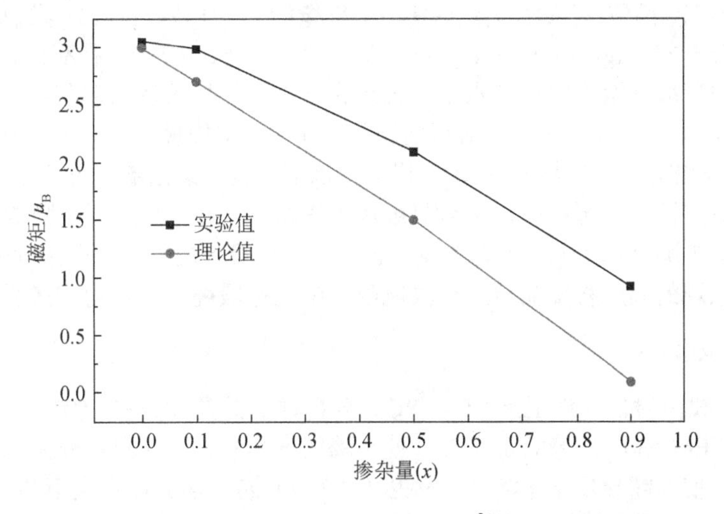

图 4-16　样品 $Co_{1-x}Mg_xFe_2O_4$ 的磁矩随 Mg^{2+}掺杂量的变化情况

四、小结

XRD 谱图的分析结果表明，800℃煅烧的铁氧体 $Co_{1-x}Mg_xFe_2O_4$ 为单相的尖晶石结构。不同温度煅烧下样品 $Co_{0.9}Mg_{0.1}Fe_2O_4$ 的 XRD 谱图表明，所采用的溶胶-凝胶自蔓延法制备的样品即使没有煅烧也有很好的结晶度。SEM 照片表明，所制备的样品颗粒几乎尺寸分布均一，且结晶度良好，钴铁氧体粉末为纳米颗粒。800℃煅烧的 $Co_{1-x}Mg_xFe_2O_4$ 的室温穆斯堡尔谱图为两套正常塞曼分裂的磁六线峰，表明样品为亚铁磁状态。不同温度下煅烧的样

品 $Co_{0.9}Mg_{0.1}Fe_2O_4$ 的穆斯堡尔谱图表明样品的煅烧温度会对磁性能产生影响。饱和磁化强度与矫顽力都是随着非磁性 Mg^{2+}掺杂量的增加而减小的。饱和磁化强度的变化可以用奈尔理论来解释，矫顽力的变化则归因于磁晶各向异性常数的减小。

第三节　掺杂非磁性离子 Zn^{2+}的镁铁氧体的磁性与穆斯堡尔谱研究

一、引言

镁铁氧体是一种尖晶石结构的软磁铁氧体材料，它具有 n 型半导体性质。纳米晶体的镁铁氧体具有一些特殊的磁性能，如超顺磁、Fe^{3+}磁矩的非共线排列，即自旋倾斜。镁锌铁氧体具有良好的软磁特性，已替代了一部分镍锌铁氧体用于制备磁性器件，但是镁锌铁氧体的性能远没有达到镍锌铁氧体的水平，因此研究掺杂非磁性离子 Zn^{2+}的镁铁氧体的性能以提高其相关的技术指标，是一个值得研究的方向。本节采用溶胶-凝胶自蔓延法制备样品 $Mg_{1-x}Zn_xFe_2O_4$（x=0、0.1、0.3、0.5、0.7），并研究掺杂非磁性离子 Zn^{2+}的镁铁氧体的结构与磁性能的变化情况。

二、实验

（一）样品制备

采用溶胶-凝胶自蔓延法制备样品，首先以分析纯的硝酸锌[$Zn(NO_3)_2 \cdot 6H_2O$]、硝酸镁[$Mg(NO_3)_2 \cdot 6H_2O$]、硝酸铁[$Fe(NO_3)_3 \cdot 9H_2O$]、柠檬酸（$C_6H_8O_7 \cdot H_2O$）与氨水（$NH_3 \cdot H_2O$）为原料，按照分子式 $Mg_{1-x}Zn_xFe_2O_4$（x=0、0.1、0.3、0.5、0.7）进行配比，并称量所需的硝酸盐。然后将硝酸盐溶于去离子水中混合至完全溶解，加入氨水调节到适当的 pH 后，将混合溶液放在 80℃的数显恒温水浴锅上加热。其次根据柠檬酸与总金属离子物质的量比为 1∶1 称取柠檬酸，并溶于去离子水中，将其在水浴过程中逐渐滴加并不断搅拌混合溶液，直至形成湿凝胶。再次将湿凝胶放于数显鼓风干燥箱中，在 120℃下干燥 2h，把得到的干凝胶在空气中滴加助燃剂（无水乙醇）点燃自蔓延，将得到的粉末在玛瑙研钵中研磨均匀。最后按照所需煅烧的温度将样品放入箱式电阻炉中进行煅烧，即可得到最后的样品。

（二）样品表征

使用 X 射线衍射仪（D/max 2500 PC）分析样品的晶体结构，使用扫描电子显微镜（Nova™ Nano SEM 430）观察样品形貌，使用穆斯堡尔谱仪（Tec PC-moss Ⅱ）测量室温下的穆斯堡尔谱，使用超导量子干涉仪（MPMS-XL-7）测量样品在室温下的磁滞回线。

三、结果与讨论

（一）XRD 分析

图 4-17 为样品 $Mg_{1-x}Zn_xFe_2O_4$ 在 800℃煅烧 3h 后的 XRD 谱图。XRD 谱图表明，只有 Zn^{2+}掺杂量为 0.5 与 0.7 的样品为单相的尖晶石结构，它们的衍射峰与尖晶石结构的锌铁氧体的标准衍射峰相符合（JCPDS No.22-1012）。而当 Zn^{2+}的掺杂量为 0、0.1 与 0.3 时，在样品中除了主相镁铁矿（JCPDS No.17-0464）外，还存在 Fe_2O_3 的杂相（JCPDS No.33-0664）。显然 Zn^{2+}掺杂量的增大有利于纯相镁锌铁氧体的形成。相似的结果也在文献[46]中出现。

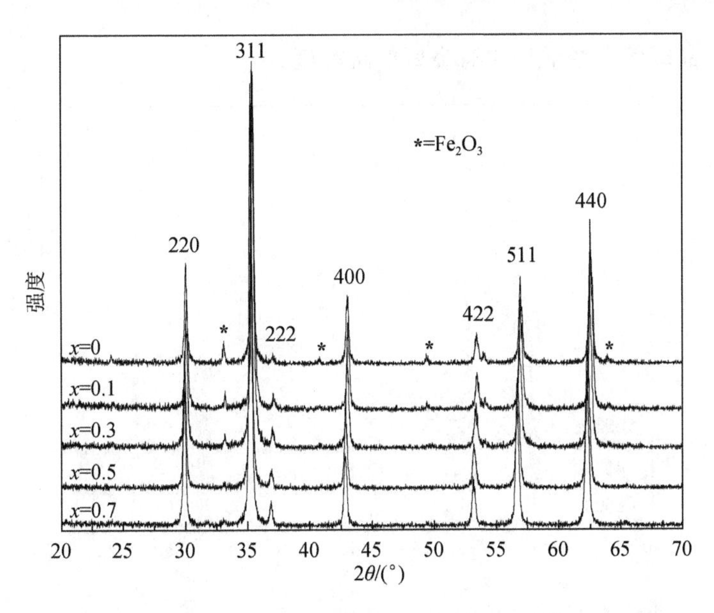

图 4-17　样品 $Mg_{1-x}Zn_xFe_2O_4$ 在 800℃煅烧 3h 后的 XRD 谱图

表 4-11 为样品 $Mg_{1-x}Zn_xFe_2O_4$ 在 800℃煅烧 3h 后的 XRD 参数。表 4-11 表明，样品的晶格常数随着 Zn^{2+}掺杂量的增加而变大，这也许是较小离子半径的 Mg^{2+}（0.72Å）被较大离子半径的 Zn^{2+}（0.74Å）取代的缘故[47,48]。

表 4-11　样品 $Mg_{1-x}Zn_xFe_2O_4$ 在 800℃煅烧 3h 后的 XRD 参数

掺杂量（x）	晶格常数/Å	平均晶粒尺寸/Å	密度/（g/cm^3）
$x=0$	8.39786	411	4.4859
$x=0.1$	8.39491	356	4.5829
$x=0.3$	8.40864	322	4.7440
$x=0.5$	8.43133	377	4.8879
$x=0.7$	8.43576	385	5.0620

表 4-11 表明，所有样品的密度随着 Zn^{2+}掺杂量的增加而变大。Zn 的相对原子质量大于 Mg 的相对原子质量，因此样品的相对分子质量随着 Zn^{2+}掺杂量的增加而变大，而晶格常数趋于变大。因此样品密度增大，归因于相对分子质量的增加超过晶格常数的增加。

通过谢乐公式[42,47,49]估算，样品的平均晶粒尺寸为 32.2～41.1nm。掺杂 Zn^{2+}的铁氧体样品的平均晶粒尺寸都小于镁铁氧体，表明 Zn^{2+}的存在会妨碍晶粒的成长[50]。而当 Zn^{2+}掺杂量小于 0.5 时，样品的平均晶粒尺寸随着 Zn^{2+}掺杂量的增加而变小，且减小幅度相对较大，这可能是由于存在杂相 Fe_2O_3。

图 4-18 为样品 $Mg_{0.5}Zn_{0.5}Fe_2O_4$ 在不同温度煅烧后的 XRD 谱图。XRD 谱图表明，所有样品均为单相的尖晶石结构，没有发现杂相。

表 4-12 为样品 $Mg_{0.5}Zn_{0.5}Fe_2O_4$ 在不同温度煅烧后的 XRD 参数。由表 4-12 可知，样品的晶格常数发生了变化，平均晶粒尺寸则随着煅烧温度的提高而增大。这归结于，当温度提高时，小晶粒通过晶粒边界的扩散而熔合[51]。在其他的研究中[28]，样品 $Cu_{0.7}Mg_{0.3}Fe_2O_4$ 在低温煅烧时的 XRD 谱图中的衍射峰并不尖锐，但在本节的研究中，即使没有进行煅烧的样品 $Mg_{0.5}Zn_{0.5}Fe_2O_4$ 的 XRD 谱图中的衍射峰也非常尖锐。因此得出结论，采用溶胶-凝胶自

蔓延法制备的样品即使未经煅烧也有良好的结晶度。

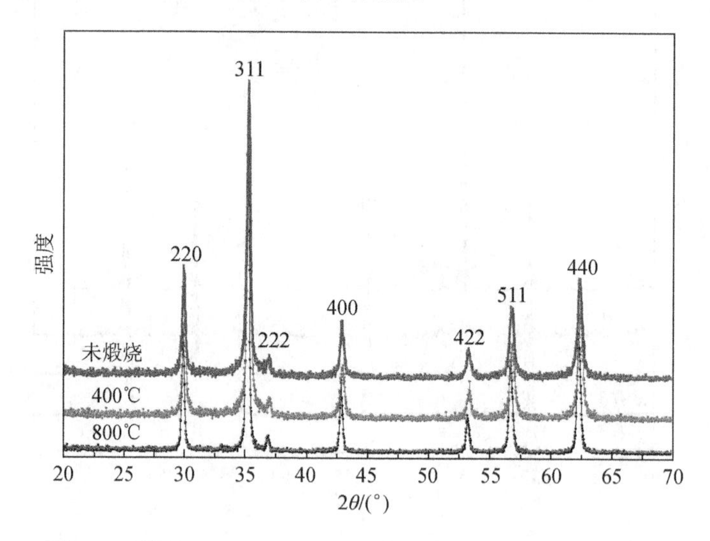

图 4-18　样品 $Mg_{0.5}Zn_{0.5}Fe_2O_4$ 在不同温度煅烧后的 XRD 谱图

表 4-12　样品 $Mg_{0.5}Zn_{0.5}Fe_2O_4$ 在不同温度煅烧后的 XRD 参数

样品	晶格常数/Å	平均晶粒尺寸/Å	密度/（g/cm^3）
未煅烧	8.42130	298	4.9054
400℃	8.41157	274	4.9224
800℃	8.43133	377	4.8879

（二）SEM 分析

图 4-19 和图 4-20 分别为样品 $MgFe_2O_4$、$Mg_{0.5}Zn_{0.5}Fe_2O_4$ 在 800℃煅烧后的 SEM 照片与颗粒尺寸分布直方图。由图可知，样品尺寸分布均一，且有良好的结晶度。部分颗粒出现了团聚，这是因为颗粒尺寸之间存在磁相互作用力[52]。通过统计平均法，估算出 $MgFe_2O_4$ 和 $Mg_{0.5}Zn_{0.5}Fe_2O_4$ 的平均颗粒尺寸分别为 96.26nm 及 90.74nm，表明本节制备的铁氧体粉末为

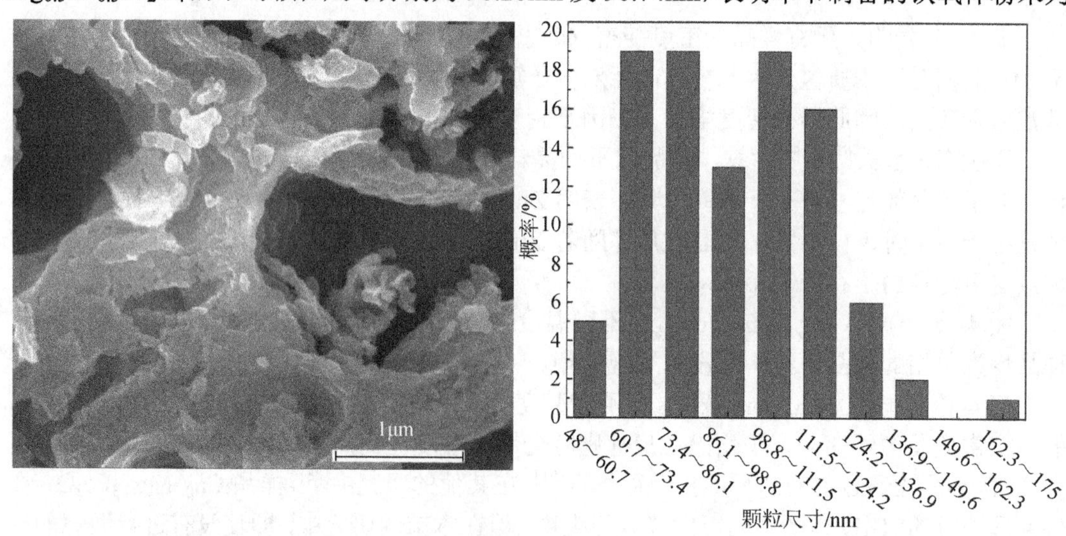

图 4-19　样品 $MgFe_2O_4$ 在 800℃煅烧后的 SEM 照片与颗粒尺寸分布直方图

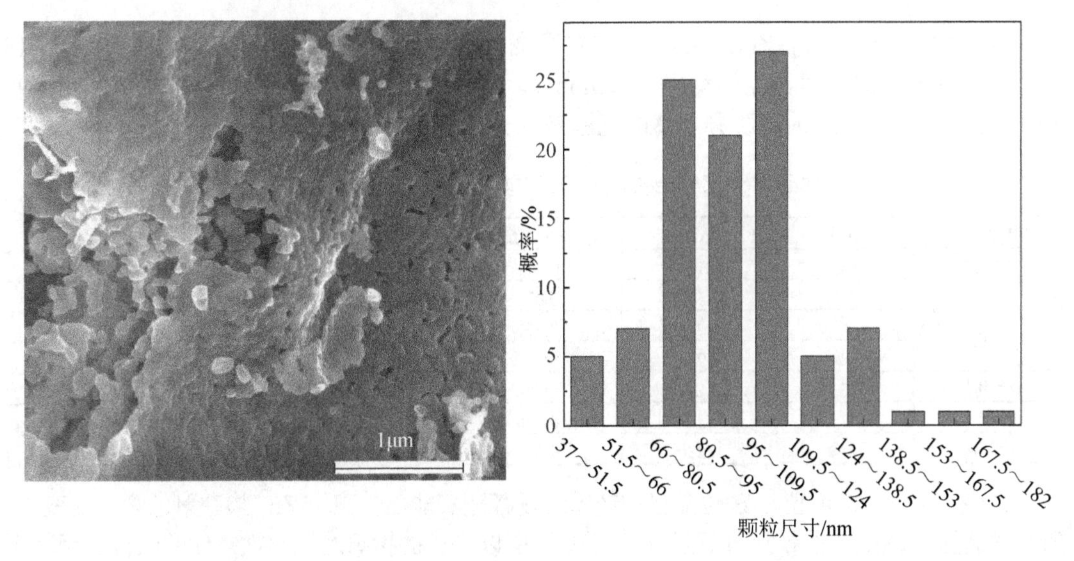

图 4-20　样品 $Mg_{0.5}Zn_{0.5}Fe_2O_4$ 在 800℃煅烧后的 SEM 照片与颗粒尺寸分布直方图

纳米颗粒，而平均颗粒尺寸随着 Zn^{2+}掺杂量的增加而变大。平均颗粒尺寸大于从 XRD 中所得到的平均晶粒尺寸，这表明样品的每个颗粒是由几个晶粒组成的[53]。

（三）穆斯堡尔谱分析

图 4-21 为样品 $Mg_{1-x}Zn_xFe_2O_4$ 在 800℃煅烧后室温下的穆斯堡尔谱图。所有样品的穆斯堡尔谱图数据用 MossWinn 3.0 软件进行分析。当 Zn^{2+}掺杂量 x=0、x=0.1 时，样品的穆斯堡尔谱图为两套正常塞曼分裂的六线峰。其中同质异能移较大的为 B 位的六线峰，而较小的为 A 位的六线峰。这是因为四面体 A 位 $Fe^{3+}—O^{2-}$的键长小于八面体 B 位 $Fe^{3+}—O^{2-}$的键长，并且 A 位 $Fe^{3+}—O^{2-}$的轨道重叠较大，即 A 位的共价性比 B 位的共价性大[54-56]。

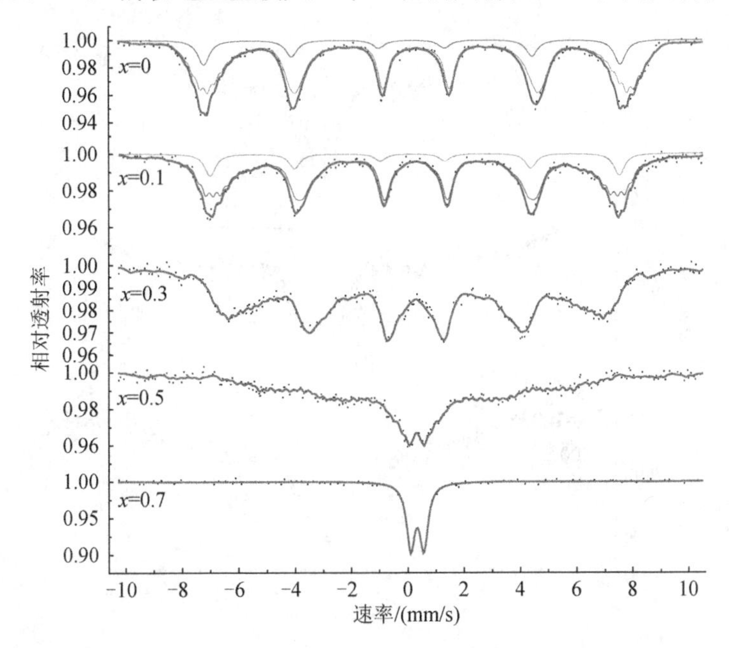

图 4-21　样品 $Mg_{1-x}Zn_xFe_2O_4$ 在 800℃煅烧后室温下的穆斯堡尔谱图

表 4-13 为样品 $Mg_{1-x}Zn_xFe_2O_4$ 在 800℃煅烧后室温下测得的穆斯堡尔谱数据。由表 4-13 可知，所有样品的同质异能移均小于 0.5mm/s。根据文献[17]，Fe^{3+}的同质异能移的范围是 0.1～0.5mm/s，而 Fe^{2+}的同质异能移的范围是 0.6～1.7mm/s，因此样品中仅有 Fe^{3+}存在。

表 4-13　样品 $Mg_{1-x}Zn_xFe_2O_4$ 在 800℃煅烧后室温下测得的穆斯堡尔谱数据

掺杂量（x）	组分	I.S./（mm/s）	Q.S./（mm/s）	H/T	Γ/（mm/s）	A_0/%
$x=0$	A	0.163	0.011	45.871	0.503	17
	B	0.332	0.032	43.306	0.325	83
$x=0.1$	A	0.224	0.077	45.059	0.473	15
	B	0.294	−0.028	41.322	0.313	85
$x=0.3$	B	0.291	−0.009	34.072	0.363	100
$x=0.5$	B	0.318	0.005	24.234	0.268	100
$x=0.7$	双峰	0.336	0.472	—	0.357	100

由表 4-13 可知，A 位与 B 位晶格的超精细场都随着非磁性离子 Zn^{2+}掺杂量的增加而变小。所有样品的四极裂距非常小，以至于可以忽略，所以 Zn^{2+}的掺杂对镁锌铁氧体的四极裂距几乎没有影响，这表明尖晶石铁氧体中原子核周围电子云的电荷分布呈现对称性[57]。随着 Zn^{2+}的掺杂，晶格 A 位六线峰的面积减小，而晶格 B 位六线峰的面积变大，这是因为掺杂 Zn^{2+}后其占据晶格 A 位，使一部分晶格 A 位的 Fe^{3+}向晶格 B 位移动。

当掺杂量 x=0.3 时，样品 $Mg_{1-x}Zn_xFe_2O_4$ 的穆斯堡尔谱图中晶格 A 位的六线峰消失，只剩下晶格 B 位的六线峰，从离子占位角度来解释，这可能是因为 Fe^{3+}几乎只占据晶格 B 位[58]。随着 Zn^{2+}掺杂量的继续增加（当 x=0.5 时），磁六线峰坍塌程度越来越严重，以至于变成了磁弛豫的双峰，穆斯堡尔谱的坍塌表明原来平行排列的磁矩出现了倾斜。当掺杂量 x=0.7 时，穆斯堡尔谱图为顺双峰，顺磁双峰的出现是因为被大量非磁性离子包围的 Fe^{3+}没有参加长程磁有序[57,58]。

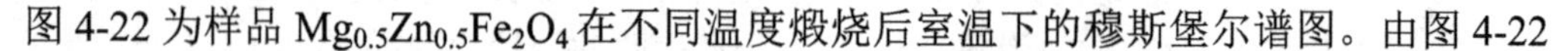

图 4-22 为样品 $Mg_{0.5}Zn_{0.5}Fe_2O_4$ 在不同温度煅烧后室温下的穆斯堡尔谱图。由图 4-22

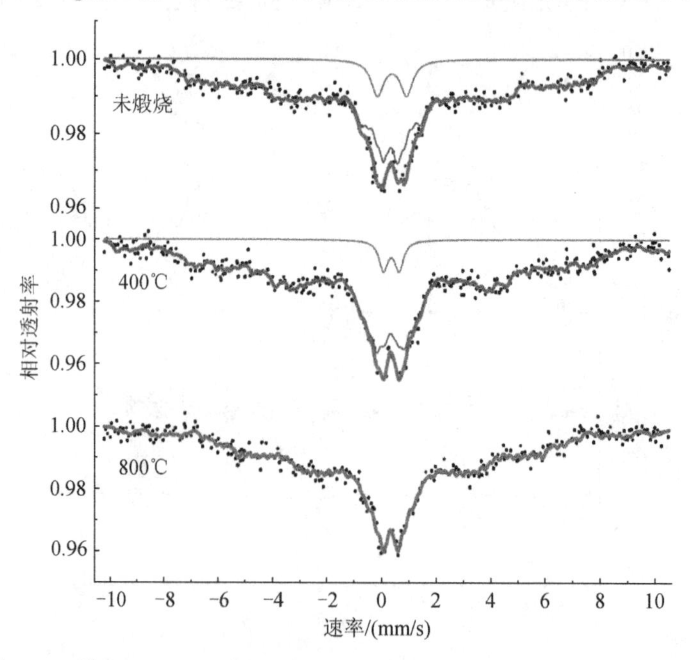

图 4-22　样品 $Mg_{0.5}Zn_{0.5}Fe_2O_4$ 在不同温度煅烧后室温下的穆斯堡尔谱图

可知，未煅烧及在 400℃煅烧的样品的穆斯堡尔谱为一套磁六线峰与一套顺磁双峰的叠加，而样品在 800℃煅烧后的穆斯堡尔谱仅为一套磁六线峰。样品 $Mg_{0.5}Zn_{0.5}Fe_2O_4$ 的穆斯堡尔谱表现出顺磁双峰是因为顺磁弛豫，即一部分样品颗粒处在单畴状态。

表 4-14 为样品 $Mg_{0.5}Zn_{0.5}Fe_2O_4$ 在不同温度煅烧后在室温下测得的穆斯堡尔谱数据。由表 4-14 可知，顺磁双峰的穆斯堡尔谱面积随着煅烧温度的升高而减小，这归因于颗粒尺寸随着煅烧温度的改变而改变[59]。样品 $Mg_{0.5}Zn_{0.5}Fe_2O_4$ 经不同温度煅烧后的穆斯堡尔谱变化情况表明铁氧体颗粒的磁性状态发生了改变。

表 4-14　样品 $Mg_{0.5}Zn_{0.5}Fe_2O_4$ 在不同温度煅烧后在室温下测得的穆斯堡尔谱数据

样品	组分	I.S./（mm/s）	Q.S./（mm/s）	H/T	Γ/（mm/s）	A_0/%
未煅烧	B	0.313	−0.027	28.556	0.288	91.8
	双峰	0.348	1.05	—	0.547	8.2
400℃	B	0.306	0.032	28.503	0.322	95.6
	双峰	0.333	0.570	—	0.376	4.4
800℃	B	0.318	0.005	24.234	0.268	100

（四）SQUID 分析

图 4-23 为样品 $Mg_{1-x}Zn_xFe_2O_4$ 在 800℃煅烧后室温下测得的磁滞回线。由图 4-23 可知，在外磁场为 5000Oe 时，所有样品的磁化强度都达到了饱和。

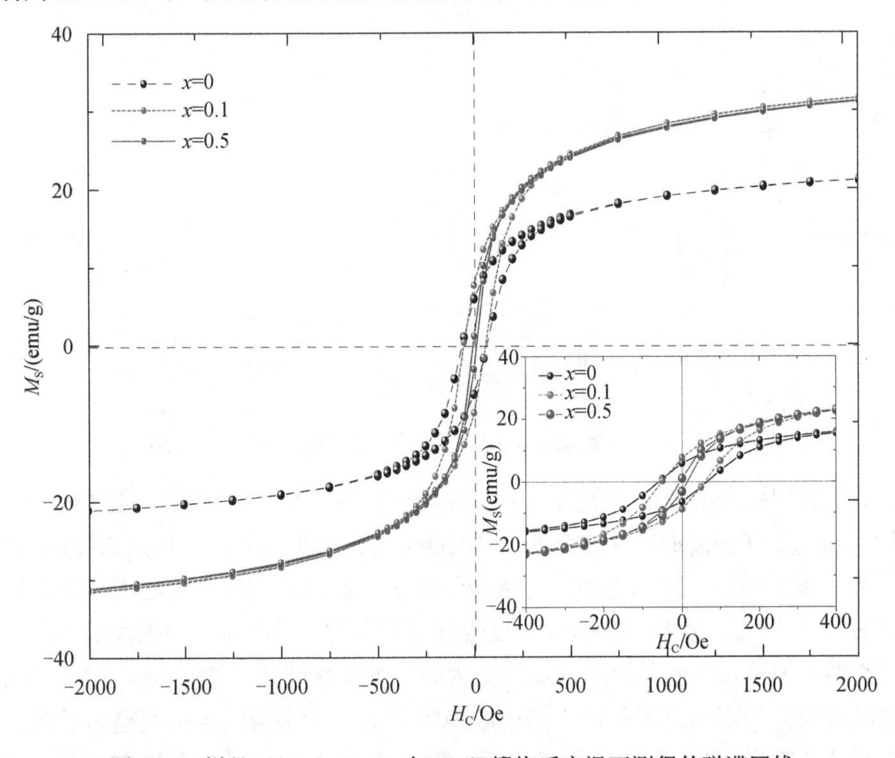

图 4-23　样品 $Mg_{1-x}Zn_xFe_2O_4$ 在 800℃煅烧后室温下测得的磁滞回线

随着 Zn^{2+}掺杂量的增加，样品 $Mg_{1-x}Zn_xFe_2O_4$ 的相对分子质量增大，而磁矩 n_B 的变化可以用奈尔理论来解释。Mg^{2+}、Zn^{2+}与 Fe^{3+}的离子磁矩分别为 $0\mu_B$、$0\mu_B$ 及 $5\mu_B$[38,60]。因为

Zn^{2+}有占据四面体晶格A位的趋势[42,49]，而Mg^{2+}在两个晶格内都存在，但是它倾向于占据八面体晶格B位[38,42,49,50,60]，所以样品的离子分布式可以写为$(Zn_xMg_yFe_{1-x-y})_A[Mg_{1-x-y}Fe_{1+x+y}]_BO_4$。因此，由奈尔理论的双晶格模型可知，样品的总磁矩理论计算为[38,42,61]

$$n_B = M_B - M_A = 5(1+x+y) - 5(1-x-y) = 10x + 10y \qquad (4\text{-}7)$$

式中，M_B、M_A分别为八面体晶格B位、四面体晶格A位的磁矩。

根据文献[20]，镁铁氧体的离子分布为$(Mg_{0.1}Fe_{0.9})_A[Mg_{0.9}Fe_{1.1}]_BO_4$，因此假设$y$的值为0.1。图4-24为样品$Mg_{1-x}Zn_xFe_2O_4$的磁矩随$Zn^{2+}$掺杂量的变化情况。由图4-24可知，随着$Zn^{2+}$掺杂量的增加，磁矩的实验值和理论值都变大。根据式（4-7）可知，样品的理论饱和磁化强度随着Zn^{2+}掺杂量的增加而增大，而实验所得到的饱和磁化强度也随着Zn^{2+}掺杂量的增加而增大，这与理论分析所得的结果相符合。然而当Zn^{2+}掺杂量为0.1与0.5时，样品的饱和磁化强度并没有发生明显的变化，这也许跟颗粒尺寸随着Zn^{2+}掺杂量的增加而变小有关。颗粒尺寸随着Zn^{2+}掺杂量的增加而变小的结果可以从SEM照片中得知。而根据文献[62]可知，纳米颗粒铁氧体的饱和磁化强度与多孔性成反比，而与颗粒尺寸成正比。

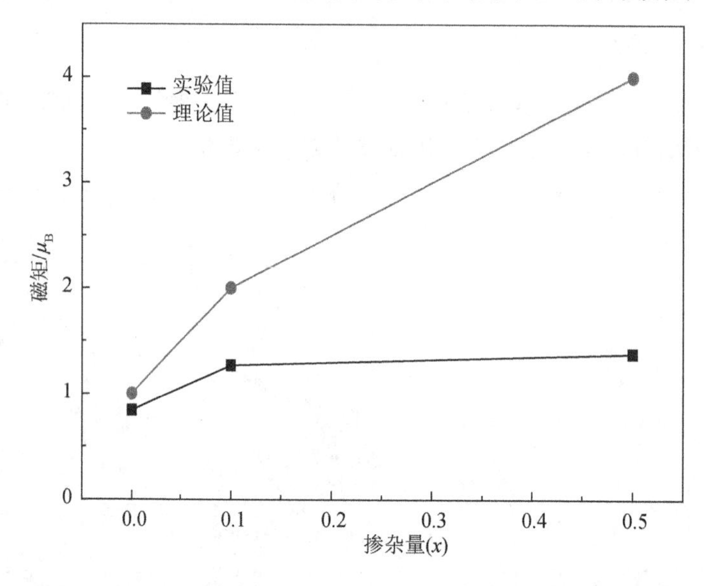

图4-24　样品$Mg_{1-x}Zn_xFe_2O_4$的磁矩随Zn^{2+}掺杂量的变化情况

表4-15为样品$Mg_{1-x}Zn_xFe_2O_4$在800℃煅烧后室温下测得的磁滞回线数据。由表4-15可知，样品$Mg_{1-x}Zn_xFe_2O_4$的矫顽力都小于100Oe，这表明所有的样品均为软磁铁氧体材料。随着Zn^{2+}掺杂量的增加，样品的矫顽力趋向于减小。铁氧体的矫顽力与磁晶各向异性、微观应变、内应力、颗粒尺寸及样品煅烧温度等因素有关[48]。然而对于非磁性的Zn^{2+}与Mg^{2+}，它们没有成对的电子，从而导致总自旋磁矩为零。所以通过Zn^{2+}取代Mg^{2+}时，对磁晶各向异性常数没有太大的影响。因此样品的矫顽力随着Zn^{2+}掺杂量的增加而趋向于减小，这归因于颗粒尺寸的变化[62,63]。而掺杂量为0与0.1时，样品的矫顽力并没有太大的变化，这可能与杂相Fe_2O_3的存在阻碍磁畴的转动有关。

表 4-15　样品 $Mg_{1-x}Zn_xFe_2O_4$ 在 800℃煅烧后室温下测得的磁滞回线数据

掺杂量（x）	M_s/（emu/g）	H_C/Oe	M_r/（emu/g）	n_B/μ_B
$x=0$	23.36	50.13	6.36	0.84
$x=0.1$	34.83	50.13	7.65	1.27
$x=0.5$	34.98	0.18	1.10	1.38

四、小结

XRD 谱图的分析结果表明，样品 $Mg_{1-x}Zn_xFe_2O_4$ 800℃煅烧后，仅当 Zn^{2+}掺杂量为 0.5 与 0.7 时为单相尖晶石结构，而样品中 Zn^{2+}的掺杂量增加有利于纯相镁锌铁氧体的形成。样品 $Mg_{0.5}Zn_{0.5}Fe_2O_4$ 在不同温度煅烧后的 XRD 谱图表明，所采用的溶胶-凝胶自蔓延法制备的样品即使没有煅烧也有很好的结晶度。SEM 照片表明，所制备样品的颗粒几乎是以均一的尺寸分布且结晶良好。所制备的铁氧体粉末为纳米颗粒。随着 Zn^{2+}掺杂量的增加，样品 $Mg_{1-x}Zn_xFe_2O_4$ 在 800℃煅烧后室温下的穆斯堡尔谱由磁六线峰过渡到顺磁双峰，即样品由亚铁磁状态转换到顺磁状态。样品 $Mg_{0.5}Zn_{0.5}Fe_2O_4$ 在不同温度下煅烧后的穆斯堡尔谱图表明，样品的煅烧温度会对磁性能产生影响。随着非磁性离子 Zn^{2+}掺杂量的增加，饱和磁化强度增大，而矫顽力呈现减小的趋势。饱和磁化强度的变化可以用奈尔理论来解释，矫顽力的变化则归因于颗粒尺寸的改变及杂相的存在。

参 考 文 献

[1] PENG J H, HOJAMBERDIEV M, XU Y H, et al. Hydrothermal synthesis and magnetic properties of gadolinium-doped $CoFe_2O_4$ nanoparticles[J]. Journal of magnetism and magnetic materials, 2011, 323(1): 133-138.

[2] RANA A, THAKUR O P, KUMAR V. Effect of Gd^{3+} substitution on dielectric properties of nano cobalt ferrite[J]. Materials letters, 2011, 65(19/20): 3191-3192.

[3] AMIRI S, SHOKROLLAHI H. Magnetic and structural properties of RE doped Co-ferrite(RE=Nd, Eu, and Gd) nano-particles synthesized by co-precipitation[J]. Journal of magnetism and magnetic materials, 2013, 345: 18-23.

[4] CHAND J, KUMAR G, KUMAR P, et al. Effect of Gd^{3+} doping on magnetic, electric and dielectric properties of $MgGd_xFe_{2-x}O_4$ ferrites processed by solid state reaction technique[J]. Journal of alloys and compounds, 2011, 509(10): 9638-9644.

[5] RASHAD M M, MOHAMED R M, EL-SHALL H. Magnetic properties of nanocrystalline Sm-substituted $CoFe_2O_4$ synthesized by citrate precursor method[J]. Journal of materials processing technology, 2008, 198(1-3): 139-146.

[6] GUO L P, SHEN X Q, SONG F Z, et al. Structure and magnetic property of $CoFe_{2-x}Sm_xO_4$(x=0～0.2) nanofibers prepared by sol-gel route[J]. Materials chemistry and physics, 2011, 129(3): 943-947.

[7] JIANG J, YANG Y M. Effect of Gd substitution on structural and magnetic properties of Zn-Cu-Cr ferrites prepared by novel rheological technique[J]. Materials science and technology, 2009, 25(3): 415.

[8] MENG Y Y, LIU Z W, DAI H C, et al. Structure and magnetic properties of $Mn(Zn)Fe_{2-x}RE_xO_4$ ferrite nano-powders synthesized by co-precipitation and refluxing method[J]. Powder technology, 2012, 229: 270-275.

[9] ZHAO J, CUI Y M, YANG H, et al. The magnetic properties of $Ni_{0.7}Mn_{0.3}Gd_xFe_{2-x}O_4$ ferrite[J]. Materials letters, 2006, 60(1): 104-108.

[10] ASIF IQBAL M, ISLAM M, ASHIQ M N, et al. Effect of Gd-substitiution on physical and magnetic properties of $Li_{1.2}Mg_{0.4}Gd_xFe_{(2-x)}O_4$ ferrites[J]. Journal of alloys and compounds, 2013, 579: 181-186.

[11] PANDA R N, SHIH J C, CHIN T S. Magnetic properties of nano-crystalline Gd-or Pr-substituted $CoFe_2O_4$ synthesized by the citrate precursor technique[J]. Journal of magnetism and magnetic materials, 2003, 257(1): 79-86.

[12] RUIZ M M, MIETTA J L, ANTONEL P S, et al. Structural and magnetic properties of $Fe_{2-x}CoSm_xO_4$-nanoparticles and $Fe_{2-x}CoSm_xO_4$-PDMS magneto elastomers as a function of Sm content[J]. Journal of magnetism and magnetic materials, 2013, 327:

11-19.

[13] TAHAR L B, SMIRI L S, ARTUS M, et al. Characterization and magnetic properties of Sm- and Gd-substituted $CoFe_2O_4$ nanoparticles prepared by forced hydrolysis in polyol[J]. Materials research bulletin, 2007, 42(11): 1888-1896.

[14] BORHAN A I, SLATINEANU T, IORDAN A R, et al. Influence of chromium ion substitution on the structure and properties of zinc ferrite synthesized by the sol-gel auto-combustion method[J]. Polyhedron, 2013, 56(12): 82-89.

[15] ZHAO L J, HAN Z Y, YANG H, et al. Magnetic properties of nanocrystalline $Ni_{0.7}Mn_{0.3}Gd_{0.1}Fe_{1.9}O_4$ ferrite at low temperatures[J]. Journal of magnetism and magnetic materials, 2007, 309(1): 11-14.

[16] INBANATHAN S S R, VAITHYANATHAN V, CHELVANE J A, et al. Mössbauer studies and enhanced electrical properties of R(R=Sm, Gd and Dy) doped Ni ferrite[J]. Journal of magnetism and magnetic materials, 2014, 353: 41-46.

[17] KUMAR S, FAREA A M M, BATOO KM, et al. Mössbauer studies of $Co_{0.5}Cd_xFe_{2.5-x}O_4$(0.0～0.5)ferrite[J]. Physica B, 2008, 403(19/20): 3604-3607.

[18] LEE S W, RYU Y G, YANG K G. Magnetic properties of Zn^{2+} substituted ultrafine Co-ferrite grown by a sol-gel method[J]. Journal of applied physics, 2002, 91(10): 7610.

[19] AL-HILLI M F, LI S, KASSIM K S. Structural analysis, magnetic and electrical properties of samarium substituted lithium-nickel mixed ferrites[J]. Journal of magnetism and magnetic materials, 2012, 324(5): 873-879.

[20] GADKARI A B, SHINDE T J, VASAMBEKAR P N. Magnetic properties of rare earth ion(Sm^{3+}) added nanocrystalline Mg-Cd ferrites, prepared by oxalate co-precipitation method[J]. Journal of magnetism and magnetic materials, 2010, 322(24): 3823-3827.

[21] LIU Y, ZHU X G, ZHANG L, et al. Microstructure and magnetic properties of nanocrystalline $Co_{1-x}Zn_xFe_2O_4$ ferrites[J]. Materials research bulletin, 2012, 47(12): 4174-4180.

[22] JIANG J, YANG Y M, LI L C. Synthesis and magnetic properties of lanthanum-substituted lithium-nickel ferrites via a soft chemistry route[J]. Physica B, 2007, 399(2): 105-108.

[23] MOHAMED R M, RASHADA M M, HARAZ F A, et al. Structure and magnetic properties of nanocrystalline cobalt ferrite powders synthesized using organic acid precursor method[J]. Journal of magnetism and magnetic materials, 2010, 322(14): 2058-2064.

[24] AMIRI S, SHOKROLLAHI H. The role of cobalt ferrite magnetic nanoparticles in medical science[J]. Materials science and engineering C, 2013, 33: 1-8.

[25] NIKUMBH A K, PAWAR R A, NIGHOT D V, et al. Structural, electrical, magnetic and dielectric properties of rare-earth substituted cobalt ferrites nanoparticles synthesized by the co-precipitation method[J]. Journal of magnetism and magnetic materials, 2014, 355: 201-209.

[26] AHMED M A, EL-KHAWLANI A A. Enhancement of the crystal size and magnetic properties of Mg-substituted Co ferrite[J]. Journal of magnetism and magnetic materials, 2009, 321(13): 1959-1963.

[27] HANKARE P P, VADER V T, PATIL N M, et al. Synthesis, characterization and studies on magnetic and electrical properties of Mg ferrite with Cr substitution[J]. Materials chemistry and physics, 2009, 113(1): 233-238.

[28] AHMED M A, AFIFY H H, EL ZAWAWIA I K, et al. Novel structural and magnetic properties of Mg doped copper nanoferrites prepared by conventional and wet methods[J]. Journal of magnetism and magnetic materials, 2012, 324(14): 2199-2204.

[29] SUJATHA C, REDDY K V, BABU K S, et al. Effect of Mg substitution on electromagnetic properties of NiCuZn ferrite[J]. Journal of magnetism and magnetic materials, 2013, 340: 38-45.

[30] BORHAN A I, SLATINEANU T, IORDAN A R, et al. Influence of chromium ion substitution on the structure and properties of zinc ferrite synthesized by the sol-gel auto-combustion method[J]. Polyhedron, 2013, 56: 82-89.

[31] MITTAL V K, CHANDRAMOHAN P, BERA S, et al. Cation distribution in $Ni_xMg_{1-x}Fe_2O_4$ studied by XPS and Mössbauer spectroscopy[J]. Solid state communications, 2006, 137(1/2): 6-10.

[32] THUMMER K P, CHHANTBAR M C, MODI K B, et al. ^{57}Fe Mössbauer studies on $MgAl_xCr_xFe_{2-2x}O_4$ spinel system[J]. Materials letters, 2004, 58(17/18): 2248-2251.

[33] WIDATALLAH H M, AL-MAMARI F A S, AL-SAQRI N A M, et al. Mössbauer and magnetic studies of $Mg_{1+2x}Sb_xFe_{2-3x}O_4$ spinel ferrites[J]. Materials chemistry and physics, 2013, 140(1): 97-103.

[34] HASHIM M, MEENA S S, KOTNALA R K, et al. Exploring the structural, Mössbauer and dielectric properties of Co^{2+} incorporated $Mg_{0.5}Zn_{0.5-x}Co_xFe_2O_4$ nanocrystalline ferrite[J]. Journal of magnetism and magnetic materials, 2014, 360: 21-33.

[35] CHAE K P, KIM W K, LEE S H, et al. Crystallographic and magnetic properties of $Ti_xCo_{1+x}Fe_{2-2x}O_4$ ferrite powders[J]. Journal of magnetism and magnetic materials, 2011, 232(3): 133-138.

[36] CHAE K P, LEE Y B, LEE J G, et al. Crystallographic and magnetic properties of $CoCr_xFe_{2-x}O_4$ ferrite powders[J]. Journal of magnetism and magnetic materials, 2000, 220(1): 59-64.

[37] CHAUDHARI M V, SHIRSATH S E, KADAM A B, et al. Site occupancies of Co-Mg-Cr-Fe ions and their impact on the properties of $Co_{0.5}Mg_{0.5}Cr_xFe_{2-x}O_4$[J]. Journal of alloys and compounds, 2013, 552: 443-450.

[38] HAQUE M M, HUQ M, HAKIM M A. Effect of Zn^{2+} substitution on the magnetic properties of $Mg_{1-x}Zn_xFe_2O_4$ ferrites[J]. Physica B, 2009, 404(21): 3915-3921.

[39] VERMA K, KUMAR A, VARSHNEY D. Effect of Zn and Mg doping on structural, dielectric and magnetic properties of tetragonal $CuFe_2O_4$[J]. Current applied physics, 2013, 13(3): 467-473.

[40] VARSHNEY D, VERMA K, KUMAR A. Substitutional effect on structural and magnetic properties of $A_xCo_{1-x}Fe_2O_4$(A=Zn, Mg and x=0.0, 0.5) ferrites[J]. Journal of molecular structure, 2011, 1006(1-3): 447-452.

[41] CHAND J, VERMA S, SINGH M. Structural, magnetic and Mössbauer spectral studies of Sm^{3+} ions doped Mg ferrites synthesized by solid state reaction technique[J]. Journal of alloys and compounds, 2013, 552: 264-268.

[42] HARALKAR S J, KADAM R H, MORE S S, et al. Substitutional effect of Cr^{3+} ions on the properties of Mg-Zn ferrite nanoparticles[J]. Physica B, 2012, 407(21): 4338-4346.

[43] SUJATHA C, REDDY K V, BABU K S, et al. Effect of co substitution of Mg and Zn on electromagnetic properties of NiCuZn ferrites[J]. Journal of physics and chemistry of solids, 2013, 74(7): 917-923.

[44] NLEBEDIM I C, HADIMANI R L, PROZOROV R, et al. Structural, magnetic, and magnetoelastic properties of magnesium substituted cobalt ferrite[J]. Journal of applied physics, 2013, 113(17): 17A928.

[45] SANPO N, BERNDT C C, WEN C, et al. Transition metal-substituted cobalt ferrite nanoparticles for biomedical applications[J]. Acta biomaterialia, 2013, 9(3): 5830-5837.

[46] XIA A L, LIU S K, JIN C G, et al. Hydrothermal $Mg_{1-x}Zn_xFe_2O_4$ spinel ferrites: phase formation and mechanism of saturation magnetization[J]. Materials letters, 2013, 105: 199-201.

[47] VERMA K, KUMAR A, VARSHNEY D. Dielectric relaxation behavior of $A_xCo_{1-x}Fe_2O_4$(A = Zn, Mg) mixed ferrites[J]. Journal of alloys and compounds, 2012, 526: 91-97.

[48] MOHSENI H, SHOKROLLAHI H, SHARIFI I, et al. Magnetic and structural studies of the Mn-doped Mg-Zn ferrite nanoparticles synthesized by the glycine nitrate process[J]. Journal of magnetism and magnetic materials, 2012, 324(22): 3741-3747.

[49] MOHAMMED K A, AL-RAWAS A D, GISMELSEED A M, et al. Infrared and structural studies of $Mg_{1-x}Zn_xFe_2O_4$ ferrites[J]. Physica B, 2012, 407(4): 795-804.

[50] BAYOUMY W A A. Synthesis and characterization of nano-crystalline Zn-substituted Mg-Ni-Fe-Cr ferrites via surfactant-assisted route[J]. Journal of molecular structure, 2012, 1056/1057: 285-291.

[51] CHOODAMANI C, NAGABHUSHANA G P, RUDRASWAMY B, et al. Thermal effect on magnetic properties of Mg-Zn ferrite nanoparticles[J]. Materials letters, 2014, 116: 227-230.

[52] RAHMAN S, NADEEM K, ANIS-UR-REHMAN M, et al. Structural and magnetic properties of ZnMg-ferrite nanoparticles prepared using the co-precipitation method[J]. Ceramics international, 2013, 39(5): 5235-5239.

[53] HAJARPOUR S, GHEISARI K, RAOUF A H. Characterization of nanocrystalline $Mg_{0.6}Zn_{0.4}Fe_2O_4$ soft ferrites synthesized by glycine-nitrate combustion process[J]. Journal of magnetism and magnetic materials, 2013, 329: 165-169.

[54] SOIBAM I, PHANJOUBAM S, PRAKASH C. Mössbauer and magnetic studies of cobalt substituted lithium zinc ferrites prepared by citrate precursor method[J]. Journal of alloys and compounds, 2009, 475(1/2): 328-331.

[55] ZHANG Y, LIN J, WEN D J. Structure, infrared radiation properties and Mössbauer spectroscopic investigations of $Co_{0.6}Zn_{0.4}Ni_xFe_{2-x}O_4$ ceramics[J]. Journal of materials science & technology, 2010, 26(8): 687-692.

[56] SIDDIQUE M, BUTT N M. Effect of particle size on degree of inversion in ferrites investigated by Mössbauer spectroscopy[J]. Physica B, 2012, 405(19): 4211-4215.

[57] GUPTA M, RANDHAWA B S. Mössbauer, magnetic and electric studies on mixed Rb-Zn ferrites prepared by solution combustion method[J]. Materials chemistry and physics, 2011, 130(1/2): 513-518.

[58] BAYOUMI W. Structural and electrical properties of zinc-substituted cobalt ferrite[J]. Journal of materials science, 2007, 42(19): 8254-8261.

[59] PATHAK T K, VASOYA N H, LAKHANI V K, et al. Structural and magnetic phase evolution study on needle-shaped nanoparticles of magnesium ferrite[J]. Ceramics international, 2010, 36(1): 275-281.

[60] FRANCO JR A, SILVA M S. High temperature magnetic properties of magnesium ferrite nanoparticles[J]. Journal of applied physics, 2011, 109(7): 07B505.

[61] CHOODAMANI C, NAGABHUSHANA G P, ASHOKA S, et al. Structural and magnetic studies of $Mg_{(1-x)}Zn_xFe_2O_4$ nanoparticles prepared by a solution combustion method[J]. Journal of alloys and compounds, 2013, 578: 103-109.

[62] THANKACHANS, JACOB B P, XAVIER S, et al. Effect of samarium substitution on structural and magnetic properties of magnesium ferrite nanoparticles[J]. Journal of magnetism and magnetic materials, 2013, 348: 140-145.

[63] IQBAL M J, AHMAD Z, MELIKHOV Y, et al. Effect of Cu-Cr co-substitution on magnetic properties of nanocrystalline magnesium ferrite[J]. Journal of magnetism and magnetic materials, 2012, 324(6): 1088-1094.

第五章　掺杂稀土离子的铜钴铁氧体的磁性与穆斯堡尔效应研究

第一节　掺杂稀土离子La^{3+}的$Cu_{0.5}Co_{0.5}Fe_{2-x}La_xO_4$氧化物材料的磁性与穆斯堡尔谱研究

一、引言

由磁性离子Co^{2+}取代部分磁性较小的Cu^{2+}，可以使铜铁氧体由四方晶体结构转变为立方晶体结构[1]。稀土元素La处于镧系元素的首位，它的外层电子排列为$1s^2 2s^2 2p^6 3s^2 3p^6 3d^{10} 4s^2 4p^6 4d^{10} 5s^2 5p^6 5d^1 6s^2$，掺杂$La^{3+}$取代部分$Fe^{3+}$，是基于$La^{3+}$的磁矩为0。由于$La^{3+}$的离子半径远大于$Fe^{3+}$的离子半径，因此当它进入晶格后晶格会膨胀。因为$La^{3+}$较难进入晶体内，所以掺杂量选定在0～0.05范围内。由于La^{3+}的进入会引起Fe^{3+}在A位、B位的重新分布，因此晶体内的超交换相互作用会发生变化，这种改变主要体现在宏观磁性能的变化上。本节通过溶胶-凝胶自蔓延法制备$Cu_{0.5}Co_{0.5}Fe_{2-x}La_xO_4$（$x$=0、0.01、0.03、0.05），并研究掺杂稀土离子La^{3+}的铜钴铁氧体的结构与磁性能的变化情况。

二、实验

（一）样品制备

采用溶胶-凝胶自蔓延法制备样品，首先以分析纯的硝酸钴[$Co(NO_3)_2\cdot 6H_2O$]、硝酸镧[$La(NO_3)_3\cdot 6H_2O$]、硝酸铜[$Cu(NO_3)_2\cdot 3H_2O$]、硝酸铁[$Fe(NO_3)_3\cdot 9H_2O$]、柠檬酸（$C_6H_8O_7\cdot H_2O$）与氨水（$NH_3\cdot H_2O$）为原料，按照分子式$Cu_{0.5}Co_{0.5}Fe_{2-x}La_xO_4$（$x$=0、0.01、0.03、0.05）进行配比，并称量所需的硝酸盐。然后将硝酸盐溶于去离子水中混合至完全溶解，加入氨水调节到适当的pH后，将混合溶液放在80℃的数显恒温水浴锅上加热。其次根据柠檬酸与总金属离子物质的量比为1∶1称取柠檬酸，并溶于去离子水中，将其在水浴过程中逐渐滴加并不断搅拌混合溶液，直至形成湿凝胶。再次将湿凝胶放于数显鼓风干燥箱中，在120℃下干燥2h，把得到的干凝胶在空气中滴加助燃剂（无水乙醇）点燃自蔓延，将得到的粉末在玛瑙研钵中研磨均匀。最后按照所需煅烧的温度将样品放入箱式电阻炉中进行煅烧，即可得到最后的样品。

（二）样品表征

使用X射线衍射仪（D/max 2500 PC）分析样品的晶体结构，使用扫描电子显微镜（Nova™ Nano SEM 430）观察样品形貌，使用穆斯堡尔谱仪（Tec PC-mossⅡ）测量室温下的穆斯堡尔谱，使用超导量子干涉仪（MPMS-XL-7）测量样品在室温下的磁滞回线。

三、结果与讨论

（一）XRD 分析

图 5-1 为样品 $Cu_{0.5}Co_{0.5}Fe_{2-x}La_xO_4$（$x$=0、0.01、0.03、0.05）在 900℃煅烧 3h 后的 XRD 谱图。从图 5-1 中可以看出，$Cu_{0.5}Co_{0.5}Fe_{2-x}La_xO_4$ 样品均为单晶相。只有当 x=0.03 时，出现明显的 $LaFeO_3$ 相；而当 x=0.05 时，$LaFeO_3$ 的衍射峰已经宽化，强度减小，近乎消失。所有主衍射晶面峰均与标准卡片（JCPDS No.08-0234）匹配[1]，这说明所有的样品均为尖晶石结构的单晶铁氧体。图 5-1 右上角的小窗口显示的是 4 个样品的（311）衍射峰放大图。相比于未掺杂的 $Cu_{0.5}Co_{0.5}Fe_2O_4$，其他 3 个掺杂样品的（311）衍射峰有细微的移动，$Cu_{0.5}Co_{0.5}Fe_{1.99}La_{0.01}O_4$ 的（311）衍射峰向小角度方向移动，而 $Cu_{0.5}Co_{0.5}Fe_{1.97}La_{0.03}O_4$ 的（311）衍射峰向大角度方向移动，$Cu_{0.5}Co_{0.5}Fe_{1.95}La_{0.05}O_4$ 的（311）衍射峰移动不明显。衍射峰向小角度方向移动，则晶格常数增大；衍射峰向大角度方向移动，则晶格常数减小[2,3]，由此可以定性地判断出各个样品晶格常数的变化情况。

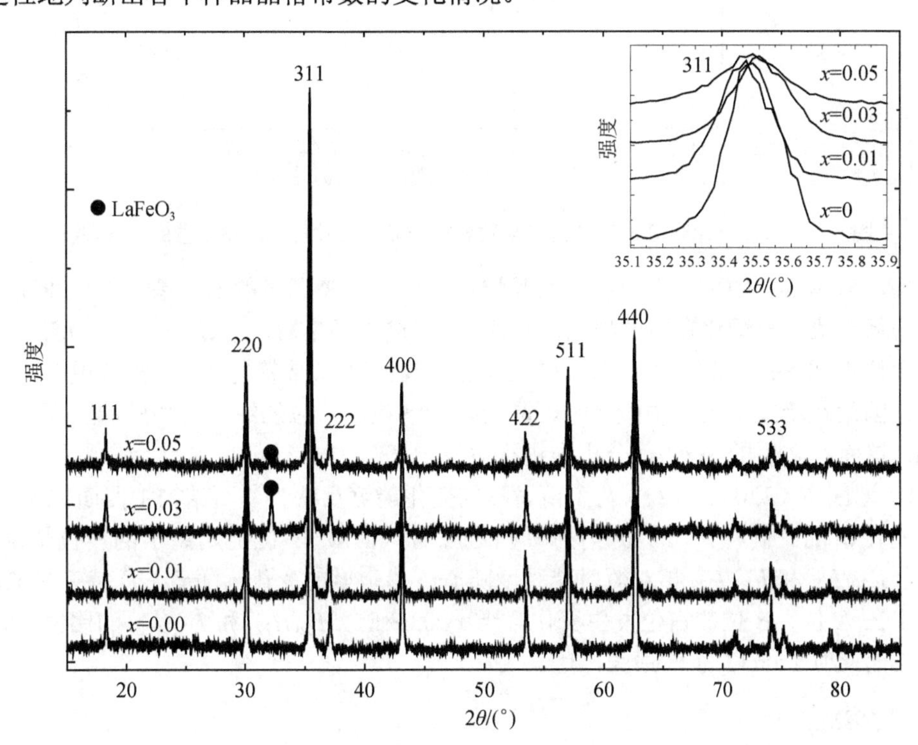

图 5-1　样品 $Cu_{0.5}Co_{0.5}Fe_{2-x}La_xO_4$（$x$=0、0.01、0.03、0.05）在 900℃煅烧 3h 后的 XRD 谱图

通过 Jade 5.0 软件，选取（311）衍射峰计算样品的晶格常数和平均晶粒尺寸，得到的晶格常数和平均晶粒尺寸随 La^{3+}掺杂量的变化如图 5-2 所示。从图 5-2 中可以看出：①当 x=0.01 时，晶格常数明显增大，从 8.384Å增大到 8.390Å。这是因为 La^{3+}（1.061Å）的离子半径比 Fe^{3+}（0.645Å）的离子半径大[4]，随着 La^{3+}的掺杂，铜钴铁氧体的晶格扩张，晶格常数增大。②当 x=0.03 时，晶格常数反而减小，甚至比未掺杂的 $Cu_{0.5}Co_{0.5}Fe_2O_4$ 还小。从 XRD 谱图中可以看到，晶体中有明显的 $LaFeO_3$ 杂相产生，而且此衍射峰强度较强，这说

明其在晶格内的含量较多。这是因为掺杂过量的 La^{3+}后，其难以进入晶格内，而在晶界处析出，与铁形成杂相。虽然进入晶格内的 La^{3+}也会产生内应力，但在晶界处产生的应力要大，总体效果是挤压晶格，因此晶格常数迅速减小。③当 x=0.05 时，晶格常数又增大了些，这从 XRD 谱图中也可以看出，$LaFeO_3$ 杂相峰发生了明显的宽化，强度减小几乎消失了，此时进入晶格内的 La^{3+}产生的内应力大于在晶界处杂相产生的应力，因而晶格常数又有所增大。

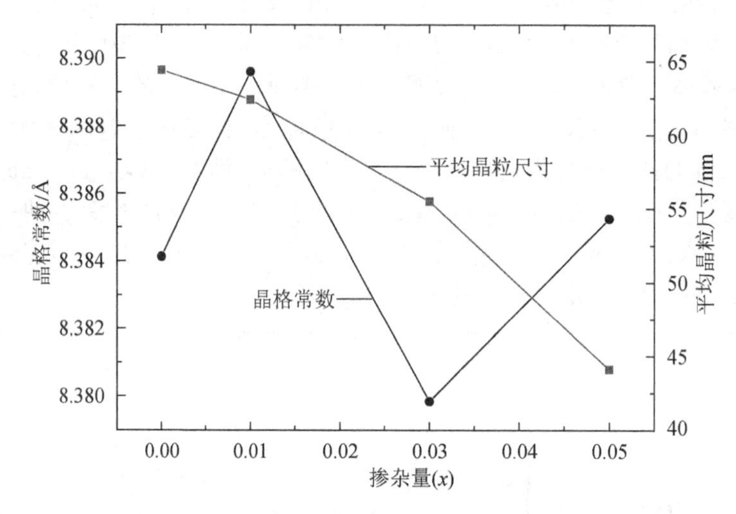

图 5-2　$Cu_{0.5}Co_{0.5}Fe_{2-x}La_xO_4$ 的晶格常数和平均晶粒尺寸随 La^{3+}掺杂量的变化情况

另外，从图 5-2 中可以看出，平均晶粒尺寸随 La^{3+}掺杂量的增加基本上呈线性减小。这是因为稀土离子有细化颗粒的作用。此外，La^{3+}进入晶格后，形成 La^{3+}—O^{2-}键[（799±4）kJ/mol]要比形式 Fe^{3+}—O^{2-}键[（390.4±17.2）kJ/mol]需要的成键能大[5]，需要更多的能量才能成晶。因而在箱式电阻炉中煅烧时，晶粒得到细化。颗粒的细化使物质的宏观磁性能受到影响，这将在之后的 SQUID 分析中进行讨论。

XRD 谱图中（220）、（422）两个衍射峰的变化能够反映尖晶石结构中四面体 A 位金属离子的变化情况。同样，（222）衍射峰则对应着八面体 B 位金属离子的占位情况[6,7]。图 5-3 为 I_{220}/I_{222} 和 I_{422}/I_{222} 相对衍射峰强度随 La^{3+}掺杂量的变化。随着 La^{3+}掺杂量的增加，金属离子在 A 位、B 位的占位发生变化。当 x=0.03 时，I_{220}/I_{222} 和 I_{422}/I_{222} 的比值同时达到最大值，而此时 $LaFeO_3$ 杂峰最强。

（二）SEM 分析

图 5-4 为 $Cu_{0.5}Co_{0.5}Fe_2O_4$ 和 $Cu_{0.5}Co_{0.5}Fe_{1.99}La_{0.01}O_4$ 样品两种尺度的 SEM 照片。从图 5-4 中可以看出：①$Cu_{0.5}Co_{0.5}Fe_2O_4$ 的结晶非常好，几乎没有气孔存在，晶界非常清晰，颗粒的大小不一。另外，2.0μm 的照片亮度非常大，这说明样品表面产生的二次电子非常多[8]，并意味着 $Cu_{0.5}Co_{0.5}Fe_2O_4$ 样品颗粒基本上呈球形。②$Cu_{0.5}Co_{0.5}Fe_{1.99}La_{0.01}O_4$ 的颗粒尺寸明显变小，晶粒细化的原因可能是 La^{3+}的离子半径较大，难以进入晶格内，从而析出形成 $LaFeO_3$ 停留在晶界上，使干凝胶在自蔓延过程中的成晶温度升高，造成粉末晶体变小。这和 XRD 谱图的颗粒尺寸变化一致；气孔增多，这可能是因为 La^{3+}的进入，使样品在自蔓延过程中

燃烧得更加充分；有部分晶界消失，这和颗粒的细化是一致的。另外，从 2.0μm 照片中明显可以看出，画面变暗，且有些部分呈黑色，这说明掺杂 La^{3+}后，样品表面变得凹凸不平，同时产生了较多的空隙[9]。

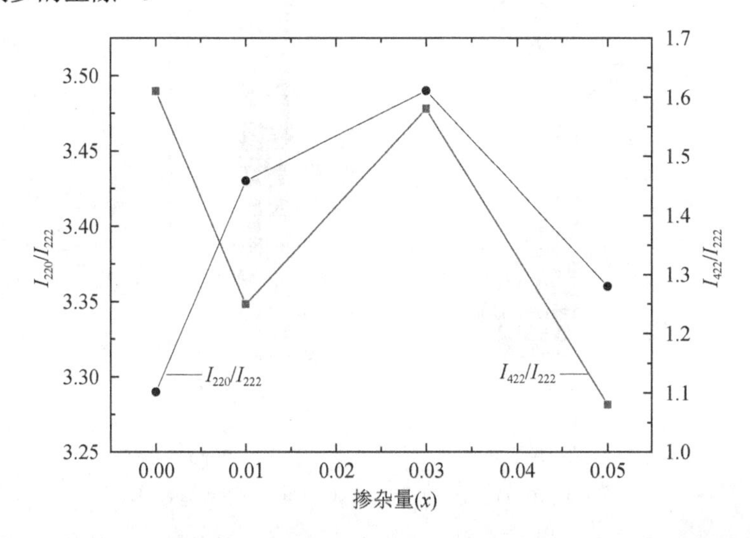

图 5-3 $Cu_{0.5}Co_{0.5}Fe_{2-x}La_xO_4$ 的 I_{220}/I_{222} 和 I_{422}/I_{222} 相对衍射峰强度随 La^{3+}掺杂量的变化

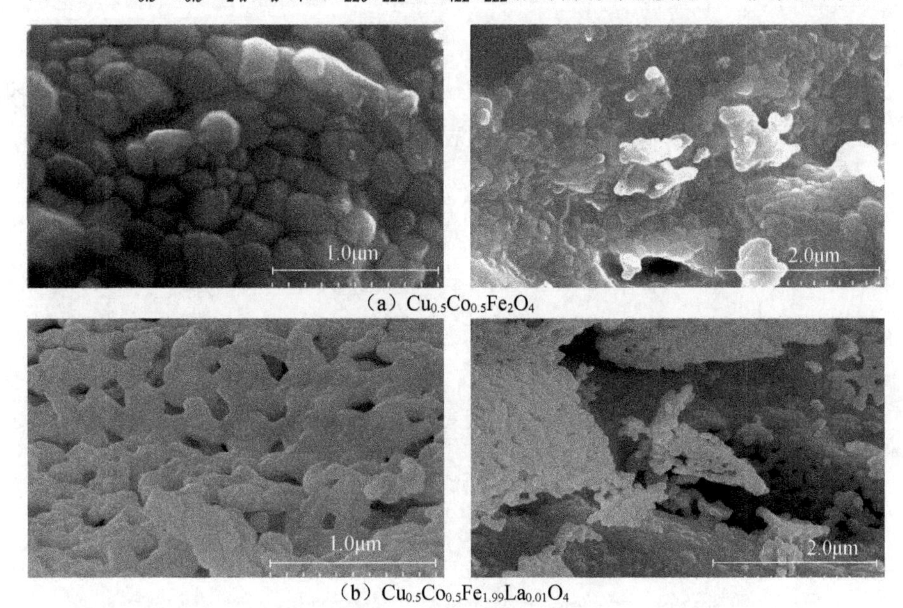

（a）$Cu_{0.5}Co_{0.5}Fe_2O_4$

（b）$Cu_{0.5}Co_{0.5}Fe_{1.99}La_{0.01}O_4$

图 5-4 $Cu_{0.5}Co_{0.5}Fe_2O_4$ 和 $Cu_{0.5}Co_{0.5}Fe_{1.99}La_{0.01}O_4$ 的 SEM 照片

图 5-5 为通过软件计算得到的样品 $Cu_{0.5}Co_{0.5}Fe_2O_4$ 和 $Cu_{0.5}Co_{0.5}Fe_{1.99}La_{0.01}O_4$ 颗粒尺寸的柱状分布图。从图 5-5 中可以看出：①$Cu_{0.5}Co_{0.5}Fe_2O_4$ 的颗粒大小不一，大部分分布在 1～2μm，而掺杂 La^{3+}后的 $Cu_{0.5}Co_{0.5}Fe_{1.99}La_{0.01}O_4$ 的颗粒尺寸分布比较均匀。②相比于 $Cu_{0.5}Co_{0.5}Fe_2O_4$ 在较小尺寸分布的较少（约 12%），掺杂 La^{3+}后的 $Cu_{0.5}Co_{0.5}Fe_{1.99}La_{0.01}O_4$ 则在较小尺寸分布的颗粒最多（约 48%），这说明颗粒明显得到了细化。

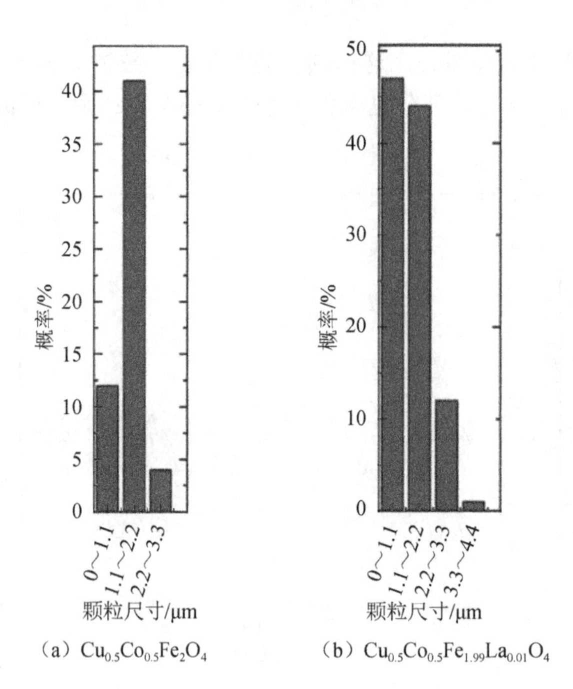

图 5-5　样品 $Cu_{0.5}Co_{0.5}Fe_2O_4$ 和 $Cu_{0.5}Co_{0.5}Fe_{1.99}La_{0.01}O_4$ 颗粒尺寸的柱状分布图

（三）穆斯堡尔谱分析

图 5-6 为样品 $Cu_{0.5}Co_{0.5}Fe_{2-x}La_xO_4$（$x$=0、0.01、0.03、0.05）在室温下测得的穆斯堡尔谱图。通过两套六线峰的拟合，得到的参数见表 5-1。

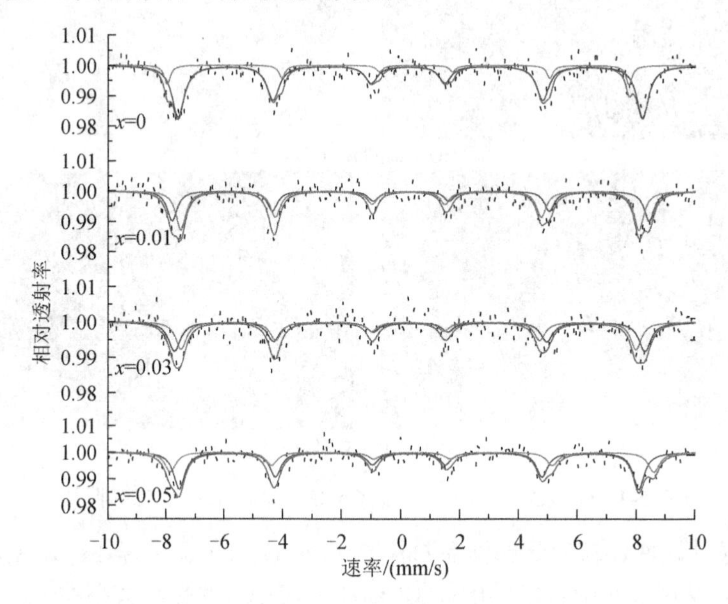

图 5-6　样品 $Cu_{0.5}Co_{0.5}Fe_{2-x}La_xO_4$（$x$=0、0.01、0.03、0.05）在室温下测得的穆斯堡尔谱图

从表 5-1 中可以看出：①随着 La^{3+}的掺杂，A、B 位的同质异能移明显增大，这说明 La^{3+}的掺杂影响了谱核（^{57}Fe）最外层 s 电子的密度。同时，根据同质异能移的大小可以判断谱核处于三价态[10]。②随着 La^{3+}的掺杂，四极裂距逐渐减小，说明掺 La^{3+}对晶格的对称

性没有明显的影响[11]。③超精细场随 La^{3+}掺杂量的变化情况如图 5-7 所示，从图中可以看出，A 位、B 位的超精细场都随 La^{3+}掺杂量的增加先增大后减小。这是因为少量 La^{3+}进入晶格内的 B 位取代部分 Fe^{3+}后，引起晶格膨胀，使 Fe^{3+}—O^{2-}的距离减小，从而加强晶格内起主要作用的超交换相互作用$[(Fe^{3+})_A—O^{2-}—(Fe^{3+})_B]$，导致 A 位、B 位的超精细场都增大。

表 5-1　$Cu_{0.5}Co_{0.5}Fe_{2-x}La_xO_4$（$x$=0、0.01、0.03、0.05）室温下测得的穆斯堡尔谱参数

掺杂量（x）	I.S./（mm/s）		Q.S./（mm/s）		H/T		A_0/%	
	A	B	A	B	A	B	A	B
$x=0$	0.2113	0.2856	−0.6270	0.0608	48.67	48.98	84.7	15.3
$x=0.01$	0.2866	0.3455	0.0298	−0.0299	48.80	51.32	56.4	43.6
$x=0.03$	0.2549	0.3189	0.0053	−0.0386	47.99	50.64	54.6	45.4
$x=0.05$	0.2845	0.3935	−0.0136	−0.0157	47.49	50.05	52.0	48.0

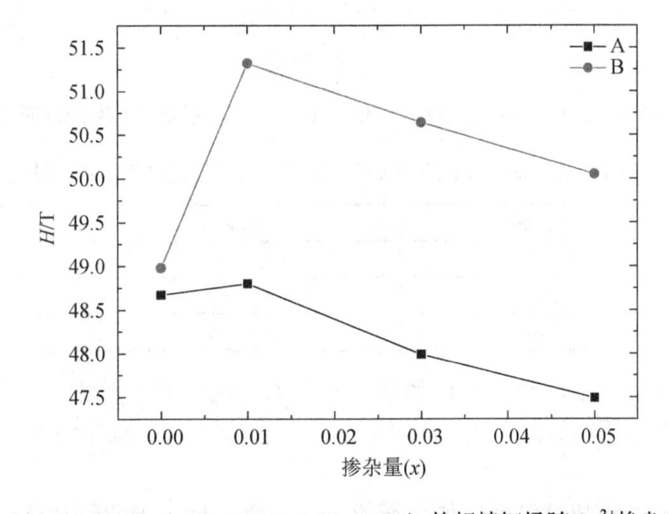

图 5-7　$Cu_{0.5}Co_{0.5}Fe_{2-x}La_xO_4$（$x$=0、0.01、0.03、0.05）的超精细场随 La^{3+}掺杂量的变化情况

当 x=0.03、x=0.05 时，La^{3+}已经过量（从 XRD 分析中可以得到验证），一部分 La^{3+}进入晶格取代 Fe^{3+}，一部分 La^{3+}在晶界析出，形成铁酸镧的杂相。过量 La^{3+}的取代导致对于 A 位的 Fe^{3+}来说，B 位的 Fe^{3+}数目明显减少。同时，在晶界处的杂质也会产生内应力，这在某种程度上平衡了进入晶格内的 La^{3+}引起的内应力。因而，这种情况使$(Fe^{3+})_A—O^{2-}—(Fe^{3+})_B$ 超交换相互作用和晶格内居次要地位的超交换相互作用$[(Fe^{3+})_B—O^{2-}—(Fe^{3+})_B]$得到减弱[12]。因此，随着 La^{3+}的进一步掺杂，A 位、B 位的超精细场都减小了（这和随后的饱和磁化强度的变化一致）。从两套子谱面积的变化可以看出，由于 La^{3+}的掺杂，金属离子（Cu^{2+}、Co^{2+}、La^{3+}和 Fe^{3+}等）在 A 位、B 位的分布发生变化，造成 A 位、B 位的超精细场发生改变。这与 XRD 谱图中 I_{220}/I_{222} 和 I_{422}/I_{222} 相对衍射峰强度比值的变化反映的金属离子占位情况的变化一致。

（四）SQUID 分析

图 5-8 为 $Cu_{0.5}Co_{0.5}Fe_{2-x}La_xO_4$（$x$=0、0.01、0.05）室温下测得的磁滞回线，从中得出的磁性参数见表 5-2。

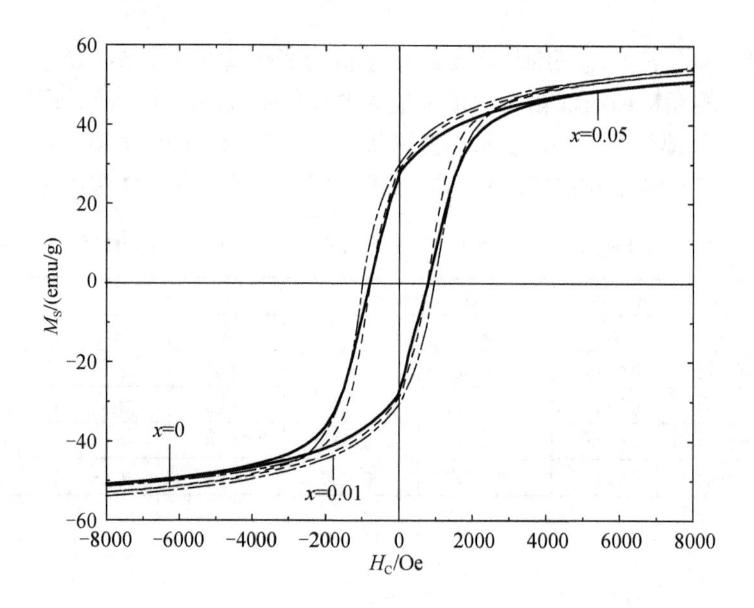

图 5-8　$Cu_{0.5}Co_{0.5}Fe_{2-x}La_xO_4$（$x$=0、0.01、0.05）室温下测得的磁滞回线

表 5-2　$Cu_{0.5}Co_{0.5}Fe_{2-x}La_xO_4$（$x$=0、0.01、0.05）室温下测得的磁性参数

掺杂量（x）	M_s/（emu/g）	H_c/Oe	M_r/（emu/g）
$x=0$	53.89758	878.15350	28.66460
$x=0.01$	54.95137	878.23670	30.49500
$x=0.05$	51.91614	878.21355	27.53596

从表 5-2 中可以看出，随着 La^{3+}掺杂量的增加，饱和磁化强度先增大后减小，这和前面穆斯堡尔谱分析中超精细场的变化相同。根据马歇尔方程（式中 A 为常数）[13]：

$$M_S = AH \tag{5-1}$$

可知，饱和磁化强度随超精细场的增大而增大，反之亦然。因此，从穆斯堡尔谱分析中可以看出，La^{3+}的掺杂引起晶体内的超精细场先增大后减小，因此饱和磁化强度也呈现先增大后减小的变化。

当 x=0.05 时，$Cu_{0.5}Co_{0.5}Fe_{1.95}La_{0.05}O_4$ 饱和磁化强度最小，这和此时的平均颗粒尺寸最小有关（在 XRD 分析的平均晶粒尺寸中已论述）。因为晶粒小，晶界对畴壁位移的阻滞较大。实验已经证明，起始磁化率 χ_i 随颗粒尺寸的变小而降低。起始磁化率的减小引起饱和磁化强度的减小。

同时，剩余磁化强度也呈现先增大后减小的变化规律。这是因为剩余磁化强度和饱和磁化强度存在如下关系[14]：

$$M_r = M_S \overline{\cos\theta} \tag{5-2}$$

式中，θ 为外磁场强度与易磁化轴间的夹角。因此它的变化和饱和磁化强度的变化相同。

矫顽力和材料的内应力分布及杂质的体积浓度等因素有关。从 XRD 及穆斯堡尔谱分析可知，随着 La^{3+}掺杂量的增加，晶体的内应力分布发生变化，同时会产生 $LaFeO_3$ 的杂质，因而会引起矫顽力的变化。实验证明，矫顽力主要取决于晶体颗粒的大小，会随颗粒直径的减小先增加到一个最高值，然后随颗粒直径减小而降低。本节的矫顽力变化完全符合此实验规律。

四、小结

XRD 分析说明，所有 $Cu_{0.5}Co_{0.5}Fe_{2-x}La_xO_4$ 系列样品均为单晶相尖晶石结构。随着 La^{3+} 掺杂量的增加，平均晶粒尺寸逐渐减小，晶格常数则先增大后减小。SEM 照片显示，随着 La^{3+}的掺杂，颗粒尺寸明显变小，气孔增多，晶体表面变得凹凸不平。穆斯堡尔谱分析表明，La^{3+}的掺杂会影响 Fe^{3+}外层 s 电子的密度及晶体内的 A-B 型和 B-B 型超交换相互作用。磁性测量的结果显示，掺杂 La^{3+}使饱和磁化强度、矫顽力和剩余磁化强度都呈先增大后减小的趋势。

第二节 掺杂稀土离子 Sm^{3+}的 $Cu_{0.5}Co_{0.5}Fe_{2-x}Sm_xO_4$ 氧化物材料的磁性与穆斯堡尔谱研究

一、引言

Sm^{3+}的离子半径（0.964Å）比 Fe^{3+}的离子半径（0.645Å）大，同时 Sm^{3+}具有较大的磁矩，因此 Sm^{3+}掺杂将会对样品的晶格结构产生较大的影响，进而调节样品的磁性能。本节通过溶胶-凝胶自蔓延法制备 $Cu_{0.5}Co_{0.5}Fe_{2-x}Sm_xO_4$（$x$=0、0.01、0.03、0.05），并研究掺杂稀土离子 Sm^{3+}的铜钴铁氧体的结构与磁性能的变化情况。

二、实验

（一）样品制备

采用溶胶-凝胶自蔓延法制备样品，首先以分析纯的硝酸钴[$Co(NO_3)_2 \cdot 6H_2O$]、硝酸钐[$Sm(NO_3)_3 \cdot 6H_2O$]、硝酸铜[$Cu(NO_3)_2 \cdot 3H_2O$]、硝酸铁[$Fe(NO_3)_3 \cdot 9H_2O$]、柠檬酸（$C_6H_8O_7 \cdot H_2O$）与氨水（$NH_3 \cdot H_2O$）为原料，按照分子式 $Cu_{0.5}Co_{0.5}Fe_{2-x}Sm_xO_4$（$x$=0、0.01、0.03、0.05）进行配比，并称量所需的硝酸盐。然后将硝酸盐溶于去离子水中混合至完全溶解，加入氨水调节到适当的 pH 后，将混合溶液放在 80℃的数显恒温水浴锅上加热。其次根据柠檬酸与总金属离子物质的量比为 1∶1 称取柠檬酸，并溶于去离子水中，将其在水浴过程中逐渐滴加并不断搅拌混合溶液，直至形成湿凝胶。再次将湿凝胶放于数显鼓风干燥箱中，在 120℃下干燥 2h，把得到的干凝胶在空气中滴加助燃剂（无水乙醇）点燃自蔓延，将得到的粉末在玛瑙研钵中研磨均匀。最后按照所需煅烧的温度将样品放入箱式电阻炉中进行煅烧，即可得到最后的样品。

（二）样品表征

使用 X 射线衍射仪（D/max 2500 PC）分析样品的晶体结构，使用扫描电子显微镜（Nova™ Nano SEM 430）观察样品形貌，使用穆斯堡尔谱仪（Tec PC-mossⅡ）测量室温下的穆斯堡尔谱，使用超导量子干涉仪（MPMS-XL-7）测量样品在室温下的磁滞回线。

三、结果与讨论

（一）XRD 分析

图 5-9 为样品 $Cu_{0.5}Co_{0.5}Fe_{2-x}Sm_xO_4$（$x$=0、0.01、0.03、0.05）在 900℃煅烧 3h 后的 XRD 谱图。将谱图的衍射峰晶面指数、峰强度与物相标准卡片（JCPDS No.08-0234）[1]比对可

知，样品成晶完整，均为立方尖晶石结构的铁氧体。图 5-9 中的小窗口是 4 个样品的（311）衍射峰放大图，从图中明显可以看出，衍射峰随着 Sm^{3+}掺杂量的增加而逐渐宽化，这是纳米晶铁氧体的特性。同时，相比 $Cu_{0.5}Co_{0.5}Fe_2O_4$ 而言，掺杂 Sm^{3+}后样品的（311）衍射峰都向大角度方向移动，这说明掺杂后的晶格常数在减小，这和图 5-11 相吻合。

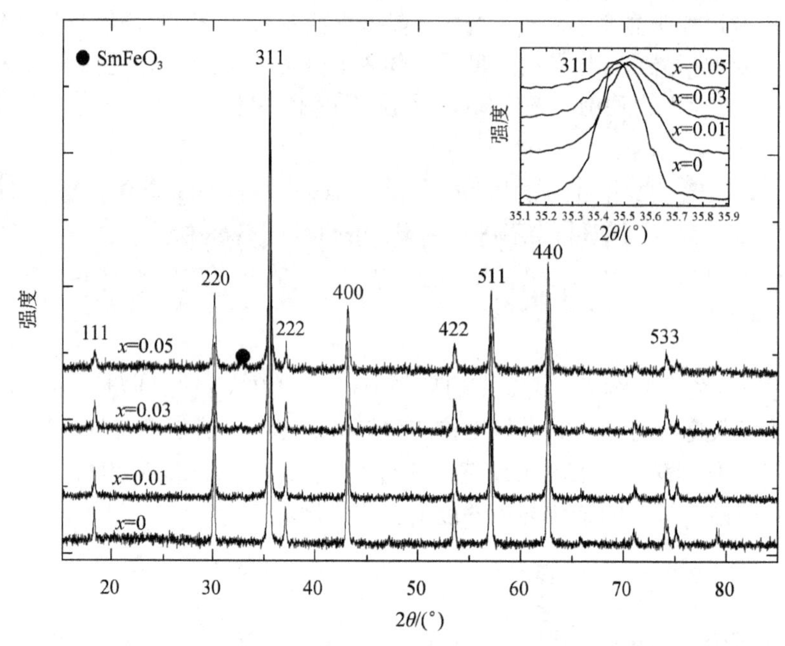

图 5-9　样品 $Cu_{0.5}Co_{0.5}Fe_{2-x}Sm_xO_4$（$x$=0、0.01、0.03、0.05）在 900℃煅烧 3h 后的 XRD 谱图

当 x=0.05 时，样品比较明显地出现 $SmFeO_3$ 杂相（在图 5-9 中用黑点表示），这是因为在尖晶石结构中存在大量的空位，只有少数的晶位被金属离子占据，因此在样品进行煅烧时，Sm^{3+}不仅取代部分 Fe^{3+}形成尖晶石结构，同时也进入空晶位中形成 $SmFeO_3$ 杂质[15]。

因为衍射峰（220）和（422）的强度变化能够反映晶体中四面体 A 位的晶面变化，衍射峰（222）的强度则能够反映八面体 B 位的晶面情况[16]，因此通过 I_{220}/I_{222} 和 I_{422}/I_{222} 的相对变化可以说明四面体和八面体的粒子分布的定性变化。从图 5-10 中可以看出，峰强的比值相对 Sm^{3+}掺杂量的变化较明显。

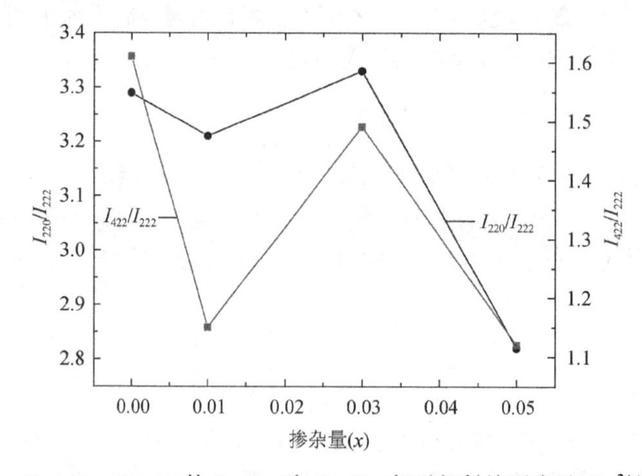

图 5-10　$Cu_{0.5}Co_{0.5}Fe_{2-x}Sm_xO_4$ 的 I_{220}/I_{222} 和 I_{422}/I_{222} 相对衍射峰强度随 Sm^{3+}掺杂量的变化

当 x=0.05 时，I_{220}/I_{222} 和 I_{422}/I_{222} 的比值分别取最小值，此时样品中有 $SmFeO_3$ 杂质生成。另外，I_{220}/I_{222} 和 I_{422}/I_{222} 的变化基本相同，都随 Sm^{3+} 掺杂量的增加先减小后增大，之后再减小，掺杂后的比值基本上比未掺杂的要小，这是由 Sm^{3+} 进入导致的，即 Sm^{3+} 的进入使晶体内的金属离子在 A 位、B 位发生较明显的迁移。由于八面体空隙（B 位）比四面体空隙（A 位）要大，另外 Sm^{3+} 的离子半径比 Fe^{3+} 的离子半径要大，其掺杂后倾向于占据 B 位，进入 A 位的可能性较小。因为 Sm^{3+} 的进入，A 位、B 位上的金属离子重新分布，这点在穆斯堡尔谱分析也可以得到证实。晶格常数和晶粒平均尺寸选取（311）衍射峰，通过谢乐公式[17-19]进行计算，得到的晶体参数随 Sm^{3+} 掺杂量的变化如图 5-11 所示。

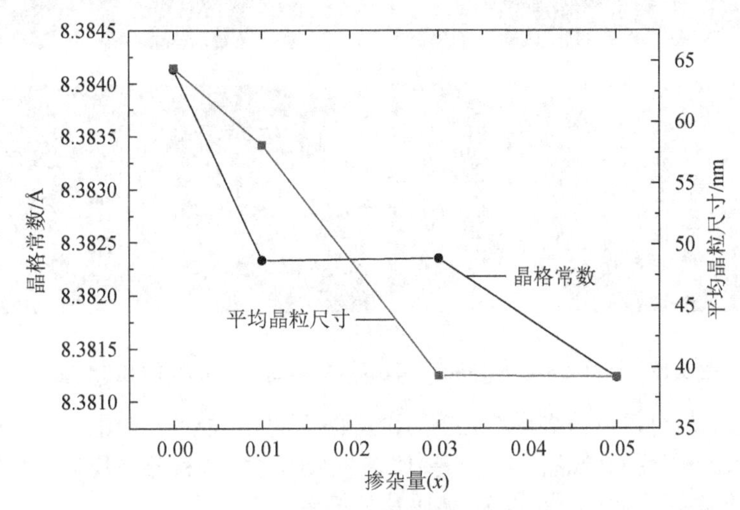

图 5-11 $Cu_{0.5}Co_{0.5}Fe_{2-x}Sm_xO_4$ 的晶格常数和平均晶粒尺寸随 Sm^{3+} 掺杂量的变化

从图 5-11 中可以看出，晶格常数和平均晶粒尺寸都随 Sm^{3+} 掺杂量的增加而呈现减小趋势。理论上 Sm^{3+} 的离子半径（0.964Å）比 Fe^{3+} 的离子半径（0.645Å）要大，进入晶格内会引起晶格膨胀，使晶格常数增大。出现这种情况的原因可能是：①当 Sm^{3+} 进入 B 位取代 Fe^{3+} 后（在图 5-10 中已论述），会引起晶格扭曲畸变及晶化能增大，产生晶格张力和内应力[20]，阻碍晶粒的生长；② Sm^{3+}—O^{2-} 的成键能要比 Fe^{3+}—O^{2-} 的成键能高[16]，在成晶的过程中需要吸收更多的热量，也会造成成晶困难，从而阻碍晶粒生长。这两方面的原因造成晶格常数减小。此外，随着 Sm^{3+} 掺杂量的增加，平均晶粒尺寸明显减小，这是因为稀土离子具有细化晶粒的作用[21]，这从 SEM 照片中可以直观地看到。这种变化也直接影响了样品的宏观磁性能，在 SQUID 分析中可以证实这点。

（二）SEM 分析

图 5-12 为样品 $Cu_{0.5}Co_{0.5}Fe_2O_4$ 和 $Cu_{0.5}Co_{0.5}Fe_{1.99}La_{0.01}O_4$ 两种尺度的 SEM 照片。从图 5-12 中可以看出，$Cu_{0.5}Co_{0.5}Fe_2O_4$ 的结晶情况非常好，颗粒较大，且晶界明显，但颗粒大小不一；$Cu_{0.5}Co_{0.5}Fe_{1.99}Sm_{0.01}O_4$ 的结晶情况仍然良好，晶界同样很明显，但颗粒明显变小，而且颗粒大小的分布比较均匀。两个样品的颗粒形状都近乎球形。另外，根据 SEM 成像的特点：图像的亮度与二次电子的产率成正比，而二次电子的产率主要与样品表面的凹凸有关，即样品表面凸的部位的二次电子产率高，凹的部位的二次电子产率低[8]。通过对比 SEM 照片可以很明显地看出：当 x=0.01 时，样品的照片比 x=0 时样品的照片要暗，这说明掺杂 Sm^{3+}

后的样品颗粒要比未掺杂 Sm^{3+} 样品的表面凹得多。由于空隙、裂缝等没有二次电子产生，亮度最小，图像基本上全黑[8]。所以从图 5-12 中可以看出，掺杂 Sm^{3+} 的样品中的空隙和裂缝要比未掺杂 Sm^{3+} 的样品要多。

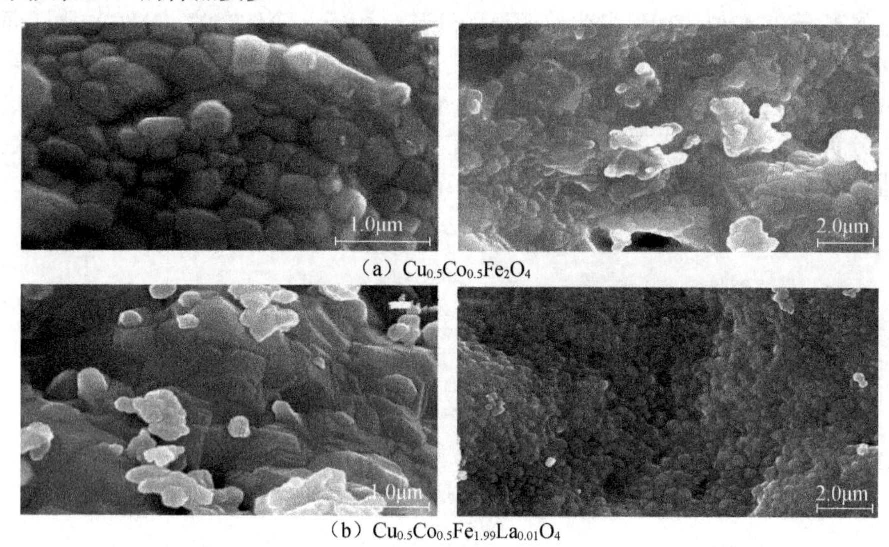

图 5-12　样品 $Cu_{0.5}Co_{0.5}Fe_2O_4$ 和 $Cu_{0.5}Co_{0.5}Fe_{1.99}La_{0.01}O_4$ 的 SEM 照片

通过径粒分布软件可以得到图 5-13 所示的颗粒尺寸的柱状分布图。从图 5-13 中可以明显地看出，掺杂 Sm^{3+} 后的样品颗粒分布要比未掺杂的平均颗粒分布均匀，而且掺杂后较小平均颗粒尺寸的概率要增大，这和 SEM 照片相符合。

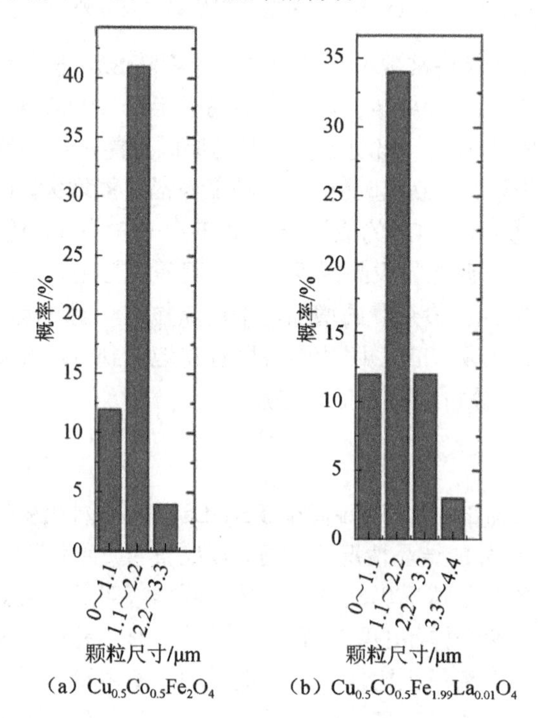

图 5-13　样品 $Cu_{0.5}Co_{0.5}Fe_2O_4$ 和 $Cu_{0.5}Co_{0.5}Fe_{1.99}La_{0.01}O_4$ 颗粒尺寸的柱状分布图

（三）穆斯堡尔谱分析

图 5-14 是样品 $Cu_{0.5}Co_{0.5}Fe_{2-x}Sm_xO_4$（$x$=0、0.01、0.03、0.05）在室温下测得的穆斯堡尔谱图。用两套六线峰子谱对其进行拟合，两套子谱分别对应尖晶石结构中 A 位和 B 位的谱核 Fe^{3+}。

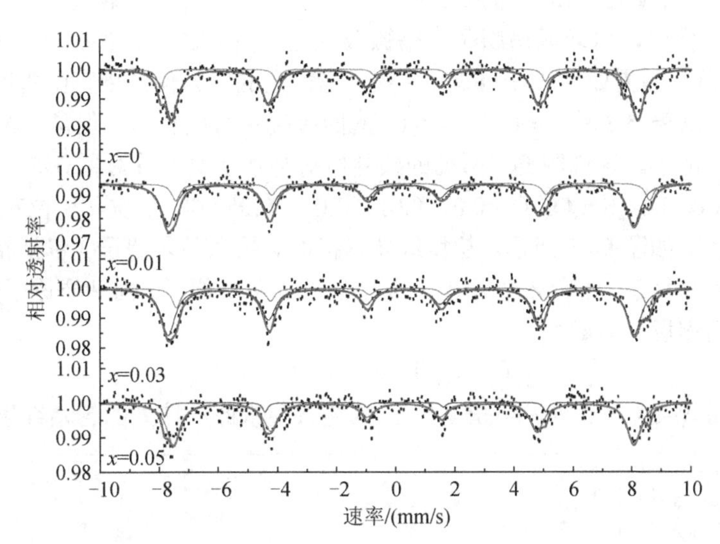

图 5-14 样品 $Cu_{0.5}Co_{0.5}Fe_{2-x}Sm_xO_4$（$x$=0、0.01、0.03、0.05）在室温下测得的穆斯堡尔谱图

通过 MossWinn 3.0 软件计算得到的样品的各个参数见表 5-3。

表 5-3 $Cu_{0.5}Co_{0.5}Fe_{2-x}Sm_xO_4$（$x$=0、0.01、0.03、0.05）室温下测得的穆斯堡尔谱参数

掺杂量（x）	I.S./（mm/s）		Q.S./（mm/s）		H/T		A_0/%	
	A	B	A	B	A	B	A	B
x = 0	0.2113	0.2856	−0.6270	0.0608	48.95	50.91	84.7	15.3
x = 0.01	0.2243	0.5212	−0.0672	0.1388	48.93	49.77	80.0	20.0
x = 0.03	0.2256	0.4766	−0.0594	0.1926	48.67	49.57	80.0	20.0
x = 0.05	0.2742	0.3556	0.00207	0.0634	48.38	48.98	89.6	10.4

同质异能移起源于原子核电荷与核所处的电子电荷密度分布间的库仑相互作用，它的大小取决于与原子核有关的因素（原子核及其变化），以及与核外电子有关的因素（原子核处电子电荷密度），但与温度无关；化合物中金属的氧化态取决于原子外层价电子数，价态改变时，原子核外层电子数改变，结果使带正电的原子核与核外电子的电单极库仑相互作用产生微小的变化，这种变化在穆斯堡尔谱实验中体现在同质异能移上[13]。从 A 位、B 位的同质异能移可以看出，在 A 位、B 位的铁离子均属于三价态（Fe^{3+}的同质异能移一般为 0.1～0.5mm/s）[22]。同时，B 位的同质异能移比 A 位的同质异能移要大。这是因为 A 位中的氧原子距金属离子的距离（≈0.67Å）比 B 位中的氧原子距金属离子的距离（≈0.72Å）要近[23]，所以 B 位中 Fe^{3+}的同质异能移比 A 位中 Fe^{3+}的同质异能移略大。随着 Sm^{3+}的掺杂，A 位、B 位的同质异能移均先增大后减小，这与 SQUID 中饱和磁化强度的变化相同。这是由 Sm^{3+}倾向于占据较大空隙的 B 位，引起 Fe^{3+}最外层 s 电子密度改变而导致的。原子核的

电四极矩与其周围环境的相互作用导致核能级分裂，这种作用仅产生于原子核具有电四极矩。同时在原子核所处的核外电荷分布偏离球对称的情况下，核心处电子和核四极矩相互作用及非立方点阵引起电场梯度变化，使电荷分布产生畸变，这种变化在穆斯堡尔谱实验中体现在四极裂距上[13]。

从表 5-3 中可以看出，Sm^{3+}进入 B 位，使 B 位的四极裂距明显增大。当 $x \leqslant 0.03$ 时，Sm^{3+}全部进入晶格内，引起晶格膨胀，略微改变电荷分布的对称性；当 $x = 0.05$ 时，有少部分的 Sm^{3+}滞留在晶界处形成 $SmFeO_3$ 杂相。它产生的应力使晶格膨胀程度非常小，以至于可以忽略。这从表 5-3 中 $x = 0$ 和 $x = 0.05$ 的四极裂距可以看出。但是，A 位、B 位的四极裂距变化都非常小，这说明 Fe^{3+}所处的核外电荷基本上属于球对称分布。

样品 $Cu_{0.5}Co_{0.5}Fe_{2-x}Sm_xO_4$（$x$=0.0、0.01、0.03、0.05）的 A 位、B 位超精细场随 Sm^{3+}掺杂量的变化情况如图 5-15 所示。超精细场存在的必要条件是原子（包括相邻原子的价电子）的电子磁矩不为零。当有 n 个近邻和 m 个次近邻杂质原子，而杂质原子的含量为 c 时，在谱核处的超精细场可写成[24]

$$H = H_{Fe}(1 + an + bm)(1 + kc) \tag{5-3}$$

式中，k=0.3；$a = -0.076$；$b = -0.064$；H_{Fe} 为纯铁中铁原子核处的超精细场。

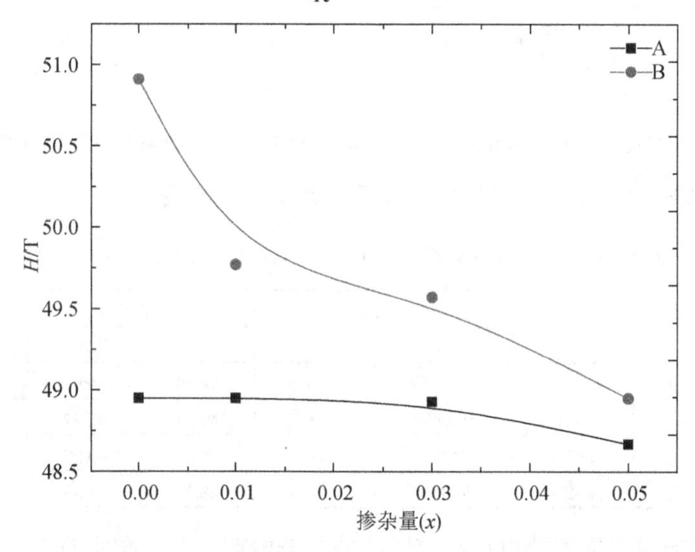

图 5-15　$Cu_{0.5}Co_{0.5}Fe_{2-x}Sm_xO_4$（$x$=0、0.01、0.03、0.05）的超精细场随 Sm^{3+}掺杂量的变化情况

从式（5-3）中可以看出，如果谱核附近的金属离子分布发生变化，会直接影响谱核处的超精细场。而从表 5-3 中两套子谱面积所占百分比（A_0）的变化可知，随着 Sm^{3+}的掺杂，A 位、B 位的 Fe^{3+}发生迁移，根据价态平衡原理，会使其他离子（Cu^{2+}、Co^{2+}、Sm^{3+}等）在 A 位、B 位之间的分布发生变化，从而引起 A 位、B 位内的超精细场发生变化。

随着 Sm^{3+}掺杂量的增加，A 位、B 位的超精细场都减小。这是因为：①Sm^{3+}的掺杂使 Fe^{3+}在 A 位、B 位重新分布（从谱面积的变化和 XRD 分析可知），减弱了超交换相互作用 $(Fe^{3+})_A$—O^{2-}—$(Fe^{3+})_A$ 和 $(Fe^{3+})_B$—O^{2-}—$(Fe^{3+})_B$；②Sm^{3+}的磁矩比被取代 Fe^{3+}的磁矩要小，超交换相互作用 $(Fe^{3+})_B$—O^{2-}—$(Sm^{3+})_B$ 要比 $(Fe^{3+})_B$—O^{2-}—$(Fe^{3+})_B$ 弱。这两个因素同样会引起样品宏观磁性能的变化，这将在后面的磁性能分析中论述。

（四）SQUID 分析

图 5-16 为 $Cu_{0.5}Co_{0.5}Fe_{2-x}Sm_xO_4$（$x$=0、0.01、0.03、0.05）室温下测得的磁滞回线，从中得出的磁性参数见表 5-4。

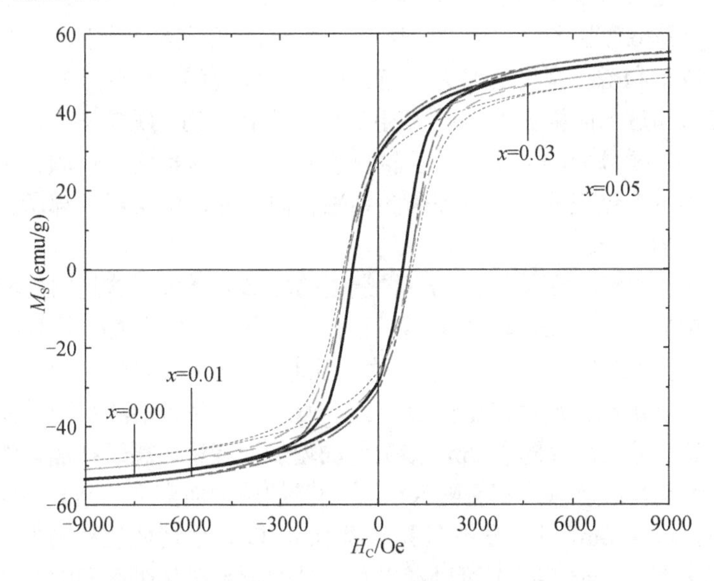

图 5-16　$Cu_{0.5}Co_{0.5}Fe_{2-x}Sm_xO_4$（$x$=0、0.01、0.03、0.05）室温下测得的磁滞回线

表 5-4　$Cu_{0.5}Co_{0.5}Fe_{2-x}Sm_xO_4$（$x$=0、0.01、0.03、0.05）室温下测得的磁性参数

掺杂量（x）	M_S/（emu/g）	H_C/Oe	M_r（emu/g）
$x=0$	53.89758	878.15350	28.66460
$x=0.01$	55.65668	878.23670	30.72605
$x=0.03$	51.40656	878.19165	28.20603
$x=0.05$	49.26361	1128.9615	26.08588

从图 5-16 中可以明显地看出，掺杂 Sm^{3+}并没有改变样品的亚铁磁性。饱和磁化强度是亚铁磁性物质的一个特性，对于尖晶石结构的铁氧体而言，它的大小主要取决于晶体内的磁性原子数目、原子磁矩、超交换相互作用及外界温度等[14]。

从表 5-4 中可以看出，随着 Sm^{3+}掺杂量的增加，饱和磁化强度先增大后减小。引起这种变化的原因有下面几点：

1）对于尖晶石结构的铁氧体，A 位和 B 位的磁矩排列方向相反，所以晶格内的总磁矩为 A 位、B 位未抵消的净磁矩。Sm^{3+}的有效磁矩（$1.5\mu_B$）比 Fe^{3+}的有效磁矩（$5\mu_B$）要小，随着 Sm^{3+}取代部分 Fe^{3+}进入 B 位，B 位的总磁矩减小，导致 A 位、B 位之间的净磁矩减小，引起饱和磁化强度减小。随着 Sm^{3+}的掺杂，样品的相对分子质量变大。从表 5-4 可以看到，饱和磁化强度和总磁矩的变化趋势相符。

2）Sm^{3+}的掺杂影响晶格内的超交换相互作用。尖晶石结构铁氧体中的超交换相互作用以 A-B 和 B-B 型为主。超交换相互作用的影响因素主要有两点：①两离子之间的距离，其中以金属离子、氧离子之间的距离为主，金属离子之间的距离也有影响；②金属离子 3d 电子数目及其轨道组态。Sm^{3+}进入 B 位取代部分的 Fe^{3+}，减弱 A 位和 B 位之间的$(Fe^{3+})_A$—

O^{2-}—$(Fe^{3+})_B$超交换相互作用，而 B 位的超交换相互作用$(Sm^{3+})_B$—O^{2-}—$(Fe^{3+})_B$也比$(Fe^{3+})_B$—O^{2-}—$(Fe^{3+})_B$要弱，超精细场的减小使饱和磁化强度减小。

3）从 XRD、SEM 的结果可知，颗粒的平均尺寸随 Sm^{3+}的掺杂逐渐减小，从而使饱和磁化强度减小。这是因为颗粒越小，晶界对畴壁位移的阻滞越大。当 x=0.01 时，Sm^{3+}全部进入晶格内，引起晶格膨胀产生内应力，其使 Fe^{3+}—O^{2-}离子键距减小，增强 A-B 型的超交换相互作用，造成饱和磁化强度的增大。当$x>0.01$时，有部分 Sm^{3+}析出形成铁酸钐，在晶界处产生的应力和进入晶格内的 Sm^{3+}产生的内应力相平衡。颗粒平均尺寸的减小造成饱和磁化强度的减小。矫顽力的大小表征了材料被磁化的难易程度，矫顽力来源于不可逆的磁化过程，这种不可逆过程的主要机理是各种磁各向异性，即材料内部所包含的杂质、气孔、应力和其他缺陷[25,26]。

从表 5-4 中可以看到，矫顽力随 Sm^{3+}掺杂量的增加而增大。这是因为和 Co^{2+}一样，稀土离子 Sm^{3+}有较强的自旋-轨道耦合和较弱的晶体场，所以有较强的磁晶各向异性常数[27,28]。此外，Sm^{3+}的离子半径比 Fe^{3+}的离子半径要大，因此掺杂 Sm^{3+}后样品的晶体对称性将减小，即晶格或晶体场可能出现变形而产生内应力。众所周知，晶粒边界将随着晶粒尺寸的减小而变大，本节样品的晶粒尺寸随着 Sm^{3+}掺杂量的增加而变小，离子在晶粒边界的无序排列将会阻碍畴壁的运动，即矫顽力将会随 Sm^{3+}掺杂量的增加而变大。当$x=0.05$时，从 XRD 分析中可以看出，过量 Sm^{3+}的析出在晶界形成 $SmFeO_3$，使畴壁位移的阻力陡然增大，造成矫顽力的迅速增大。从表 5-4 中可以看出，样品的剩余磁化强度和饱和磁化强度的实验值和理论值相符。

四、小结

XRD 分析结果显示，掺杂 Sm^{3+}并没有改变铜钴铁氧体的单晶相。随着 Sm^{3+}掺杂量的增加，晶粒平均尺寸明显减小。通过 SEM 分析物质的微观形貌，当掺杂 Sm^{3+}后，颗粒的平均尺寸明显减小，而且样品的表面发生了明显的变化，同时有少量的空隙产生。穆斯堡尔谱的结果表明，掺杂 Sm^{3+}引起了 Fe^{3+}在 A 位、B 位的重新分布，使 A 位、B 位的超交换相互作用减弱，引起 A 位、B 位超精细场的减小。磁性测量说明，当$x=0.01$时，饱和磁化强度最大，矫顽力随 Sm^{3+}掺杂量的增加而逐渐增大；当$x=0.05$时，矫顽力最大。随着 Sm^{3+}掺杂量的增加，饱和磁化强度基本上呈减小的趋势。

第三节　掺杂稀土离子 Gd^{3+}的 $Cu_{0.5}Co_{0.5}Fe_{2-x}Gd_xO_4$ 氧化物材料的磁性与穆斯堡尔谱研究

一、引言

Gd^{3+}的离子半径（0.938Å）比 Fe^{3+}的离子半径（0.645Å）大，同时掺杂 Gd^{3+}将会对样品的晶格结构产生较大影响，进而调节样品的磁性能。钆是唯一一个居里温度（293.2K）接近室温的稀土元素，室温下 Gd^{3+}的磁偶极子曲线表现为无序状态。本节通过溶胶-凝胶自蔓延法制备 $Cu_{0.5}Co_{0.5}Fe_{2-x}Gd_xO_4$（$x$=0、0.01、0.03、0.05），并研究掺杂稀土离子 Gd^{3+}的铜钴铁氧体的结构与磁性能的变化情况。

二、实验

（一）样品制备

采用溶胶-凝胶自蔓延法制备样品，首先以分析纯的硝酸钴[$Co(NO_3)_2 \cdot 6H_2O$]、硝酸钆[$Gd(NO_3)_3 \cdot 6H_2O$]、硝酸铜[$Cu(NO_3)_2 \cdot 3H_2O$]、硝酸铁[$Fe(NO_3)_3 \cdot 9H_2O$]、柠檬酸（$C_6H_8O_7 \cdot H_2O$）与氨水（$NH_3 \cdot H_2O$）为原料，按照分子式 $Cu_{0.5}Co_{0.5}Fe_{2-x}Gd_xO_4$（$x$=0、0.01、0.03、0.05）进行配比，并称量所需的硝酸盐。然后将硝酸盐溶于去离子水中混合至完全溶解，加入氨水调节到适当的 pH 后，将混合溶液放在 80℃的数显恒温水浴锅上加热。其次根据柠檬酸与总金属离子物质的量比为 1∶1 称取柠檬酸，并溶于去离子水中，将其在水浴过程中逐渐滴加并不断搅拌混合溶液，直至形成湿凝胶。再次将湿凝胶放于数显鼓风干燥箱中，在 120℃下干燥 2h，把得到的干凝胶在空气中滴加助燃剂（无水乙醇）点燃自蔓延，将得到的粉末在玛瑙研钵中研磨均匀。最后按照所需煅烧的温度将样品放入箱式电阻炉中进行煅烧，即可得到最后的样品。

（二）样品表征

使用 X 射线衍射仪（D/max 2500 PC）分析样品的晶体结构，使用扫描电子显微镜（Nova™ Nano SEM 430）观察样品形貌，使用穆斯堡尔谱仪（Tec PC-moss Ⅱ）测量室温下的穆斯堡尔谱，使用超导量子干涉仪（MPMS-XL-7）测量样品在室温下的磁滞回线。

三、结果与讨论

（一）XRD 分析

图 5-17 为样品 $Cu_{0.5}Co_{0.5}Fe_{2-x}Gd_xO_4$（$x$=0、0.01、0.03、0.05）在 900℃煅烧 3h 后的 XRD

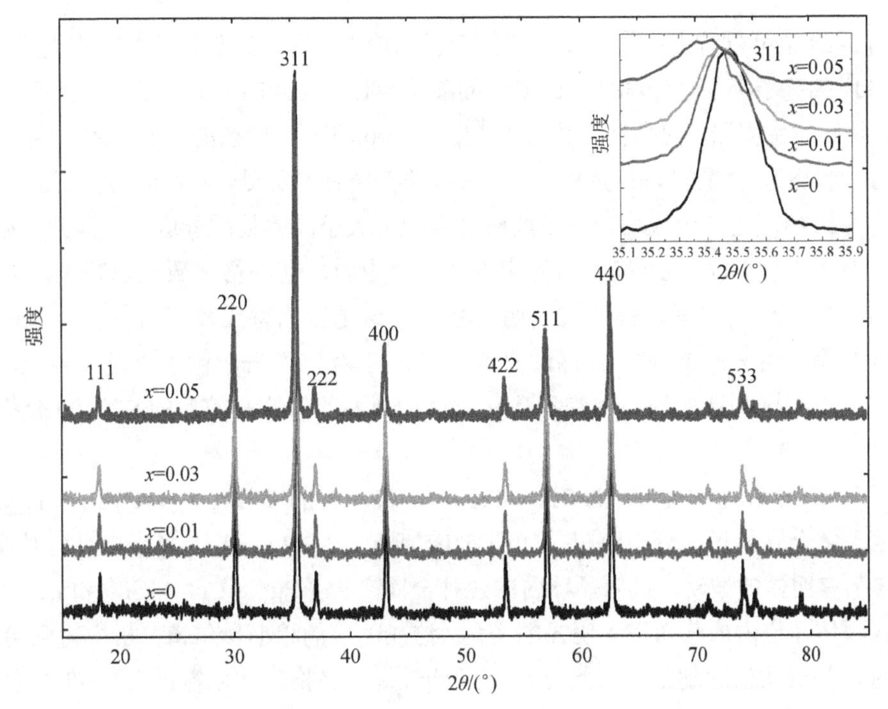

图 5-17　样品 $Cu_{0.5}Co_{0.5}Fe_{2-x}Gd_xO_4$（$x$=0、0.01、0.03、0.05）在 900℃煅烧 3h 后的 XRD 谱图

谱图。从 XRD 谱图可知，样品的所有衍射峰和晶面指数都与标准卡片（JCPDS No.34-0425）相匹配，说明样品均为单晶相尖晶石结构的铁氧体，同时，样品的衍射图谱均没有明显的杂峰出现，说明成晶很好。图 5-17 右上角的小窗口显示出（311）衍射峰随 Gd^{3+}的掺杂不断宽化。

运用 Jade 5.0 软件进行分析，得到各样品的晶格常数和平均晶粒尺寸，两个参数随 Gd^{3+}掺杂量的变化情况如图 5-18 所示。

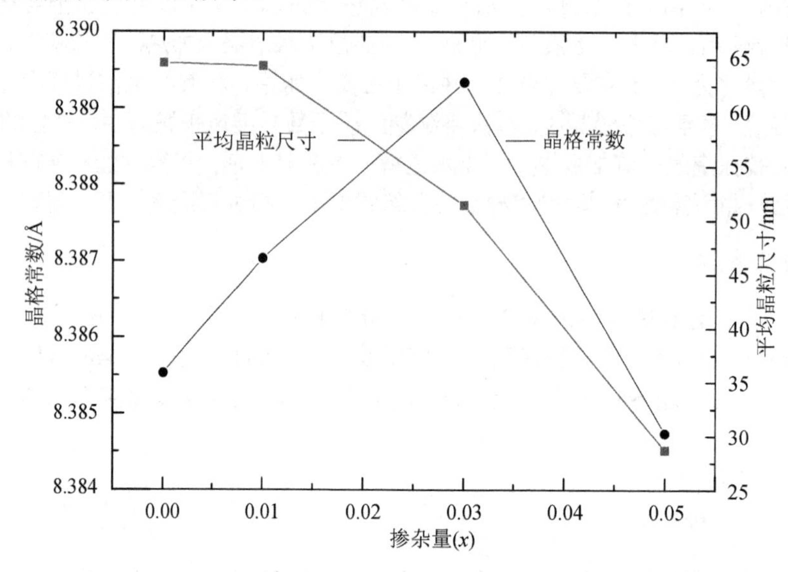

图 5-18　$Cu_{0.5}Co_{0.5}Fe_{2-x}Gd_xO_4$ 的晶格常数和平均晶粒尺寸随 Gd^{3+}掺杂量的变化情况

从图 5-18 中可以看出：①随着 Gd^{3+}掺杂量的增加，样品的晶格常数先增大后减小。这是因为 Gd^{3+}的离子半径（0.938Å）比 Fe^{3+}的离子半径（0.645Å）大[29-33]，当所有 Gd^{3+}进入晶体时，晶格发生膨胀，使晶格常数增大[30]；当 x=0.03 时，掺杂的 Gd^{3+}已经过量（从 XRD 谱图中可以看出），少量的 Gd^{3+}形成 $GdFeO_3$ 杂质停留在晶界处，产生应力挤压晶格。同时，进入晶格内的 Gd^{3+}也产生应力，只是此时的内应力大于晶界处的外应力，因此晶格常数达到最大。当 x=0.05 时，Gd^{3+}产生的外应力大于内应力，使晶格常数迅速减小。②随 Gd^{3+}掺杂量的增加，样品的平均晶粒尺寸明显减小。这是因为稀土离子有细化颗粒的作用。值得注意的是，当 x=0.05 时，样品的平均晶粒尺寸为 28.7nm，由于小尺度效应，晶粒内的磁矩方向无序排列造成样品的饱和磁化强度明显减小（这在随后的 SQUID 分析中进行讨论）。

根据 XRD 谱图中衍射峰（220）、（422）和（222）的峰强比值（I_{220}/I_{222}、I_{422}/I_{222}）可以定性地了解金属离子的分布情况。如图 5-19 所示，I_{220}/I_{222} 和 I_{422}/I_{222} 相对衍射峰强度随 Gd^{3+}的掺杂有明显的波动，说明晶体内的各种金属离子（Cu^{2+}、Co^{2+}、Gd^{3+}和 Fe^{3+}等）在四面体和八面体晶位内的分布发生明显的变化（这在随后的穆斯堡尔谱分析中得到验证）。当 x=0.03 时，相对比值达到最小（此时 Gd^{3+}开始过量，晶格常数取得最大），在 B 位的 Gd^{3+}分布最多。

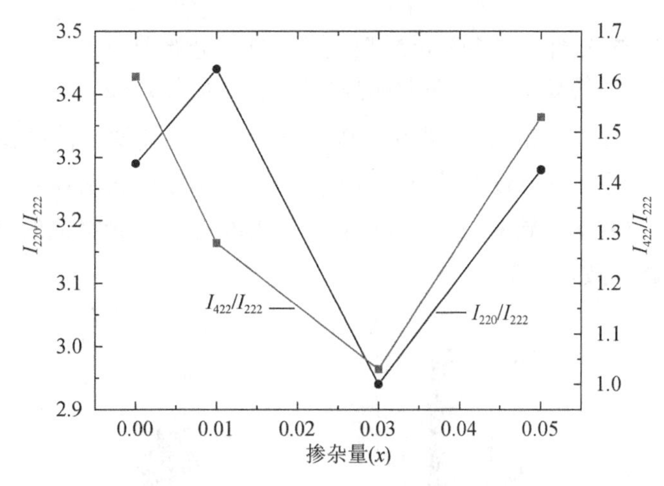

图 5-19　$Cu_{0.5}Co_{0.5}Fe_{2-x}Gd_xO_4$ 的 I_{220}/I_{222} 和 I_{422}/I_{222} 相对衍射峰强度随 Gd^{3+} 掺杂量的变化

（二）SEM 分析

图 5-20 为样品 $Cu_{0.5}Co_{0.5}Fe_2O_4$ 和 $Cu_{0.5}Co_{0.5}Fe_{1.99}Gd_{0.01}O_4$ 两种尺度的 SEM 照片。从图 5-20 中可以看出：①未掺杂 Gd^{3+} 的 $Cu_{0.5}Co_{0.5}Fe_2O_4$ 成晶情况良好，晶界明显，颗粒较大，致密性很好，颗粒大小不一，基本上没有空隙。当 x=0.01 时，晶粒已经细化，晶粒之间的晶界较为明显，出现少量的空隙。另外，颗粒大小的均匀性得到提高，说明颗粒尺寸随 Gd^{3+} 掺杂量的增加而减小。②$Cu_{0.5}Co_{0.5}Fe_2O_4$ 的照片整体呈亮色[图 5-20（a）右图]，而掺杂 Gd^{3+} 后的照片整体呈暗色[图 5-20（b）右图]，局部有少许的亮色。这说明 $Cu_{0.5}Co_{0.5}Fe_2O_4$ 的颗粒表面基本上是外凸的，近似为球形；而 $Cu_{0.5}Co_{0.5}Fe_{1.99}Gd_{0.01}O_4$ 的颗粒表面凹凸不平。

（a）$Cu_{0.5}Co_{0.5}Fe_2O_4$

（b）$Cu_{0.5}Co_{0.5}Fe_{1.99}La_{0.01}O_4$

图 5-20　样品 $Cu_{0.5}Co_{0.5}Fe_2O_4$ 和 $Cu_{0.5}Co_{0.5}Fe_{1.99}Gd_{0.01}O_4$ 的 SEM 照片

利用粒径分布分析软件，得到样品颗粒尺寸的柱状分布图（图 5-21）。从图 5-21 中可以看出：①未掺杂 Gd^{3+}的 $Cu_{0.5}Co_{0.5}Fe_2O_4$ 的颗粒主要分布在 1～2 μm（约 42%），而且颗粒的大小极不均匀；当掺杂 Gd^{3+}后，明显可以看出颗粒大小的均匀性得到提高。②未掺杂 Gd^{3+}的颗粒在较小尺寸的分布较少（约 13%），但掺杂 Gd^{3+}（$Cu_{0.5}Co_{0.5}Fe_{1.99}Gd_{0.01}O_4$）后的颗粒在小尺寸分布的概率明显增大（约 46%），说明掺杂 Gd^{3+}使样品的颗粒得到细化。这与前面的 XRD 分析一致。

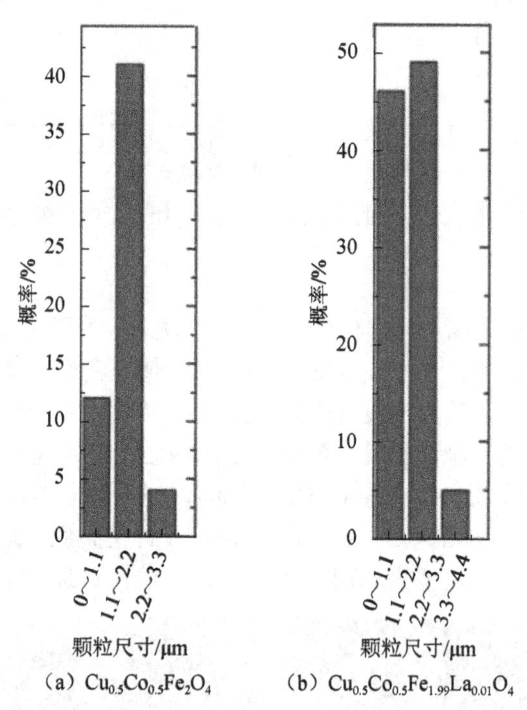

图 5-21　样品 $Cu_{0.5}Co_{0.5}Fe_2O_4$ 和 $Cu_{0.5}Co_{0.5}Fe_{1.99}Gd_{0.01}O_4$ 颗粒尺寸的柱状分布图

（三）穆斯堡尔谱分析

图 5-22 为样品 $Cu_{0.5}Co_{0.5}Fe_{2-x}Gd_xO_4$（$x$=0、0.01、0.03、0.05）在室温下测得的穆斯堡尔谱图。所有图谱显示样品均为铁磁性，且均由两套六线子谱拟合而成。

通过两套六线峰的拟合，得到的参数见表 5-5。从表中可以看出：①穆斯堡尔谱为两套正常塞曼分裂的六线峰，Fe^{3+}占据四面体晶格 A 位与八面体晶格 B 位，这表明样品处于铁磁状态。从 A 位、B 位的同质异能移都在 0.1～0.5mm/s 范围内，可以判断出 A 位、B 位只存在 Fe^{3+}，因为 Fe^{2+}同质异能移的范围是 0.6～1.7mm/s[34]。随着 Gd^{3+}的掺杂，样品的同质异能移并没有发生明显的变化，这表明 Fe^{3+}周围的 s 电子密度并没有因为掺杂 Gd^{3+}而发生明显变化[35,36]。②所有四极裂距都非常小，以至于可以忽略，这说明 Gd^{3+}掺杂量的增加并没有影响尖晶石铁氧体原子核周围电荷分布的对称性。

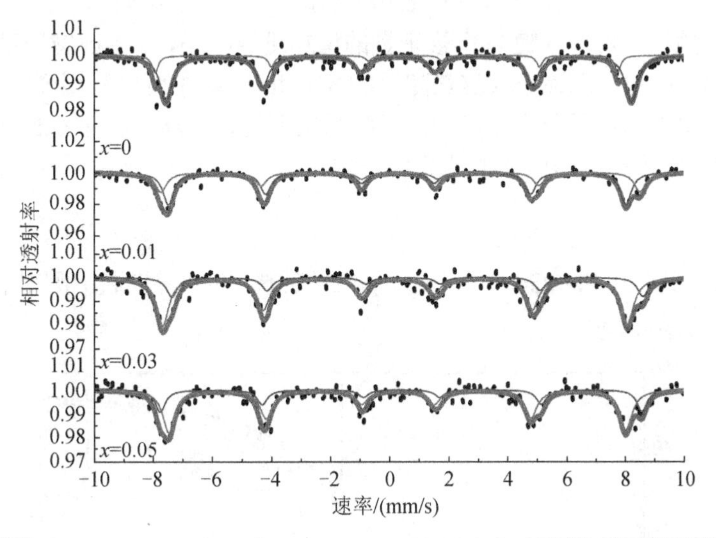

图 5-22　样品 $Cu_{0.5}Co_{0.5}Fe_{2-x}Gd_xO_4$（$x$=0、0.01、0.03、0.05）在室温下测得的穆斯堡尔谱图

表 5-5　$Cu_{0.5}Co_{0.5}Fe_{2-x}Gd_xO_4$（$x$=0、0.01、0.03、0.05）室温下测得的穆斯堡尔谱参数

掺杂量（x）	I.S./（mm/s）		Q.S./（mm/s）		H/T		A_0/%	
	A	B	A	B	A	B	A	B
x = 0	0.2113	0.2856	−0.6270	0.0608	48.67	48.98	84.7	15.3
x = 0.01	0.2703	0.3549	−0.0151	0.0387	48.92	50.42	61.3	38.7
x = 0.03	0.2241	0.3631	−0.0822	0.1505	48.15	49.57	75.1	24.9
x = 0.05	0.2737	0.3934	−0.0180	−0.003	48.09	48.71	70.4	29.6

A 位、B 位的超精细场随 Gd^{3+}掺杂量的变化情况如图 5-23 所示。从图 5-23 中可以看出，A 位、B 位的超精细场随 Gd^{3+}掺杂量的增加都是先增大后减小。造成这种变化的原因可能是：①当 x=0.01 时，Gd^{3+}的磁矩（$7.94\mu_B$）比 Fe^{3+}的磁矩（$5\mu_B$）大，使晶体内的超交换相互作用得到加强，造成 A 位、B 位的内磁场增大；②当 x=0.03、x=0.05 时，从 XRD 和

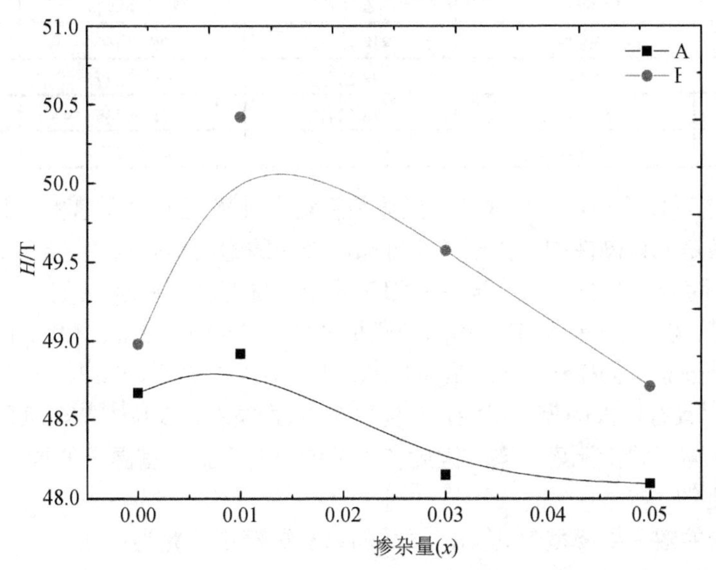

图 5-23　$Cu_{0.5}Co_{0.5}Fe_{2-x}Gd_xO_4$（$x$=0、0.01、0.03、0.05）的超精细场随 Gd^{3+}掺杂量的变化情况

SEM 分析得知，颗粒平均尺寸随 Gd^{3+}掺杂量的增加迅速减小，使得内磁场迅速减小。同时，样品的饱和磁化强度也相应减小（这在随后的 SQUID 分析中可以得到证实）。

从穆斯堡尔谱中的谱面积变化可知，两种晶位上的金属离子随着 Gd^{3+}掺杂量的增加发生迁移，这和 XRD 中相对峰强比值的分析一致。

（四）SQUID 分析

图 5-24 为 $Cu_{0.5}Co_{0.5}Fe_{2-x}Gd_xO_4$（$x$=0、0.01、0.03、0.05）室温下测得的磁滞回线，从中得出的磁性参数见表 5-6。

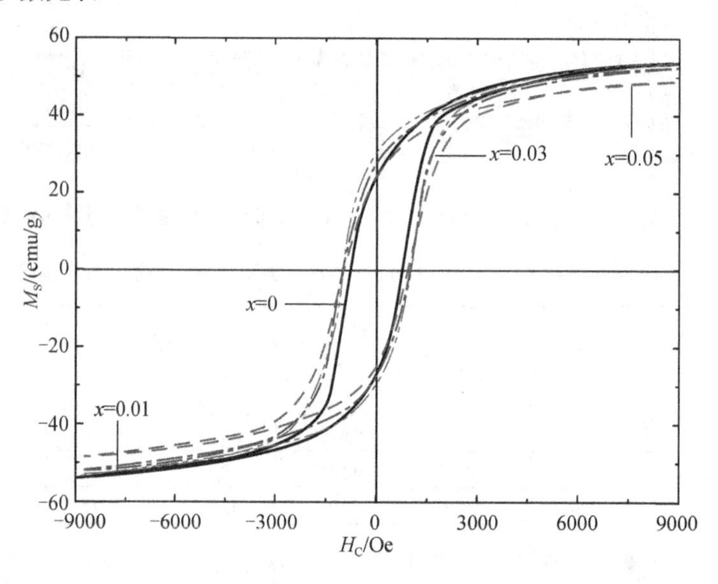

图 5-24　$Cu_{0.5}Co_{0.5}Fe_{2-x}Gd_xO_4$（$x$=0、0.01、0.03、0.05）室温下测得的磁滞回线

表 5-6　$Cu_{0.5}Co_{0.5}Fe_{2-x}Gd_xO_4$（$x$=0、0.01、0.03、0.05）室温下测得的磁性参数

掺杂量（x）	M_S/（emu/g）	H_C/Oe	M_r/（emu/g）	n_B/μ_B
$x=0$	53.89758	878.15350	28.66460	2.394460
$x=0.01$	54.51470	878.20650	29.23849	2.401534
$x=0.03$	52.63329	878.18410	28.08748	2.269290
$x=0.05$	49.34130	878.16145	25.68933	2.206736

从图 5-24 中可以看出，所有样品的磁化强度均在外磁场下达到饱和，所有磁滞回线的形状都说明样品是亚铁磁性的。由表 5-6 可知，样品的饱和磁化强度随着 Gd^{3+}的取代先增大后减小[37,38]。随着 Gd^{3+}的取代，样品的相对分子质量变大。磁矩 n_B 的变化可以用奈尔理论来解释。Gd^{3+}、Co^{2+}、Cu^{2+}、Fe^{3+}的离子磁矩分别为 $7.94\mu_B$、$3\mu_B$、$1.9\mu_B$ 和 $5\mu_B$[39-42]。

样品的离子分布式为$(Fe)_A[Co_{0.5}Cu_{0.5}Gd_xFe_{1-x}]_BO_4$，因为 Cu^{2+}、Co^{2+}倾向于占据八面体晶格 B 位；而 Gd^{3+}具有较大的离子半径，只能占据八面体晶格 B 位[43,44]，而且在室温下稀土离子的磁偶极取向表现为无序状态。因此在本节的研究中把在室温下的稀土离子 Gd^{3+}当作非磁性离子处理[30]。

由奈尔理论的双晶格模型[45]可知，样品的总磁矩理论计算为

$$n_B = M_B - M_A = 2.45 - 5x \tag{5-4}$$

式中，M_B、M_A分别为八面体晶格B位、四面体晶格A位的磁矩。

图5-25为样品$Cu_{0.5}Co_{0.5}Fe_{2-x}Gd_xO_4$（$x$=0、0.01、0.03、0.05）的磁矩随$Gd^{3+}$掺杂量的变化情况。从图5-25中可以看出，样品磁矩的理论值和实验值基本都随Gd^{3+}掺杂量的增加不断减小，这说明两者符合得较好。根据式（5-4）可知，饱和磁化强度在理论上是随Gd^{3+}掺杂量的变化逐渐减小的，饱和磁化强度的实验值基本符合理论规律。从剩余磁化强度和饱和磁化强度的实验值可以看出，两者符合得很好。由于Gd^{3+}的离子半径比Fe^{3+}的离子半径大，因此掺杂Gd^{3+}后，样品的晶体对称性将要减小，即晶格或晶体场可能出现变形而产生内应力[33-35]。众所周知，晶粒边界将随着晶粒尺寸的减小而变大，本节制备的样品中晶粒尺寸随Gd^{3+}掺杂量的增加而变小，离子在晶粒边界的无序排列将会阻碍畴壁的运动，即矫顽力将会随Gd^{3+}掺杂量的增加而变大。样品的矫顽力随Gd^{3+}掺杂量的增加并没有发生明显的变化，这也许是因为矫顽力受到很多因素的影响，如结晶度、微观应变、磁性颗粒的微观结构和尺寸分布、各向异性及磁单畴尺寸等[36-38]。

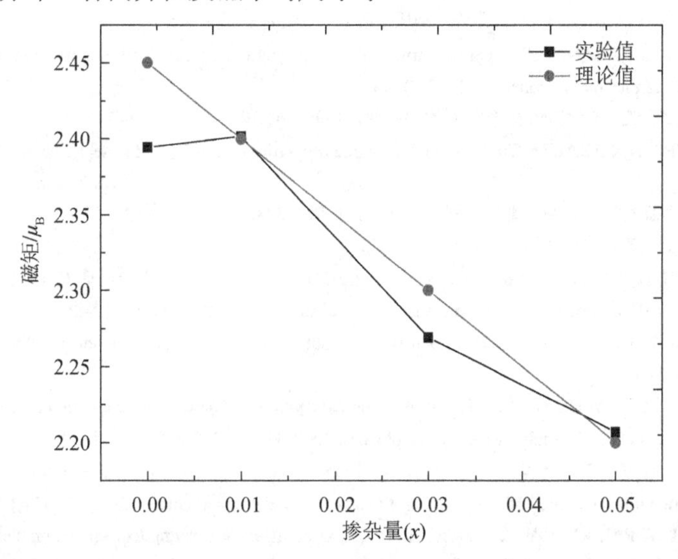

图5-25　$Cu_{0.5}Co_{0.5}Fe_{2-x}Gd_xO_4$（$x$=0、0.01、0.03、0.05）的磁矩随$Gd^{3+}$掺杂量的变化情况

四、小结

XRD分析结果显示，所有的$Cu_{0.5}Co_{0.5}Fe_{2-x}Gd_xO_4$（$x$=0、0.01、0.03、0.05）样品均为单晶相。随着Gd^{3+}掺杂量的增加，颗粒尺寸越来越小，晶格常数先增大后减小。穆斯堡尔谱分析表明，掺杂Gd^{3+}不会影响Fe^{3+}的外层s电子密度，但会影响晶格内的超交换相互作用，使A位、B位的内磁场随Gd^{3+}掺杂量的增加先增大后减小。由SEM分析可知，掺杂Gd^{3+}会使颗粒得到细化，使颗粒大小的均匀性得到提高，并有少许的空隙产生。磁性测量结果显示，掺杂Gd^{3+}使饱和磁化强度和剩余磁化强度先增大后减小，但对矫顽力影响较小。

参 考 文 献

[1] ROY P, BERA J. Electromagnetic properties of samarium-substituted NiCuZn ferrite prepared by auto-combustion method[J]. Journal of magnetism and magnetic materials, 2009, 321(4): 247-251.

[2] TAHAR L B, ARTUS M, AMMAR S, et al. Magnetic properties of $CoFe_{1.9}RE_{0.1}O_4$ nanoparticles(RE= La, Ce, Nd, Sm, Eu, Gd, Tb, Ho)prepared in polyol[J]. Journal of magnetism and magnetic materials, 2008, 320(23): 3242-3250.

[3] RASHAD M, MOHAMED R, EL-SHALL H. Magnetic properties of nanocrystalline Sm-substituted $CoFe_2O_4$ synthesized by citrate precursor method[J]. Journal of materials processing technology, 2008, 198(1): 139-146.

[4] MRWKA-NOWOTNIK G, SIENIAWSKI J. Influence of heat treatment on the microstructure and mechanical properties of 6005 and 6082 aluminium alloys[J]. Journal of materials processing technology, 2005, 162: 367-372.

[5] ROY P, BERA J. Characterization of nanocrystalline NiCuZn ferrite powders synthesized by sol-gel auto-combustion method[J]. Journal of materials processing technology, 2008, 197(1): 279-283.

[6] KUMAR S, FAREA A, BATOO K M, et al. Mössbauer studies of $Co_{0.5}Cd_x Fe_{2.5-x}O_4(0.0\leqslant x\leqslant 0.5)$ferrite[J]. Physica B: condensed matter, 2008, 403(19): 3604-3607.

[7] KIM C S, KIM W C, AN S Y, et al. Structure and Mössbauer studies of Cu-doped Ni-Zn ferrite[J]. Journal of magnetism and magnetic materials, 2000, 215: 213-216.

[8] 杜学礼. 扫描电子显微镜分析技术[M]. 北京：化学工业出版社，1986：3-5.

[9] 张慧. 中国煤的扫描电子显微镜研究[M]. 北京：地质出版社，2003：1-4.

[10] GABAL M, ASIRI A M, ALANGARI Y.On the structural and magnetic properties of La-substituted NiCuZn ferrites prepared using egg-white[J].Ceramics international, 2011, 37(7): 2625-2630.

[11] 马如璋，徐英庭. 穆斯堡尔谱学[M]. 北京：科学出版社，1996：62-102.

[12] AHMED M, OKASHA N, GABAL M. Transport and magnetic properties of Co-Zn-La ferrite[J]. Materials chemistry and physics, 2004, 83(1): 107-113.

[13] 马如璋，徐英庭. 穆斯堡尔谱学[M]. 北京：科学出版社，1996：348.

[14] 戴道生. 铁磁学[M]. 北京：科学出版社，1987：120-121.

[15] ROY P, NAYAK B B, BERA J. Study on electro-magnetic properties of La substituted Ni-Cu-Zn ferrite synthesized by auto-combustion method[J]. Journal of magnetism and magnetic materials, 2008, 320(6): 1128-1132.

[16] ZHAO L, YANG H, YU L, et al. Magnetic properties of Re-substituted Ni-Mn ferrite nanocrystallites[J]. Journal of materials science, 2007, 42(2): 686-691.

[17] HANKARE P, VADER V, PATIL N, et al. Synthesis, characterization and studies on magnetic and electrical properties of Mg ferrite with Cr substitution[J]. Materials chemistry and physics, 2009, 113(1): 233-238.

[18] AHMED M, AFIFY H, EL ZAWAWIA I, et al. Novel structural and magnetic properties of Mg doped copper nanoferrites prepared by conventional and wet methods[J]. Journal of magnetism and magnetic materials, 2012, 324(14): 2199-2204.

[19] SUJATHA C, VENUGOPAL REDDY K, SOWRI BABU K, et al. Effect of sintering temperature on electromagnetic properties of NiCuZn ferrite[J]. Ceramics international, 2013, 39(3): 3077-3086.

[20] FAREA A, KUMAR S, BATOO K M, et al. Structure and electrical properties of $Co_{0.5}Cd_xFe_{2.5-x}O_4$ ferrites[J]. Journal of alloys and compounds, 2008, 464(1/2): 361-369.

[21] SATTAR A, WAFIK A, EL-SHOKROFY K, et al. Magnetic properties of Cu-Zn ferrites doped with rare earth oxides[J]. Physica status solidi(A), 1999, 171(2): 563-569.

[22] ZHAO L, HAN Z, YANG H, et al. Magnetic properties of nanocrystalline $Ni_{0.7}Mn_{0.3}Gd_{0.1}Fe_{1.9}O_4$ ferrite at low temperatures[J]. Journal of magnetism and magnetic materials, 2007, 309(1): 11-14.

[23] 马如璋，徐英庭. 穆斯堡尔谱学[M]. 北京：科学出版社，1996：353.

[24] 马如璋，徐英庭. 穆斯堡尔谱学[M]. 北京：科学出版社，1996：357.

[25] CHAUDHARI M, SHIRSATH S E, KADAM A, et al. Site occupancies of Co-Mg-Cr-Fe ions and their impact on the properties of $Co_{0.5}Mg_{0.5}Cr_xFe_{2-x}O_4$[J]. Journal of alloys and compounds, 2013, 552: 443-450.

[26] 宛德福. 磁性物理[M]. 北京：电子工业出版社，1987：110-120.

[27] VARSHNEY D, VERMA K, KUMAR A. Substitutional effect on structural and magnetic properties of $A_xCo_{1-x}Fe_2O_4$(A=Zn, Mg and x= 0.0, 0.5)ferrites[J]. Journal of molecular structure, 2011, 1006(1): 447-452.

[28] NLEBEDIM I, HADIMANI R, PROZOROV R, et al. Structural, magnetic, and magnetoelastic properties of magnesium substituted cobalt ferrite[J]. Journal of applied physics, 2013, 113(17): 17A928.

[29] 张世远. 磁性材料基础[M]. 北京：科学出版社，1988：130.

[30] PENG J H, HOJAMBERDIEV M, XU Y H, et al. Hydrothermal synthesis and magnetic properties of gadolinium-doped $CoFe_2O_4$ nanoparticles[J]. Journal of magnetism and magnetic materials, 2011, 323(1): 133-138.

[31] RANA A, THAKUR O P, KUMAR V. Effect of Gd^{3+} substitution on dielectric properties of nano cobalt ferrite[J]. Materials letters, 2011, 65(19/20): 3191-3192.

[32] AMIRI S, SHOKROLLAHI H. Magnetic and structural properties of RE doped Co-ferrite(RE=Nd, Eu, and Gd)nano-particles synthesized by co-precipitation[J]. Journal of magnetism and magnetic materials, 2013, 345: 18-23.

[33] CHAND J, KUMAR G, KUMAR P, et al. Effect of Gd^{3+} doping on magnetic, electric and dielectric properties of $MgGd_xFe_{2-x}O_4$ ferrites processed by solid state reaction technique[J]. Journal of alloys and compounds, 2011, 509(10): 9638- 9644.

[34] ZHAO L J, HAN Z Y, YANG H, et al. Magnetic properties of nanocrystalline $Ni_{0.7}Mn_{0.3}Gd_{0.1}Fe_{1.9}O_4$ ferrite at low temperatures[J]. Journal of magnetism and magnetic materials, 2007, 309(1): 11-14.

[35] INBANATHAN S S R, VAITHYANATHAN V, CHELVANE J A, et al. Mössbauer studies and enhanced electrical properties of R(R=Sm, Gd and Dy)doped Ni ferrite[J]. Journal of magnetism and magnetic materials, 2014, 353: 41-46.

[36] KUMAR S, FAREA A M M, BATOO K M, et al. Mössbauer studies of $Co_{0.5}Cd_xFe_{2.5-x}O_4$(0.0-0.5)ferrite[J]. Physica B, 2008, 403(19/20): 3604-3607.

[37] AL-HILLI M F, LI S, KASSIM K S. Structural analysis, magnetic and electrical properties of samarium substituted lithium-nickel mixed ferrites[J]. Journal of magnetism and magnetic materials, 2012, 324(5): 873-879.

[38] GADKARI A B, SHINDE T J, VASAMBEKAR P N. Magnetic properties of rare earth ion(Sm^{3+})added nanocrystalline Mg-Cd ferrites, prepared by oxalate co-precipitation method[J]. Journal of magnetism and magnetic materials, 2010, 322(24): 3823-3827.

[39] MENG Y Y, LIU Z W, DAI H C, et al. Structure and magnetic properties of $Mn(Zn)Fe_{2-x}RE_xO_4$ ferrite nano-powders synthesized by co-precipitation and refluxing method[J]. Powder technology, 2012, 229: 270-275.

[40] ZHAO J, CUI Y M, YANG H, et al. The magnetic properties of $Ni_{0.7}Mn_{0.3}Gd_xFe_{2-x}O_4$ ferrite[J]. Materials letters, 2006, 60(1): 104-108.

[41] LIU Y, ZHU X G, ZHANG L, et al. Microstructure and magnetic properties of nanocrystalline $Co_{1-x}Zn_xFe_2O_4$ ferrites[J]. Materials research bulletin, 2012, 47(12): 4174-4180.

[42] JIANG J, YANG Y M, LI L C. Synthesis and magnetic properties of lanthanum-substituted lithium-nickel ferrites via a soft chemistry route[J]. Physica B, 2007, 399(2): 105-108.

[43] MOHAMED R M, RASHADA M M, HARAZ F A, et al. Structure and magnetic properties of nanocrystalline cobalt ferrite powders synthesized using organic acid precursor method[J]. Journal of magnetism and magnetic materials, 2010, 322(14): 2058-2064.

[44] AMIRI S, SHOKROLLAHI H. The role of cobalt ferrite magnetic nanoparticles in medical science[J]. Materials science and engineering C, 2013, 33: 1-8.

[45] NIKUMBH A K, PAWAR R A, NIGHOT D V, et al. Structural, electrical, magnetic and dielectric properties of rare-earth substituted cobalt ferrites nanoparticles synthesized by the co-precipitation method[J]. Journal of magnetism and magnetic materials, 2014, 355: 201-209.

第六章　掺杂稀土离子的铜锌铁氧体的磁性与穆斯堡尔效应研究

第一节　掺杂稀土离子 La^{3+} 的 $Cu_{1-x}Zn_xFe_{2-y}La_yO_4$ 氧化物材料的磁性与穆斯堡尔谱研究

一、引言

$CuFe_2O_4$ 铁氧体具有较大的磁晶各向异性和矫顽力，在高密度磁存储、永磁材料和磁流体研究中具有广阔的应用前景，而纳米 $ZnFe_2O_4$ 具有良好的催化性能、吸波特性和超顺磁性，广泛应用于催化化学和吸波隐身材料中。正是基于此，制备兼顾二者高性能特性的铜锌铁氧体越来越受到关注，尤其是掺杂改性和实验制备技术的发展，更是加快了铜锌铁氧体的研发速度。本节通过溶胶-凝胶自蔓延法制备样品 $Cu_{1-x}Zn_xFe_{2-y}La_yO_4$（$x$=0、0.1、0.2，$y$=0、0.1），并研究掺杂稀土离子 La^{3+} 的铜锌铁氧体的结构与磁性能的变化情况。

二、实验

（一）样品制备

采用溶胶-凝胶自蔓延法制备样品，首先以分析纯的硝酸锌[$Zn(NO_3)_2\cdot 6H_2O$]、硝酸镧[$La(NO_3)_3\cdot 6H_2O$]、硝酸铜[$Cu(NO_3)_2\cdot 3H_2O$]、硝酸铁[$Fe(NO_3)_3\cdot 9H_2O$]、柠檬酸（$C_6H_8O_7\cdot H_2O$）与氨水（$NH_3\cdot H_2O$）为原料，按照分子式 $Cu_{1-x}Zn_xFe_{2-y}La_yO_4$（$x$=0、0.1、0.2，$y$=0、0.1）进行配比，并称量所需的硝酸盐。然后将硝酸盐溶于去离子水中混合至完全溶解，加入氨水调节到适当的 pH 后，将混合溶液放在 80℃的数显恒温水浴锅上加热。其次根据柠檬酸与总金属离子物质的量比为 1∶1 称取柠檬酸，并溶于去离子水中，将其在水浴过程中逐渐滴加并不断搅拌混合溶液，直至形成湿凝胶。再次将湿凝胶放于数显鼓风干燥箱中，在 120℃下干燥 2h，把得到的干凝胶在空气中滴加助燃剂（无水乙醇）点燃自蔓延，将得到的粉末在玛瑙研钵中研磨均匀。最后按照所需煅烧的温度将样品放入箱式电阻炉中进行煅烧，即可得到最后的样品。

（二）样品表征

使用 X 射线衍射仪（D/max 2500 PC）分析样品的晶体结构，使用扫描电子显微镜（Nova^{TM} Nano SEM 430）观察样品形貌，使用穆斯堡尔谱仪（Tec PC-moss Ⅱ）测量室温下的穆斯堡尔谱，使用超导量子干涉仪（MPMS-XL-7）测量样品在室温下的磁滞回线。

三、结果与讨论

（一）XRD 分析

图 6-1 为样品 $Cu_{1-x}Zn_xFe_{2-y}La_yO_4$（$x$=0、0.1、0.2，$y$=0、0.1）950℃煅烧后室温下测得

的 XRD 谱图。XRD 谱图显示，主要衍射晶面峰与标准卡片（JCPDS No.34-0425）中的尖晶石 $Cu_{1-x}Zn_xFe_2O_4$ 和姜-泰勒畸变的 $CuFe_2O_4$ 匹配。当 x=0、x=0.1 时，样品 XRD 显示为单相；当 x=0.2 时，尖晶石结构从四方晶体向立方晶体转变，这种转变是因为离子半径大的 Zn^{2+}（0.74Å）取代离子半径小的 Cu^{2+}（0.72Å）改变晶格维度，使晶格常数比 c/a>1。尖晶石晶格常数常使用谢乐公式拟合，具体见表 6-1。

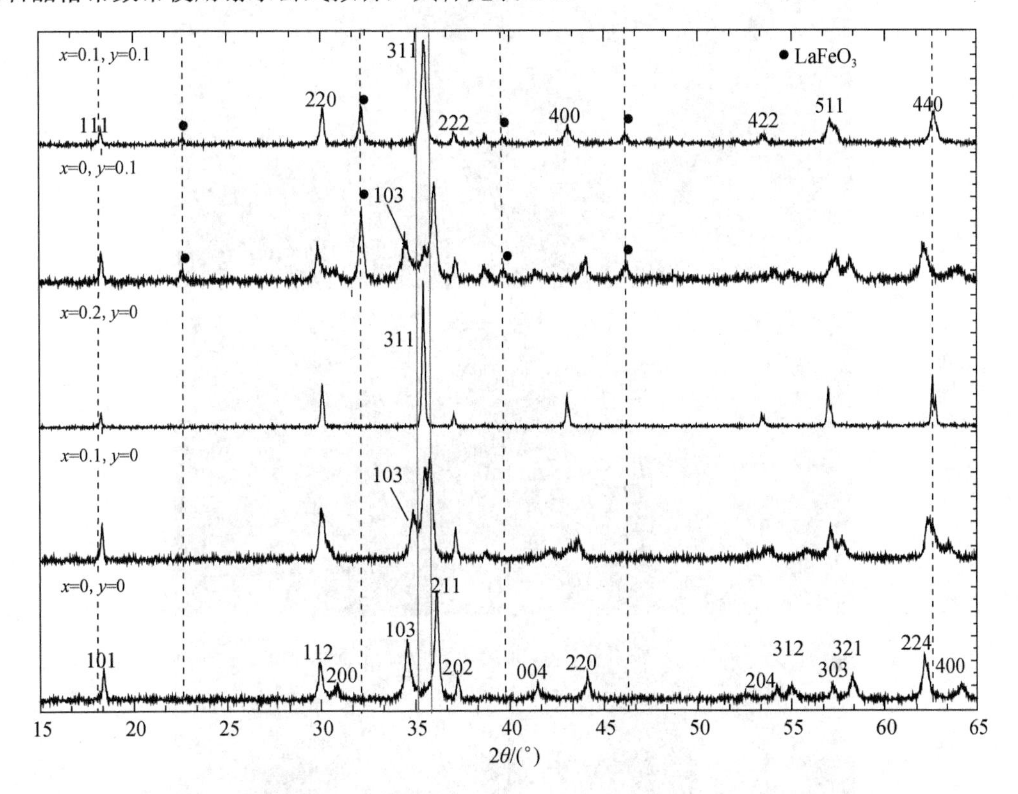

图 6-1　样品 $Cu_{1-x}Zn_xFe_{2-y}La_yO_4$（$x$=0、0.1、0.2，$y$=0、0.1）950℃煅烧后室温下测得的 XRD 谱图

表 6-1　样品 $Cu_{1-x}Zn_xFe_{2-y}La_yO_4$（$x$=0、0.1、0.2，$y$=0、0.1）950℃煅烧后的 XRD 参数

掺杂量	晶格常数/Å		c/a	密度/（g/cm³）	平均晶粒尺寸/nm
	a	c			
$x=0$，$y=0$	8.63284	5.84439	1.4771	5.3890	30.4
$x=0.1$，$y=0$	8.63362	5.84665	1.4766	5.3843	12.3
$x=0.2$，$y=0$	—	8.39500	—	5.4128	99.3
$x=0$，$y=0.1$	8.70619	5.82572	1.494	5.3778	21.1
$x=0.1$，$y=0.1$	—	8.38961	—	5.2088	34.0

XRD 分析显示，通过溶胶-凝胶自蔓延法制备的稀土掺杂样品 $Cu_{1-x}Zn_xFe_{2-y}La_yO_4$，在 y=x=0.1 时，就出现了掺杂第二相 $LaFeO_3$。这是由于 La^{3+}的离子半径比 Fe^{3+}的离子半径大，在掺杂时较难进入晶格，从而析出形成 $LaFeO_3$ 相，但是也正是由于部分进入晶格中的稀土离子和掺杂相 $LaFeO_3$ 驻留晶界产生内应力，因此在 x=0.1 时尖晶石晶体为立方晶格。

（二）SEM 分析

图 6-2 为样品 $CuFe_2O_4$、$CuFe_{1.9}La_{0.1}O_4$ 和 $Cu_{0.9}Zn_{0.1}Fe_{1.9}La_{0.1}O_4$ 950℃煅烧后的 SEM 照片。

图 6-2　样品 $CuFe_2O_4$、$CuFe_{1.9}La_{0.1}O_4$、$Cu_{0.9}Zn_{0.1}Fe_{1.9}La_{0.1}O_4$ 950℃煅烧后的 SEM 照片

从图 6-2 中可以看到，通过溶胶-凝胶自蔓延法制备的 $CuFe_2O_4$ 样品，由于选择柠檬酸作为络合剂，其自蔓延时热分解产生的气体使样品产生较多气孔，而且颗粒尺寸较大，晶格发生姜-泰勒畸变，950℃煅烧后，晶界熔合较为明显。而图 6-2（b）的 SEM 照片显示，样品成晶完全。另外，从 XRD 谱图可知，晶格畸变有所减弱，而且 La^{3+}—O^{2-}成键能[（799±4）kJ/mol]要比 Fe^{3+}—O^{2-}成键能[（390.4±17.2）kJ/mol]大，因此形成掺杂相 $LaFeO_3$ 析出，驻留晶界，增加了成晶温度，从而诱导晶粒细化，使样品粉末致密，颗粒均一。非磁性 Zn^{2+} 取代 Cu^{2+}后晶体由四方晶体转变为立方晶体，粉末样品颗粒均匀，致密化。

（三）穆斯堡尔谱分析

图 6-3 为样品 $Cu_{1-x}Zn_xFe_{2-y}La_yO_4$（$x$=0、0.1，$y$=0、0.1）950℃煅烧后室温下测得的穆

斯堡尔谱图。样品的谱线采用双线谱拟合解谱，两套磁分裂六线谱分别表示尖晶石结构间隙 A 位和 B 位的 Fe^{3+}。详细的穆斯堡尔谱参数见表 6-2。

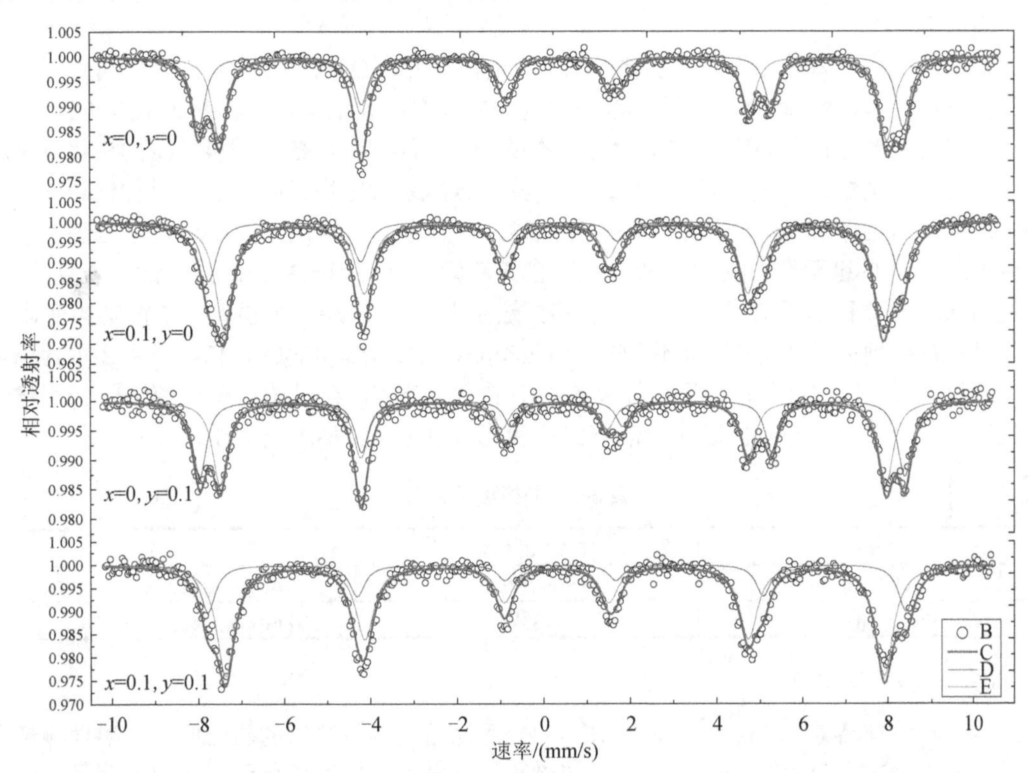

图 6-3　样品 $Cu_{1-x}Zn_xFe_{2-y}La_yO_4$（$x$=0、0.1，$y$=0、0.1）950℃煅烧后室温下测得的穆斯堡尔谱图

表 6-2　样品 $Cu_{1-x}Zn_xFe_{2-y}La_yO_4$（$x$=0、0.1，$y$=0、0.1）950℃煅烧后室温下测得的穆斯堡尔谱参数

掺杂量	组分	I.S./（mm/s）	Q.S./（mm/s）	H/T	Γ/（mm/s）	A_0/%
$x=0$，$y=0$	B	0.365	−0.357	50.68	0.382	44.3
	A	0.264	−0.03	48.03	0.407	55.7
$x=0$，$y=0.1$	B	0.374	−0.327	50.77	0.38	45.3
	A	0.246	−0.02	47.96	0.414	54.7
$x=0.1$，$y=0$	B	0.363	−0.155	49.86	0.439	33
	A	0.274	−0.04	47.45	0.497	67
$x=0.1$，$y=0.1$	B	0.351	−0.06	50.27	0.422	26.1
	A	0.285	−0.02	47.46	0.51	73.9

基于奈尔理论，尖晶石型氧化物材料的磁有序温度取决于具有反铁磁 A-B 间的 $(Fe^{3+})_A$—O^{2-}—$(Fe^{3+})_B$ 超交换相互作用和相对弱的 B-B 间 $(Fe^{3+})_B$—O^{2-}—$(Fe^{3+})_B$ 超交换相互作用[1-5]。非磁性离子 Zn^{2+}（0.74Å）取代 Cu^{2+}(0.72Å)将会进入 A 位，对于 B 位的 Fe^{3+}而言，来自最邻近 A 位的 Fe^{3+}数目减少，因此将减小 A-B 间 $(Fe^{3+})_A$—O^{2-}—$(Fe^{3+})_B$ 超交换相互作用。从参数可以看到，$Cu_{0.9}Zn_{0.1}Fe_2O_4$ 的 B 位超精细场（49.86T）相对于 $CuFe_2O_4$（50.68T）减小，由于 A 位 Fe^{3+}数目相对减小，因此 A-A 超精细场也减小了。另外，这也会影响晶格离子的重新分布，这可从谱线的相对吸收面积变化看出。而从掺杂样品 $CuFe_{1.9}La_{0.1}O_4$ 的数据

可以看到，离子半径大的非磁性离子La^{3+}趋向于占据间隙大的晶格B位，取代B位的Cu^{2+}。虽然取代了部分Fe^{3+}，但是由于离子迁移，B位超精细场有轻微增大，A位超精细场有所减小，但影响较小。

对于由四方晶体转变为立方晶体的$Cu_{0.9}Zn_{0.1}Fe_{1.9}La_{0.1}O_4$氧化物材料而言，可以看到A位和B位的四极裂距均接近于零，这是因为四极裂距的大小反映了穆斯堡尔核Fe^{3+}的3d电子和周围电荷Cu^{2+}（$3d^9$）偏离球对称分布的程度，因此可以依据四极裂距的变化判断穆斯堡尔核Fe^{3+}的配位环境，可见，$Cu_{0.9}Zn_{0.1}Fe_{1.9}La_{0.1}O_4$氧化物材料中$Fe^{3+}$对称性较好。另外，还可以通过穆斯堡尔谱的参数同质异能移来辨别不同晶格位上的Fe^{3+}，这是因为四面体中Fe^{3+}—O^{2-}的键距要比八面体Fe^{3+}—O^{2-}的键距短，会表现出更强的共价性。一般而言，A位的同质异能移小于B位的同质异能移，这主要来源于Fe^{3+}外层s电子密度的变化。

对具有精确化学计量比的氧化物材料$CuFe_2O_4$、$Cu_{0.9}Zn_{0.1}Fe_2O_4$，依据表6-2中穆斯堡尔谱线吸收峰包围的面积比，可以计算晶格中的离子分布。结果（表6-3）表明，Zn^{2+}进入A位迫使Fe^{3+}进入B位，同时由于晶格结构和化学价平衡，Cu^{2+}发生迁移进入A位。

表6-3　晶格离子分布

样品	A∶B(A_0/%)	分布
$CuFe_2O_4$	44.3/55.7	$(Cu_{0.12}Fe_{0.88})_A[Cu_{0.88}Fe_{1.12}]_BO_4$
$Cu_{0.9}Zn_{0.1}Fe_2O_4$	33/67	$(Zn_{0.1}Cu_{0.24}Fe_{0.66})_A[Cu_{0.66}Fe_{1.34}]_BO_4$

（四）SQUID分析

图6-4为样品$Cu_{1-x}Zn_xFe_{2-y}La_yO_4$在950℃煅烧后室温下测得的磁滞回线，磁性测量参数见表6-4。$CuFe_2O_4$和$CuFe_{1.9}La_{0.1}O_4$的磁滞回线表明，饱和磁化强度变化不明显，但是掺杂La^{3+}之后，因掺杂相$LaFeO_3$驻留晶界，样品显示出较大的矫顽力。这可能是因为掺杂相$LaFeO_3$驻留晶界影响了各向异性能。然而，非磁性Zn^{2+}取代Cu^{2+}进入A位，使晶体结构从四方晶体向立方晶体转变，氧化物材料饱和磁化强度急剧增大，矫顽力减小，而且与未掺杂Zn^{2+}的样品比较，掺杂La^{3+}反而进一步降低了矫顽力。

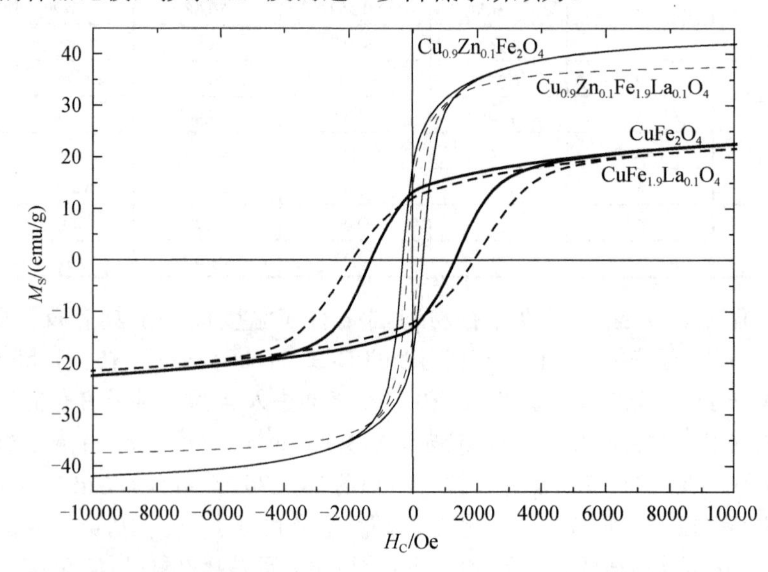

图6-4　样品$Cu_{1-x}Zn_xFe_{2-y}La_yO_4$（$x$=0、0.1，$y$=0、0.1）950℃煅烧后室温下测得的磁滞回线

表 6-4　样品 $Cu_{1-x}Zn_xFe_{2-y}La_yO_4$（$x$=0、0.1，$y$=0、0.1）950℃煅烧后室温下测得的磁滞回线参数

掺杂量	M_s/（emu/g）	H_c/Oe	M_r /（emu/g）
$x=0$，$y=0$	22.52343	1254.329	13.24884
$x=0$，$y=0.1$	21.61502	1756.126	12.09303
$x=0.1$，$y=0$	41.93942	752.8624	19.19991
$x=0.1$，$y=0.1$	37.52507	150.7233	14.28625

相对于未掺杂样品而言，掺杂样品的饱和磁化强度均有所降低，这是因为少量非磁性离子 La^{3+}进入晶格取代 Fe^{3+}，形成的$(Fe^{3+})_A$—O^{2-}—$(La^{3+})_B$ 超交换相互作用要比$(Fe^{3+})_A$—O^{2-}—$(Fe^{3+})_B$超交换相互作用弱，从而降低了 A-B 超交换相互作用[6]。同时，离子半径大引起晶格膨胀甚至析出形成掺杂相，形成更多空隙位，从而引起晶格中离子发生迁移，进一步使$(Fe^{3+})_A$—O^{2-}—$(La^{3+})_B$、$(Fe^{3+})_B$—O^{2-}—$(La^{3+})_B$和$(Fe^{3+})_A$—O^{2-}—$(La^{3+})_A$超交换相互作用发生变化。

四、小结

掺杂 La^{3+}的系列 $Cu_{1-x}Zn_xFe_{2-y}La_yO_4$ 氧化物材料，经 XRD 测量证实，随着 Zn^{2+}取代 Cu^{2+}量增加，即当 x=0.2 时，晶体结构由四方晶体向立方晶体转变，姜-泰勒畸变消失。然而，再掺杂 La^{3+} 取代 Fe^{3+}，由于其离子半径较大，难以进入晶格形成掺杂相，且产生内应力，因此，当 x=0.1 时，其与 Zn^{2+}共同协作致使姜-泰勒畸变消失。SEM 测量表明，掺杂稀土离子 La^{3+}后，La^{3+}—O^{2-}成键能[（799±4）kJ/mol]要比 Fe^{3+}—O^{2-}成键能[（390.4±17.2）kJ/mol]大，增加了成晶的温度，致使 950℃后，成晶晶体较为规则化，形成的掺杂相 $LaFeO_3$ 驻留晶界诱导颗粒大小均一，而且也使样品致密化。非磁性离子 Zn^{2+}取代 Cu^{2+}进入 A 位，增加了样品的饱和磁化强度，降低了矫顽力。掺杂稀土离子 La^{3+}后，对于未掺杂 Zn^{2+}的 $CuFe_2O_4$而言，其矫顽力增加，高达 1756.126Oe，而 $Cu_{0.9}Zn_{0.1}Fe_2O_4$ 氧化物材料的矫顽力则降低，这可能是由于晶格的变化影响了磁晶各向异性。穆斯堡尔谱显示，当 $x=y=0.1$ 时，Fe^{3+}周围对称性较好。由于少量 La^{3+}取代 Fe^{3+}，晶格中磁性离子发生迁移，$(Fe^{3+})_A$—O^{2-}—$(La^{3+})_B$超交换相互作用随掺杂发生改变。但总体而言，磁矩较小的 La^{3+} 取代 Fe^{3+}，减弱了超交换相互作用$(Fe^{3+})_A$—O^{2-}—$(La^{3+})_B$，因此，掺杂稀土离子 La^{3+}降低了样品的饱和磁化强度。

第二节　掺杂稀土离子 Sm^{3+}的 $Ni_{0.2}Cu_{0.2}Zn_{0.6}Fe_{2-x}Sm_xO_4$ 氧化物材料的磁性与穆斯堡尔谱研究

一、引言

本节通过溶胶-凝胶法制备 $Ni_{0.2}Cu_{0.2}Zn_{0.6}Fe_{2-x}Sm_xO_4$（$x$=0、0.02、0.05、0.08、0.10），并研究掺杂稀土离子 Sm^{3+}的铜锌铁氧体的结构与磁性能的变化情况。

二、实验

（一）样品制备

采用溶胶-凝胶自蔓延法制备样品，首先以分析纯的硝酸锌[$Zn(NO_3)_2$·$6H_2O$]、硝酸镍

[$Ni(NO_3)_2$ · $6H_2O$]、硝酸钐[$Sm(NO_3)_3$ · $6H_2O$]、硝酸铜[$Cu(NO_3)_2$ · $3H_2O$]、硝酸铁[$Fe(NO_3)_3$ · $9H_2O$]、柠檬酸（$C_6H_8O_7$ · H_2O）与氨水（NH_3 · H_2O）为原料，按照分子式$Ni_{0.2}Cu_{0.2}Zn_{0.6}Fe_{2-x}Sm_xO_4$（$x$=0、0.02、0.05、0.08、0.10）进行配比，并称量所需的硝酸盐。然后将硝酸盐溶于去离子水中混合至完全溶解，加入氨水调节到适当的 pH 后，将混合溶液放在 80℃的数显恒温水浴锅上加热。其次根据柠檬酸与总金属离子物质的量比为 1∶1 称取柠檬酸，并溶于去离子水中，将其在水浴过程中逐渐滴加并不断搅拌混合溶液，直至形成湿凝胶。再次将湿凝胶放于数显鼓风干燥箱中，在 120℃下干燥 2h，把得到的干凝胶在空气中滴加助燃剂（无水乙醇）点燃自蔓延，将得到的粉末在玛瑙研钵中研磨均匀。最后按照所需煅烧的温度将样品放入箱式电阻炉中进行煅烧，即可得到最后的样品。

（二）样品表征

使用 X 射线衍射仪（D/max 2500 PC）分析样品的晶体结构，使用扫描电子显微镜（Nova^{TM} Nano SEM 430）观察样品形貌，使用穆斯堡尔谱仪（Tec PC-moss Ⅱ）测量室温下的穆斯堡尔谱，使用超导量子干涉仪（MPMS-XL-7）测量样品在室温下的磁滞回线。

三、结果与讨论

（一）XRD 分析

图 6-5 为样品 $Ni_{0.2}Cu_{0.2}Zn_{0.6}Fe_{2-x}Sm_xO_4$（$x$=0、0.02、0.05、0.08、0.10）950℃煅烧 3h 后室温下测得的 XRD 谱图。由图 6-5 中峰晶面指数和峰强度知，样品成晶完整。晶格常数和平均晶粒尺寸选取（311）衍射峰，按谢乐公式计算拟合。通过将衍射峰对照标准卡片（JCPDS No.08-0234）[6-8]，证实样品为立方尖晶石型。从图 6-5 中观察到，溶胶-凝胶自蔓延法制备的未掺杂的样品，在 950℃煅烧 3h 后，出现了赤铁矿 Fe_2O_3 相，而在掺杂样品中，当 x=0.05 时出现了第二相 $SmFeO_3$。我们知道，尖晶石结构中除了四面体和八面体的占位情况，还有 72 个空隙位，因此在低温合成的路线中，离子半径大的 Fe^{3+}和 Sm^{3+}不仅形成了尖晶石主结构，而且在后期的高温热处理过程中占据空隙位极易形成第二相，即 Fe_2O_3 和 $SmFeO_3$。在 x=0.02 时，稀土离子完全进入晶格中形成固溶体合成为单相尖晶石结构。由此可以得到 Sm^{3+}与 $Ni_{0.2}Cu_{0.2}Zn_{0.6}Fe_2O_4$ 氧化物材料的固溶值。这一结果与 Roy 和 Bera[8]研究的掺杂稀土离子 Sm^{3+}的 $Ni_{0.25}Cu_{0.2}Zn_{0.55}Fe_2O_4$ 的固溶值（x=0.025）相一致。

Sm^{3+}的离子半径要比 Fe^{3+}的离子半径大，因此当 Sm^{3+}掺杂取代 Fe^{3+}时，将会导致晶格膨胀，致使晶格常数有所增大，如图 6-6 所示。然而，当 Sm^{3+}掺杂量进一步增加时，晶格常数有所回落，但仍然比未掺杂样品的晶格常数要大，这是因为当掺杂量高于 0.05 时，部分析出的 Sm^{3+}会与 Fe^{3+}结合形成第二相 $SmFeO_3$[9]，因此晶格常数减小。文献[8]研究掺杂 Sm^{3+}的 $Ni_{0.25}Cu_{0.2}Zn_{0.55}Fe_2O_4$ 样品，当 x=0.025 时有相同的变化规律。另外，析出的 $SmFeO_3$ 形成孤立的超薄层驻留晶界，产生的内应力使晶格畸变，进一步使晶格常数减小。因此可以认为样品中晶格常数的非线性变化，不但依赖掺杂离子的半径大小，而且与掺杂过程中形成的第二相密切相关。平均晶粒尺寸随 Sm^{3+}掺杂量也呈现函数变化，如图 6-6 所示。当 x=0.05 时，掺杂样品相对未掺杂的样品，平均晶粒尺寸增加了约 44%。这是因为驻留晶界的 $SmFeO_3$ 相诱导晶粒长大，但随着内应力的增加，以及 Sm^{3+}—O^{2-}成键能要比 Fe^{3+}—O^{2-}成键能大[10]，需要吸收更多的热能，致使成晶困难，平均晶粒尺寸急剧减小。从图 6-5 也可以观察到，Sm^{3+}掺杂量高于 0.08 时衍射峰宽化，$SmFeO_3$相消失。

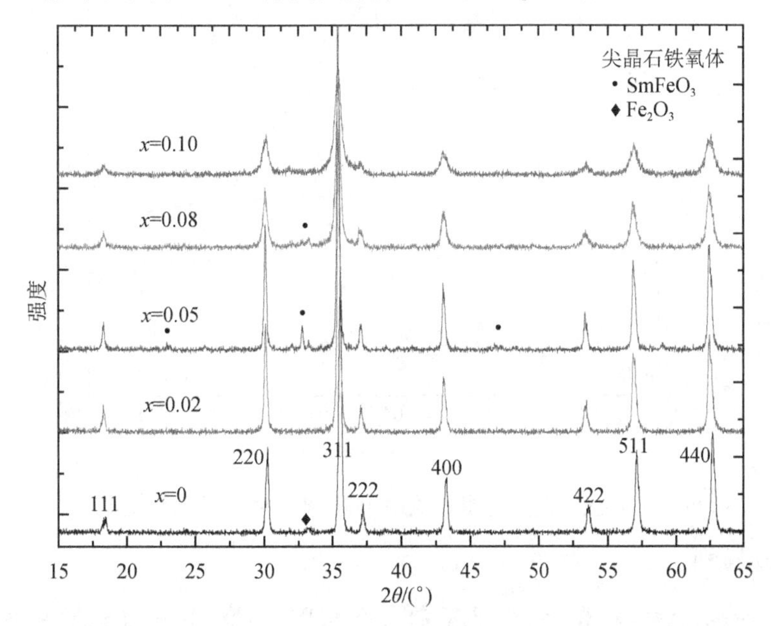

图 6-5　样品 $Ni_{0.2}Cu_{0.2}Zn_{0.6}Fe_{2-x}Sm_xO_4$（$x$=0、0.02、0.05、0.08、0.10）950℃煅烧后室温下测得的 XRD 谱图

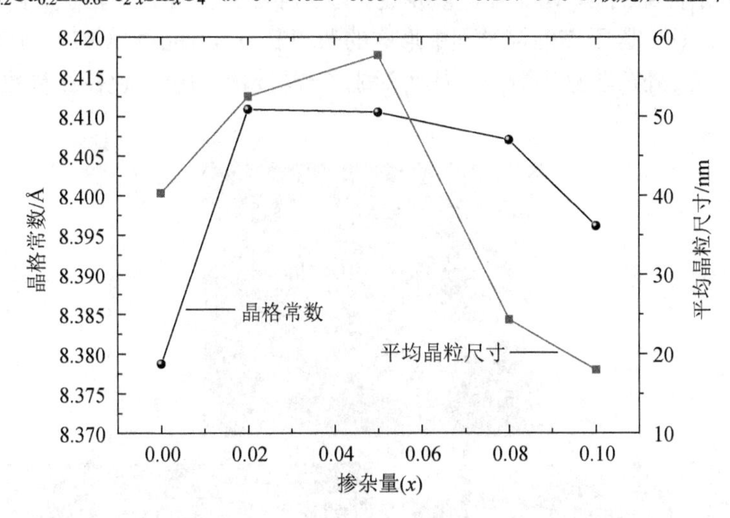

图 6-6　晶格常数和平均晶粒尺寸随 Sm^{3+}掺杂量的变化情况

图 6-7 显示了 I_{220}/I_{222}、I_{422}/I_{222} 相对衍射峰强度随 Sm^{3+}掺杂量的变化情况。我们知道，（220）和（422）衍射峰强反映了四面体的晶面情况，（222）衍射峰强则反映了八面体的晶面情况[11]。峰强比对 Sm^{3+}掺杂量比较敏感，且在 Sm^{3+}掺杂量为 0.05 时达到最大值。由前面讨论知道，离子半径大的 Sm^{3+}更倾向于占据八面体空隙，而且当 Sm^{3+}掺杂量为 0.05 时，有 $SmFeO_3$ 出现。因此可以假设，四面体和八面体晶位的离子 Ni^{2+}、Cu^{2+}、Zn^{2+}、Fe^{3+}由于离子半径大的 Sm^{3+}的进入或析出而发生了重新分布。

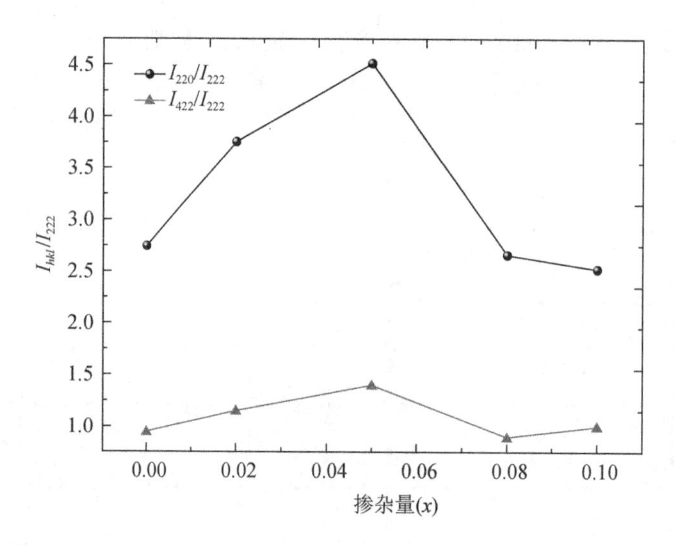

图 6-7　I_{220}/I_{222}、I_{422}/I_{222} 相对衍射峰强度随 Sm^{3+} 掺杂量的变化情况

（二）SEM 分析

图 6-8 为 x=0、x=0.02 和 x=0.05 时，样品在 950℃煅烧 3h 后的 SEM 照片。通过比较掺杂样品与未掺杂样品的 SEM 照片可以发现，掺杂样品的晶界逐渐消失，且当 x=0.05 时，样品形貌为球形。这归因于在煅烧过程中形成的杂相 $SmFeO_3$ 的诱导效应，因为过度掺杂，形成的杂相 $SmFeO_3$ 处在非晶浸渍区，从而形成了一层超薄薄膜，包覆在颗粒外，诱导颗粒成长。

（a）$Ni_{0.2}Cu_{0.2}Zn_{0.6}Fe_2O_4$

（b）$Ni_{0.2}Cu_{0.2}Zn_{0.6}Fe_{1.98}Sm_{0.02}O_4$　　（c）$Ni_{0.2}Cu_{0.2}Zn_{0.6}Fe_{1.95}Sm_{0.05}O_4$

图 6-8　样品 $Ni_{0.2}Cu_{0.2}Zn_{0.6}Fe_2O_4$、$Ni_{0.2}Cu_{0.2}Zn_{0.6}Fe_{1.98}Sm_{0.02}O_4$、$Ni_{0.2}Cu_{0.2}Zn_{0.6}Fe_{1.95}Sm_{0.05}O_4$ 950℃煅烧后的 SEM 照片

图 6-9 为样品 $Ni_{0.2}Cu_{0.2}Zn_{0.6}Fe_2O_4$、$Ni_{0.2}Cu_{0.2}Zn_{0.6}Fe_{1.98}Sm_{0.02}O_4$、$Ni_{0.2}Cu_{0.2}Zn_{0.6}Fe_{1.95}Sm_{0.05}O_4$ 在 950℃煅烧 3h 后颗粒尺寸的柱状分布图。当 x=0.02 左右时，纳米尺寸颗粒的概率最高，随着 Sm^{3+}掺杂量的增加，更小尺寸颗粒的概率减小，更大尺寸颗粒的概率反而有所增加。这也就解释了第一节讨论的随着 Sm^{3+}掺杂量的增加，平均晶粒尺寸逐渐增大的现象。当 Sm^{3+}掺杂量进一步增加时，成晶困难，形成非晶，即所谓的晶粒被打碎。

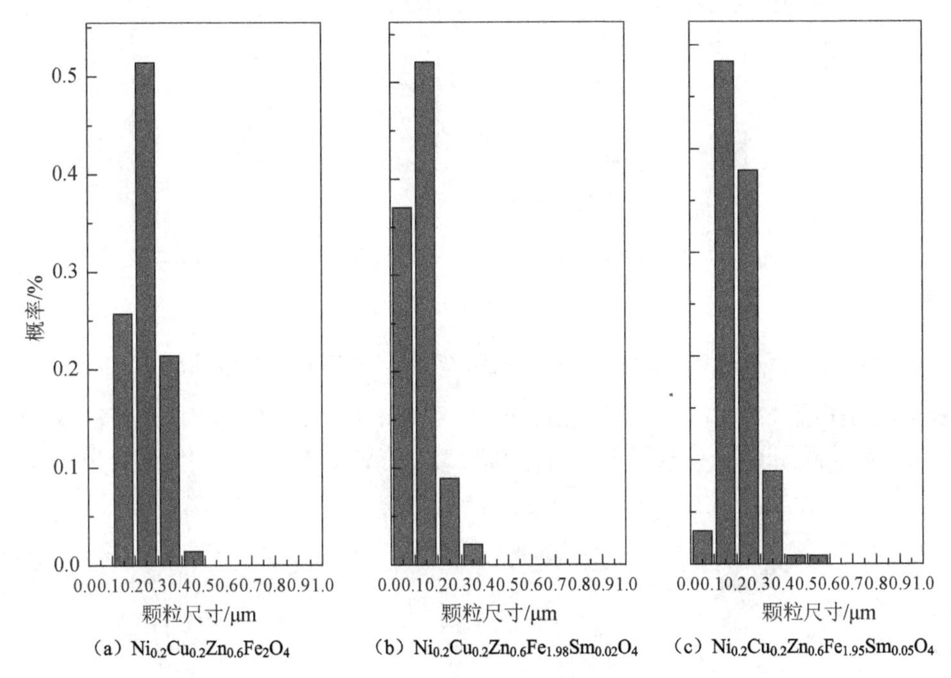

图 6-9　样品 $Ni_{0.2}Cu_{0.2}Zn_{0.6}Fe_2O_4$、$Ni_{0.2}Cu_{0.2}Zn_{0.6}Fe_{1.98}Sm_{0.02}O_4$、$Ni_{0.2}Cu_{0.2}Zn_{0.6}Fe_{1.95}Sm_{0.05}O_4$ 在 950℃煅烧 3h 后颗粒尺寸的柱状分布图

（三）穆斯堡尔谱分析

图 6-10 为样品 $Ni_{0.2}Cu_{0.2}Zn_{0.6}Fe_2O_4$ 在室温下测得的穆斯堡尔谱图。图 6-10 显示，$Ni_{0.2}Cu_{0.2}Zn_{0.6}Fe_2O_4$ 样品的穆斯堡尔谱包含两套六线谱和一套双线谱。其中，一套六线谱为 XRD 分析中证实的赤铁矿相 Fe_2O_3，另外一套带磁场分布的六线谱和中心双线顺磁谱为尖晶石相。我们知道，叠层片式电感器材料的镍铜锌氧化物材料来源于高频应用的镍锌氧化物材料[12]，引入 Cu^{2+}主要是因为其熔点低，易形成液相，能够降低样品的煅烧温度。$Ni_{1-x}Zn_xFe_2O_4$ 的穆斯堡尔谱分析表明，材料的奈尔温度随着 Zn^{2+}浓度的增加而降低。尤其是高化学计量比 Zn^{2+} 配方镍锌氧化物材料，其奈尔温度降到室温以下。$Ni_{0.4}Zn_{0.6}Fe_2O_4$ 室温下测得的穆斯堡尔谱显示其为顺磁性，这是因为非常磁性离子 Zn^{2+}处在 Fe^{3+}近邻，降低了 Fe^{3+}—O^{2-}—Fe^{3+}的超交换相互作用[9-11]。这也就是 $Ni_{0.2}Cu_{0.2}Zn_{0.6}Fe_2O_4$ 在未掺杂 Sm^{3+}时，其穆斯堡尔谱中有一套带磁场分布的弱六线谱和中心双线顺磁谱的原因。

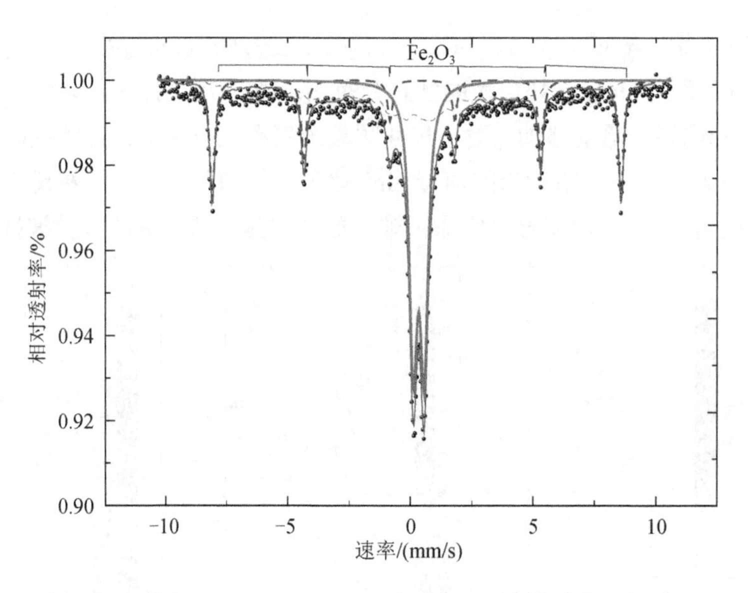

图 6-10　样品 $Ni_{0.2}Cu_{0.2}Zn_{0.6}Fe_2O_4$ 在室温下测得的穆斯堡尔谱图

图 6-11 是样品 $Ni_{0.2}Cu_{0.2}Zn_{0.6}Fe_{2-x}Sm_xO_4$（$x$=0.02、0.05、0.08、0.10）在室温下测得的穆斯堡尔谱图。同图 6-10 比较可知，当 x=0.02 时，赤铁矿 Fe_2O_3 的六线谱消失，只有一套

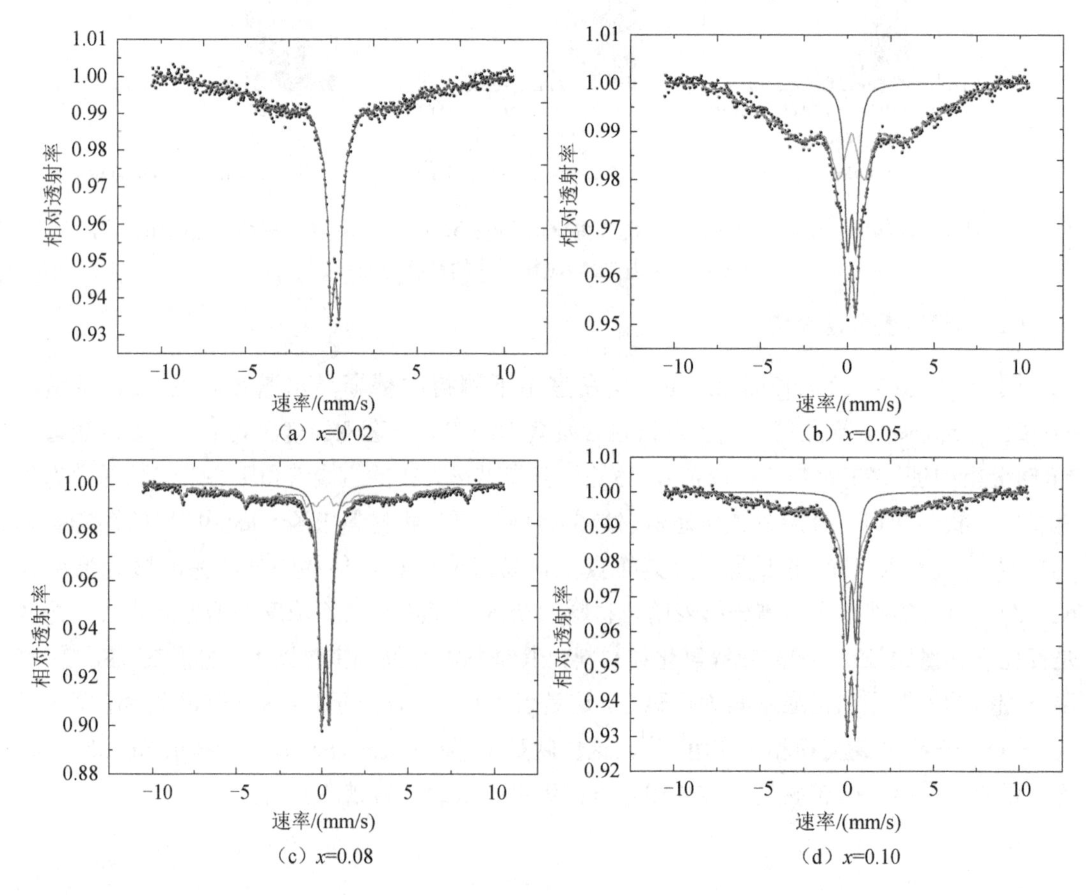

图 6-11　样品 $Ni_{0.2}Cu_{0.2}Zn_{0.6}Fe_{2-x}Sm_xO_4$（$x$=0.02、0.05、0.08、0.10）在室温下测得的穆斯堡尔谱图

带有磁场分布的弛豫顺磁谱。XRD 分析的结果也证实了赤铁矿 Fe_2O_3 的消失，从穆斯堡尔谱参数中也可看到，对应的 B 位的超精细场减小了。奈尔理论认为，尖晶石型氧化物材料的磁有序温度取决于晶格中具有反铁磁的 A-B 间超交换相互作用和相对弱的 B-B 超交换相互作用[13]。我们知道，离子半径大的非磁性 Sm^{3+} 趋向于占据间隙大的晶格 B 位，当 Sm^{3+} 进入晶格取代 B 位 Fe^{3+}时，对于 A 位的 Fe^{3+}而言，B 位的 Fe^{3+}数目减小，因此将减小 A-B 间的$(Fe^{3+})_A$—O^{2-}—$(Fe^{3+})_B$超交换相互作用。

我们知道，在 $Ni_{0.2}Cu_{0.2}Zn_{0.6}Fe_2O_4$ 氧化物材料中，穆斯堡尔核周围的配位离子较为复杂，尤其是非磁性离子 Zn^{2+}和其他磁性离子与 Fe^{3+}形成近邻，其中文献[7]就研究了 Zn^{2+} 在穆斯堡尔核周围具有五种晶格占位环境的情况[14]。因此，很容易理解，当 x=0.05 时，穆斯堡尔谱呈现出带有强烈顺磁双峰的收缩六线谱。对于六线谱峰中出现 3、4 峰平台，我们认为由于掺杂过程中部分第二掺杂相 $SmFeO_3$ 所形成的 Fe^{3+}—O^{2-}—Sm^{3+}超交换相互作用，类似于未掺杂时赤铁矿相 Fe_2O_3 形成的较大超精细场，因此相对较弱的超交换相互作用 Fe^{3+}—O^{2-}—Sm^{3+}被包含到相对较强的 Fe^{3+}—O^{2-}—Fe^{3+}超交换相互作用中。随着 Sm^{3+} 掺杂量的增加，当 x=0.08 时，观察到了明显的 1、6 峰和 2、4 峰。然而，在 XRD 谱图中第二掺杂相 $SmFeO_3$ 峰强较微弱，这是由于成晶较难，第二掺杂相 $SmFeO_3$ 含量较少。同时，当 x=0.10 时，穆斯堡尔谱完全成为顺磁双谱，这是由于晶粒细化后超细颗粒表现出超顺磁性。

结合图 6-12 和表 6-5 中的穆斯堡尔谱参数不难推出，晶格中 Ni^{2+}、Cu^{2+}、Zn^{2+}、Fe^{3+} 等的分布发生了变化，而且随着稀土离子 Sm^{3+}掺杂量的增加，超交换相互作用 Fe^{3+}—O^{2-}—Sm^{3+}有所增强。同质异能移反映晶格中 Fe^{3+} 与 O^{2-}电子组态中 s 层电子云的重叠度，它的绝对值的大小依赖于 Fe^{3+}—O^{2-} 键距，重叠越少，共价性越小[15]。从表 6-5 中可知，当 x=0.10 时，代表 B 位的同质异能移相对于未掺杂样品发生了较为明显的变化，这是因为过量掺杂稀土离子 Sm^{3+}已经影响了晶格中 Fe^{3+}—O^{2-}的键距，从而导致 Fe^{3+} 与 O^{2-}外层 s 轨道电子云的重叠度增加。电场梯度来源于穆斯堡尔核 Fe^{3+}和其周围离子 3d 电子的非球对称分布[15]。四极裂距的大小反映了穆斯堡尔核 Fe^{3+}周围电荷偏离对称分布的程度，因此可以依据四极裂距的变化判断穆斯堡尔核 Fe^{3+}的配位环境。由表 6-5 中的四极裂距值可知，当 x=0.02 和 x=0.05 时，尖晶石相的六线谱四极裂距接近于零，即掺杂样品中 Fe^{3+} 周围的电荷分布趋于对称。然而，随着 Sm^{3+}掺杂量增加到 0.08，四极裂距的大小又与未掺杂时的样品接近，这可能是由于出现了更多的空位间隙。另外，还观察到一条重要的双线峰，该双线峰具有较大且正的四极裂距。随着稀土离子 Sm^{3+}掺杂量的增加，所有掺杂样品的穆斯堡尔谱线中双峰的参数值变化都不大，结合 SEM 和后面的 SQUID 分析可以证实，这正是纳米颗粒在临界尺寸时的超顺磁相。

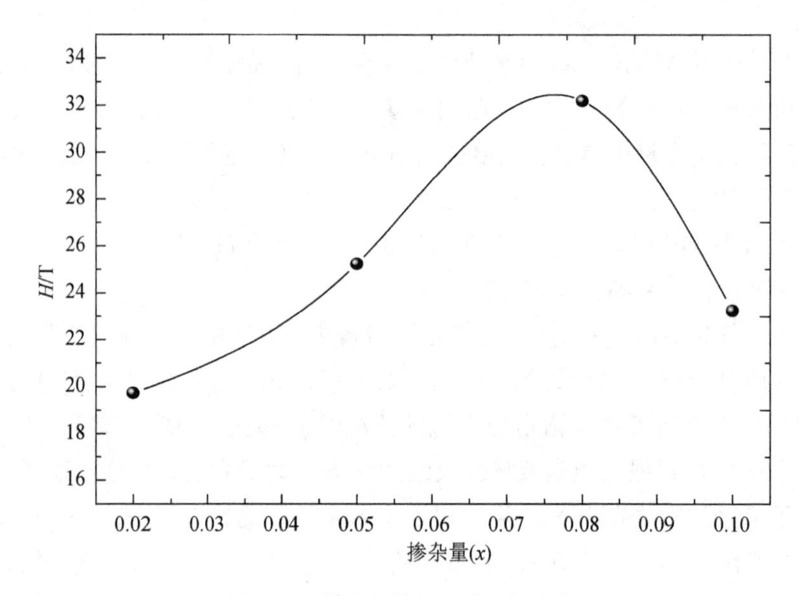

图 6-12　样品超精细场分布的变化

表 6-5　样品 $Ni_{0.2}Cu_{0.2}Zn_{0.6}Fe_{2-x}Sm_xO_4$（$x$=0.02、0.05、0.08、0.10）950℃煅烧后室温下测得的穆斯堡尔谱参数

Sm^{3+}掺杂量（x）	组分	I.S./（mm/s）	Q.S./（mm/s）	H/T	Γ（mm/s）	A_0/%
$x=0$	B	0.243	−0.229	30.03	0.347	42.3
	Fe_2O_3	0.371	−0.225	51.68	0.244	21.1
	—	0.338	0.442	—	0.384	36.6
$x=0.02$	B	0.226	0.003	19.73	0.238	100
$x=0.05$	—	0.209	−0.008	25.24	0.335	79.4
	B	0.223	0.457	—	0.421	20.6
$x=0.08$	—	0.248	−0.227	32.18	0.313	48.9
	B	0.224	0.459	—	0.380	51.1
$x=0.10$	—	0.173	−0.047	23.25	0.332	73.2
	B	0.237	0.475	—	0.342	26.8

（四）SQUID 分析

图 6-13 为样品 $Ni_{0.2}Cu_{0.2}Zn_{0.6}Fe_{2-x}Sm_xO_4$（$x$=0.02、0.05、0.08、0.10）在 950℃煅烧 3h 后室温下测得的磁滞回线。图 6-13 中左上角的小窗口显示了样品矫顽力的详细情况。可以看到，未掺杂样品的矫顽力较大，而所有掺杂样品的矫顽力均接近于零。因此，可以判断掺杂稀土离子 Sm^{3+}的 $Ni_{0.2}Cu_{0.2}Zn_{0.6}Fe_{2-x}Sm_xO_4$ 氧化物材料的纳米颗粒达到临界尺寸，从而呈现超顺磁相。掺杂样品的饱和磁化强度随 Sm^{3+}掺杂量的增加先增加后迅速减小，当 x=0.05 时达到最大值 53.7emu/g。对于未掺杂样品，我们认为，赤铁矿 Fe_2O_3 具有较大的微观超精细场，从而导致样品具有较大的饱和磁化强度和矫顽力，这也是文献[8]中样品的饱和磁化强度和矫顽力要比本节研究的样品小的缘故。另外，我们认为随着掺杂相 $SmFeO_3$ 的增加，样品磁性能发生以上变化有如下几种原因：

1）杂相 $SmFeO_3$（Fe_2O_3）驻留晶界，形成的内应力增加了晶格点阵上磁性离子的磁相互作用量级。另外需要说明的是，进入晶格中的稀土离子 Sm^{3+}引起的晶格膨胀也会产生内应力[16]，这两种内应力的共同作用影响了样品的宏观磁性能饱和磁化强度。

2）稀土离子 Sm^{3+}固溶于晶格中引起二价磁性离子的重新分布，从而增加了 A-B 间隙位的 $Fe^{3+}—O^{2-}—Fe^{3+}$超交换相互作用[17-19]，穆斯堡尔谱证实了这一点。由奈尔理论知，饱和磁化强度与交互相互作用的大小成正比。

3）由于稀土离子掺杂及杂相的形成，材料的磁畴结构异常复杂。从 XRD 和 SEM 分析知，杂相 $SmFeO_3$（Fe_2O_3）有细化晶粒的作用。因此，我们认为材料内形成了不稳定的次级磁畴。当 Sm^{3+}掺杂量增加到某临界值时，又开始形成稳定的磁畴。然而当 x=0.08 时，掺杂 Sm^{3+}过量，饱和磁化强度开始迅速减小，尽管穆斯堡尔谱测量显示此时谱线为铁磁序，但是由于掺杂相阻碍晶粒长大甚至细化颗粒，氧化物材料不能保持对称的立方晶系，因此，饱和磁化强度由 53.7emu/g（x=0.05 时）迅速减小到 39.9emu/g（x=0.08 时），而样品的颗粒大小对应地从 57.7nm 减小到 24.3nm。这也很好地证实了饱和磁化强度的大小随材料尺寸减小而降低的结论。

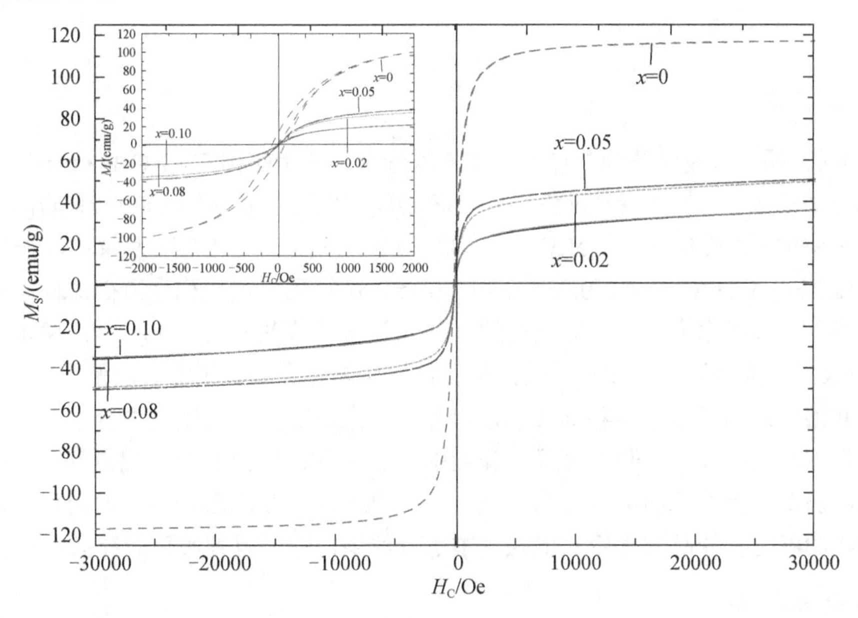

图 6-13　样品 $Ni_{0.2}Cu_{0.2}Zn_{0.6}Fe_{2-x}Sm_xO_4$（$x$=0.02、0.05、0.08、0.10）在 950℃煅烧后室温下测得的磁滞回线

四、小结

掺杂稀土离子 Sm^{3+}的系列 $Ni_{0.2}Cu_{0.2}Zn_{0.6}Fe_{2-x}Sm_xO_4$（$x$=0、0.02、0.05、0.08、0.10）氧化物材料的 XRD 分析结果显示，未掺杂样品 $Ni_{0.2}Cu_{0.2}Zn_{0.6}Fe_2O_4$ 950℃煅烧 3h 后出现了赤铁矿相 Fe_2O_3，当 x=0.02 时，掺杂样品形成单一纯尖晶石相，表明掺杂促进了 Fe^{3+}进入晶格，而当 x=0.05 时，出现掺杂第二相 $SmFeO_3$，即较大离子半径的 Sm^{3+}难以进入晶格，存在掺杂极限值。另外，晶格常数和平均晶粒尺寸的变化明显依赖稀土离子 Sm^{3+}的掺杂量和掺杂相 $SmFeO_3$ 的含量，这是由于晶格畸变和掺杂相共同产生应力。比较掺杂样品与未掺杂样品可以发现，掺杂样品的颗粒熔融，晶界消失，而且当 x=0.05 时，样品形貌显示为球状颗粒，纳米颗粒比表面积增加，这归因于掺杂相 $SmFeO_3$ 的诱导效应。运用室温下测得

的穆斯堡尔谱研究了掺杂第二相 $SmFeO_3$ 的形成过程，以及 Fe^{3+}—O^{2-}—Fe^{3+}和 Fe^{3+}—O^{2-}—Sm^{3+} 超交换相互作用的变化情况。进一步的掺杂表明，当 x=0.08 时，样品出现铁磁相。磁化曲线的研究则显示，当 x=0.05 时饱和磁化强度达到最大值（53.7emu/g），随后迅速减小，这与掺杂相 $SmFeO_3$ 的含量有着重要的关联。另外，穆斯堡尔谱和磁化曲线均表明样品出现超顺磁相。

第三节　掺杂稀土离子 La^{3+}的 $Ni_{0.4}Cu_{0.2}Zn_{0.4}Fe_{2-x}La_xO_4$ 氧化物材料的磁性与穆斯堡尔谱研究

一、引言

本节通过溶胶-凝胶法制备 $Ni_{0.4}Cu_{0.2}Zn_{0.4}Fe_{2-x}La_xO_4$（$x$= 0、0.05、0.10、0.15），并研究掺杂稀土离子 La^{3+}的铜锌铁氧体的结构与磁性能的变化情况。

二、实验

（一）样品制备

采用溶胶-凝胶自蔓延法制备样品，首先以分析纯的硝酸锌[$Zn(NO_3)_2$ • $6H_2O$]、硝酸镍[$Ni(NO_3)_2$ • $6H_2O$]、硝酸镧[$La(NO_3)_3$ • $6H_2O$]、硝酸铜[$Cu(NO_3)_2$ • $3H_2O$]、硝酸铁[$Fe(NO_3)_3$ • $9H_2O$]、柠檬酸（$C_6H_8O_7$ • H_2O）与氨水（NH_3 • H_2O）为原料，按照分子式 $Ni_{0.4}Cu_{0.2}Zn_{0.4}Fe_{2-x}La_xO_4$（$x$=0、0.05、0.10、0.15）进行配比，并称量所需的硝酸盐。然后将硝酸盐溶于去离子水中混合至完全溶解，加入氨水调节到适当的 pH 后，将混合溶液放在 80℃的数显恒温水浴锅上加热。其次根据柠檬酸与总金属离子物质的量比为 1∶1 称取柠檬酸，并溶于去离子水中，将其在水浴过程中逐渐滴加并不断搅拌混合溶液，直至形成湿凝胶。再次将湿凝胶放于数显鼓风干燥箱中，在 120℃下干燥 2h，把得到的干凝胶在空气中滴加助燃剂（无水乙醇）点燃自蔓延，将得到的粉末在玛瑙研钵中研磨均匀。最后按照所需煅烧的温度将样品放入箱式电阻炉中进行煅烧，即可得到最后的样品。

（二）样品表征

使用 X 射线衍射仪（D/max 2500 PC）分析样品的晶体结构，使用扫描电子显微镜（Nova™ Nano SEM 430）观察样品形貌，使用穆斯堡尔谱仪（Tec PC-mossⅡ）测量室温下的穆斯堡尔谱，使用超导量子干涉仪（MPMS-XL-7）测量样品在室温下的磁滞回线。

三、结果与讨论

（一）XRD 分析

800℃和 950℃煅烧 3h 的样品的 XRD 谱图如图 6-14 和图 6-15 所示。由图 6-14 和图 6-15 可知，峰晶面指数和峰强度与标准卡（JCPDS No.08-0234）相符，证实样品为立方尖晶石型[19]。从图 6-14 和图 6-15 中观察到，溶胶-凝胶自蔓延法制备的掺杂样品，800℃煅烧 3h 的掺杂样品比 950℃煅烧 3h 的掺杂样品的衍射峰要宽。另外，800℃煅烧 3h 的掺杂样品要比未掺杂样品的衍射峰宽。由于尖晶石结构中除了四面体和八面体的占位情况还有72个空隙位，因此在低温合成的路线中，离子半径大的 Fe^{3+} 和 La^{3+} 不仅形成了尖晶石主结构，而且在后期的高温热处理过程中占据空隙位极易形成第二相 $LaFeO_3$。从图6-14和图6-15易观察到，第二杂相 $LaFeO_3$ 衍射峰强不但随着温度的升高在增强，而且随 La^{3+}掺杂量的增加也在增强。衍射峰强随 La^{3+}掺杂量的增加在增强是由于 La^{3+} 的离子半径比 Fe^{3+} 的离子半径大，在掺杂取代时较难进入晶格而析出形成 $LaFeO_3$ 相[6,7]。另外，La^{3+}—O^{2-}的成键能[（799±4）kJ/mol]要比 Fe^{3+}—O^{2-}的成键能[（390.4±17.2）] kJ/mol]大，需要吸收更多的热能，致使在低煅烧温度时成晶困难，故衍射峰宽化。本节的研究结果与文献[20]、[21]中研究的掺杂 La^{3+}的 $Ni_{0.25}Cu_{0.2}Zn_{0.55}Fe_2O_4$ 的结果略有不同，文献[20]、[21]中的样品在700℃煅烧时就出现了与本样品在950℃煅烧时强度相当的 $LaFeO_3$ 衍射峰，这可能是由于本节采用的溶胶-凝胶自蔓延法在前期促进了 La^{3+}进入晶格，但随后煅烧温度升高，不仅没有促进 La^{3+} 进入晶格，反而促进其与 Fe^{3+} 进入空隙位形成杂相 $LaFeO_3$。

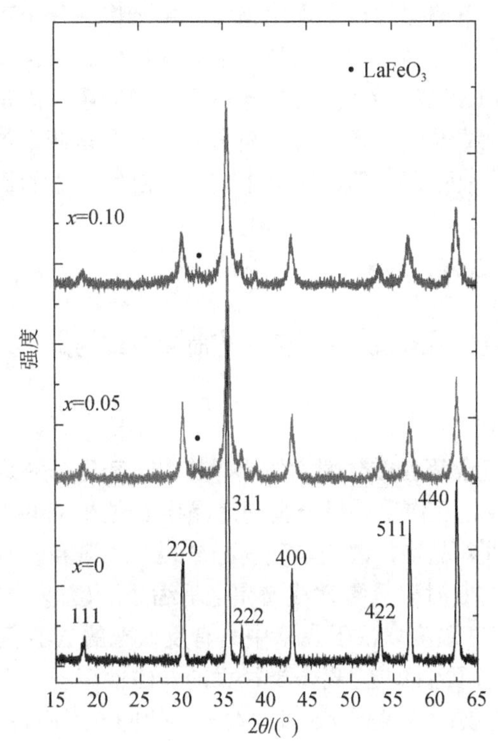

图6-14　掺杂 La^{3+}的 $Ni_{0.4}Cu_{0.2}Zn_{0.4}Fe_{2-x}La_xO_4$ 800℃煅烧3h后的XRD谱图

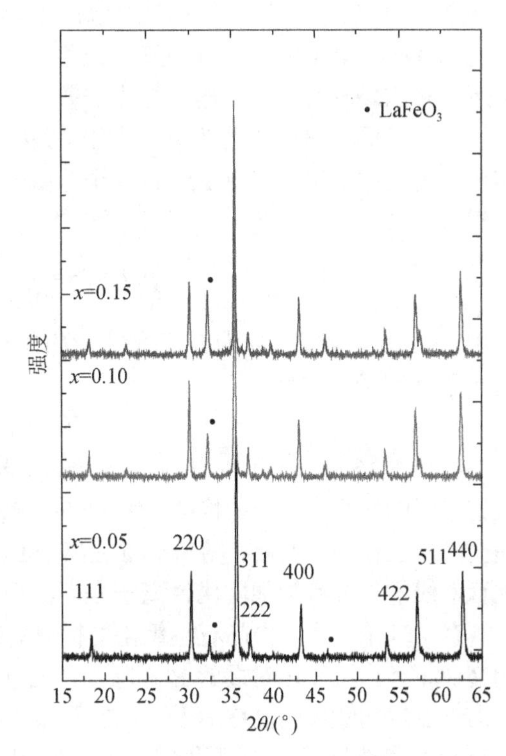

图6-15　掺杂 La^{3+}的 $Ni_{0.4}Cu_{0.2}Zn_{0.4}Fe_{2-x}La_xO_4$ 950℃煅烧3h后的XRD谱图

晶格常数和平均晶粒尺寸随 La^{3+}掺杂量的变化见表6-6。800℃煅烧3h的样品的平均晶粒尺寸随着 La^{3+}掺杂量的增加而减小，而950℃煅烧3h的样品的平均晶粒尺寸随着 La^{3+}掺杂量的增加而增大。另外，对于特定的掺杂样品而言，随着煅烧温度升高，平均晶粒尺寸在增加，这是由于较高的煅烧温度促进晶粒长大。而在较低的煅烧温度下，则需要更多的能量使 La^{3+} 进入晶格，促进晶粒成长，因此随着 La^{3+}掺杂量的增加，晶粒成长不完全，非晶区较大，图6-14中衍射峰宽化。同时可以看到，随着 La^{3+} 掺杂量增加，晶格常数在高温烧结时轻微增大，显示少量 La^{3+} 进入晶格，但继续掺杂，La^{3+} 则就无法进入晶格，反而形成第二相 $LaFeO_3$，产生应力，使晶格常数减小。

表 6-6　掺杂 La^{3+} 的 $Ni_{0.4}Cu_{0.2}Zn_{0.4}Fe_{2-x}La_xO_4$ 在 800℃、950℃煅烧 3h 的 XRD 参数

温度/℃	La^{3+}掺杂量（x）	晶格常数/Å	密度/（g/cm^3）	平均晶粒尺寸/nm
800	0	8.39214	5.3622	32.6
	0.05	8.39407	5.3586	18.7
	0.10	8.38478	5.3764	14.7
950	0.05	8.39427	5.3582	47.8
	0.10	8.4076	5.3327	54.5
	0.15	8.40582	5.3361	56.7

（二）不同掺杂量的穆斯堡尔谱分析

图 6-16（a）为样品在 800℃煅烧 3h 后室温下测得的穆斯堡尔谱图。由于掺杂稀土离子进入晶格，晶格 A 位、B 位离子发生迁移或产生更多的空位间隙，因此穆斯堡尔谱谱线显示带有磁场分布的多子谱。类似文献中研究的 NiCuZn 系列和 NiZn 系列的穆斯堡尔谱是通过在穆斯堡尔谱拟合软件中，采用 N 条磁性六线谱和 N 条顺磁双线谱模式拟合穆斯堡尔谱参数得到的。基于考虑 Fe^{3+}有 n 个非磁性 Zn^{2+}或空穴近邻，则有下列关于磁场分布的概率模型[4,7]：

$$p(x,n)=\frac{6!}{n!(6-n)!}x^n(1-x)^{6-n} \tag{6-1}$$

式中，x 为 Zn^{2+}数目；n 为 Fe^{3+}周围近邻的 Zn^{2+}数目。当 Fe^{3+}周围无 Zn^{2+}时超精细场定义为 H_0，于是磁场分布为

$$H=H_0(1-n\Delta H) \tag{6-2}$$

在图 6-16（a）中可以看到，当 x=0 时样品包含两套磁分裂六线谱，其中一套磁分裂六线谱包围的面积小，为晶格 A 位中的 Fe^{3+}超交换相互作用；另一套则为晶格 B 位中的 Fe^{3+}超交换相互作用。然而，随着非磁性离子 La^{3+} 进入晶格，谱线呈现弱磁分裂六线谱和一套弛豫双线谱。继续增加非磁性离子 La^{3+}，当 x=0.10 时磁分裂六线谱完全坍缩成顺磁谱。

奈尔理论认为，尖晶石型氧化物材料的磁有序温度取决于晶格中具有反铁磁的 A-B 间超交换相互作用和相对弱的 B-B 超交换相互作用。我们知道，离子半径大的非磁性离子 La^{3+} 趋向于占据间隙大的晶格 B 位，当 La^{3+} 进入晶格取代 B 位的 Fe^{3+}时，对于 A 位的 Fe^{3+}而言，B 位的 Fe^{3+}数目减少，因此将减小 A-B 间的$(Fe^{3+})_A$—O^{2-}—$(Fe^{3+})_B$超交换相互作用。随着$(Fe^{3+})_A$—O^{2-}—$(Fe^{3+})_B$超交换相互作用的减弱，$(Fe^{3+})_B$—O^{2-}—$(Fe^{3+})_B$超交换相互作用相对增强。因此，文献[17]、[18]、[20]研究了掺杂稀土离子增强氧化物材料离子间的超交换相互作用，从而达到增加饱和磁化强度的目的，这也正是本节尝试通过掺杂稀土离子调控材料微观磁性能的理论基础和途径。

从图 6-16（a）中还可以看到，当稀土离子 La^{3+}掺杂量为 0.05 时，样品由铁磁性谱转变为弛豫双线谱。弛豫谱的出现可以从以下两个方面解释：

1）稀土离子 La^{3+}除了进入晶格降低超交换相互作用外，还会有少量驻留在晶界，使样品形成孤立磁畴（即次级分畴），并且增加了畴壁能垒，降低了各向异性。

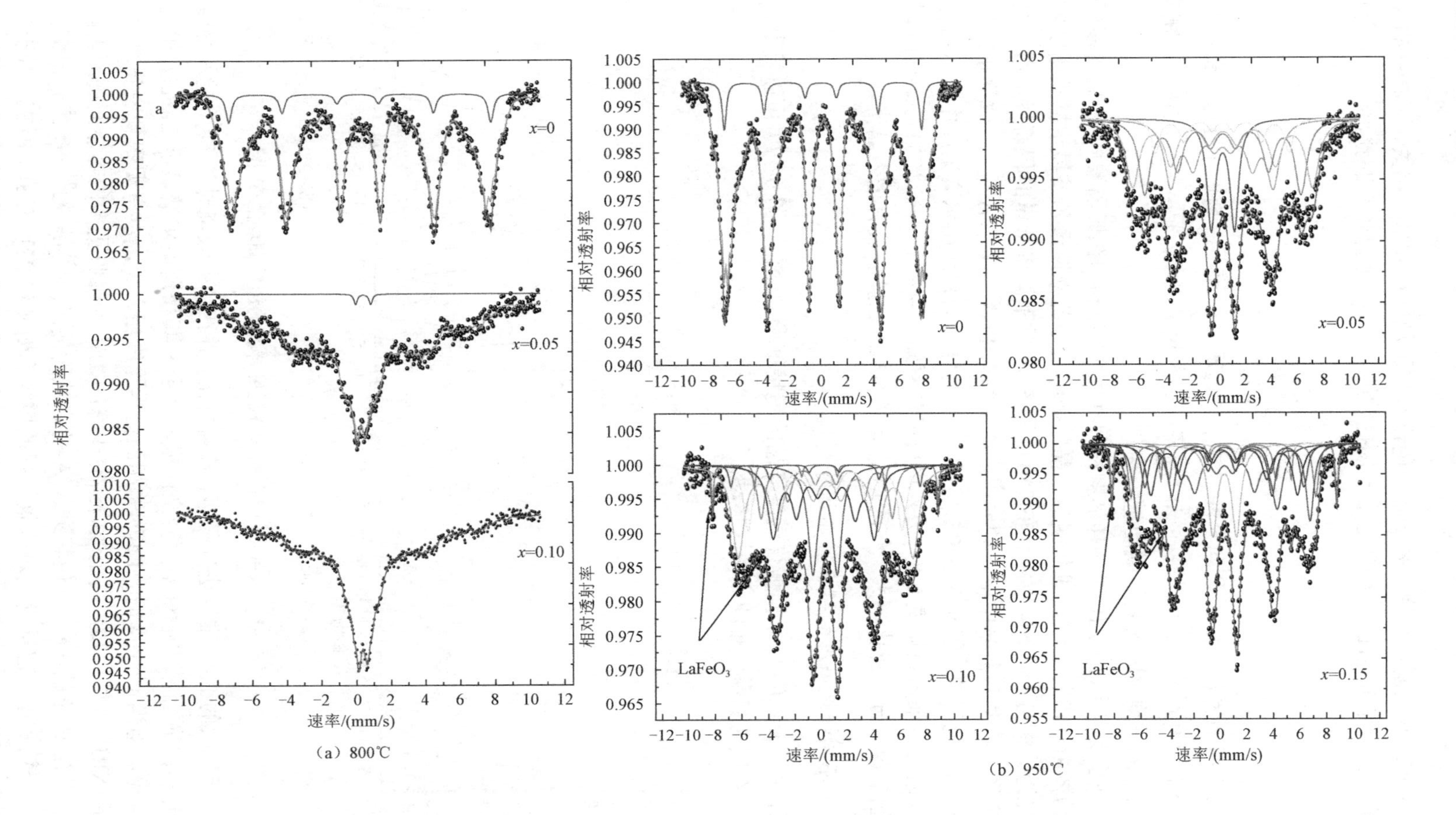

图 6-16　稀土离子 La^{3+}不同掺杂量样品、不同温度煅烧后室温下测得的穆斯堡尔谱图

2）奈尔理论的解释认为，弛豫效应的出现与颗粒的尺寸紧密相关，当样品的尺寸足够小，以至于磁晶各向异性能（KV）远小于热扰动能 $k_B T$ 时，弛豫效应的弛豫时间可用式（6-3）表示。

$$\tau = \tau_0 \exp\left(\frac{KV}{k_B T}\right) \tag{6-3}$$

式中，τ_0 为时间常数；K 为各向异性常数；V 为颗粒尺寸；k_B 为玻尔兹曼常量；T 为热力学温度。$KV \ll k_B T$ 时，电子自旋弛豫时间将远小于拉莫进动时间，磁角动量方向跳变较快，因此在测量的平均时间内测得磁动量为零[10]。

表 6-6 显示，当 x=0.10 时，样品颗粒尺寸为 14.7 nm。在低温溶胶-凝胶自蔓延合成过程中，晶体由于掺杂 La^{3+}，成晶困难，晶粒破碎，因此穆斯堡尔谱显示样品由铁磁性谱坍缩成顺磁谱。图 6-16（b）为样品在 950℃煅烧 3h 后不同掺杂量的穆斯堡尔谱。由于掺杂的稀土离子 La^{3+}与从晶格中析出的 Fe^{3+}形成杂相 $LaFeO_3$，晶格 A 位、B 位离子发生迁移或产生更多的空位间隙，因此在 950℃煅烧 3h 后的样品的穆斯堡尔谱谱线中显示出更多的子谱，详细的超精细参数见表 6-8。另外也可以观察到，当从 x=0.05 增加到 x=0.15 时，样品的穆斯堡尔谱磁分裂变化不大。这表明稀土离子 La^{3+}过量后没有进入晶格。

（三）不同煅烧温度的穆斯堡尔谱分析

通过比较 x=0.05 时不同煅烧温度样品的超精细场的变化（图 6-17）可以发现，高温煅烧时样品的超精细场分布向高场区移动。

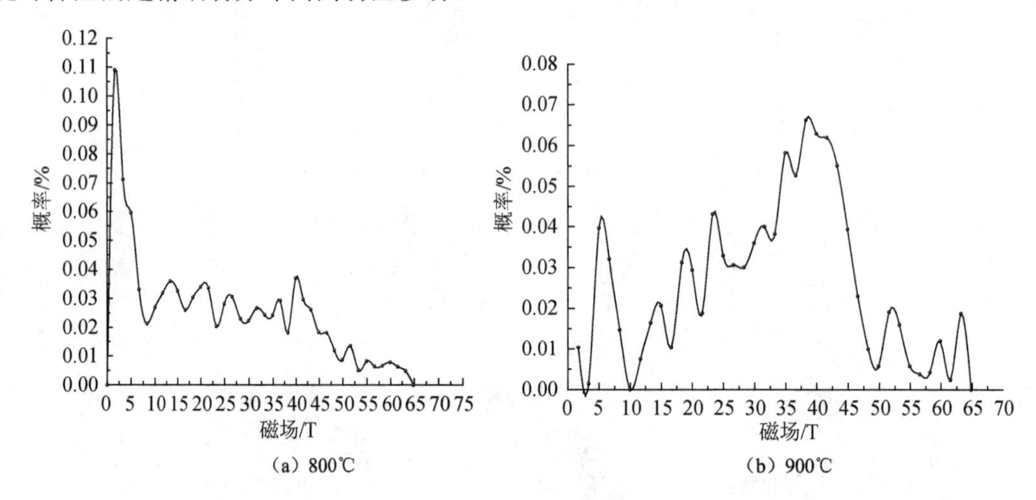

图 6-17　x=0.05 时不同煅烧温度样品的超精细场的变化

离子半径大的 La^{3+} 难以进入晶格，较易析出，并在高温煅烧时和 Fe^{3+} 进入空隙位形成杂相 $LaFeO_3$，而且随着煅烧温度升高而成晶完全，其穆斯堡尔谱显示 $LaFeO_3$ 相是一套磁分裂六线谱。但当 x=0.05 时，$LaFeO_3$ 相的化学无序相太少，没有观察到磁分裂谱。同时，从前面的 XRD 分析可知，高温煅烧会有少量的 La^{3+}因吸收更多的热能而进入尖晶石晶格中，挤占晶格 B 位的 Fe^{3+}，使其进入 A 位，从而促进$(Fe^{3+})_A$—O^{2-}—$(Fe^{3+})_B$超交换相互作用，另外也表现出 A 位子谱相对吸收面积的增大。如文献[22]、[23]中所言，对于具有化学计量比的氧化物材料，结合其离子占位趋势，易从子谱相对吸收面积的变化来估算晶格中离子的迁移率。但是，本实验中出现了杂相 $LaFeO_3$，这种估算将变得异常困难。

不同掺杂量和不同煅烧温度下样品的穆斯堡尔谱参数见表 6-7 和表 6-8。

表 6-7　样品 $Ni_{0.4}Cu_{0.2}Zn_{0.4}Fe_{2-x}La_xO_4$ 在 800℃煅烧 3h 后的穆斯堡尔谱参数

掺杂量（x）	组分	I.S/（mm/s）	Q.S/（mm/s）	H/T	Γ/（mm/s）	A_0/%
x=0	A	0.23	0.11	46.80	0.39	6.50
	B	0.30	−0.02	39.88	0.33	93.50
x=0.05	B	0.30	0.01	27.79	0.33	99.20
	C	0.43	0.87	—	0.23	0.80
x=0.10	B	0.34	0.04	22.50	0.31	100.00
误差	—	±0.02	±0.02	±0.02	—	—

表 6-8　样品 $Ni_{0.4}Cu_{0.2}Zn_{0.4}Fe_{2-x}La_xO_4$ 在 950℃煅烧 3h 后的穆斯堡尔谱参数

掺杂量（x）	组分	I.S./（mm/s）	Q.S./（mm/s）	H/T	Γ/（mm/s）	A_0/%
x = 0	A	0.18	0.15	46.05	0.38	6.00
	B	0.29	−0.04	40.73	0.33	94.00
x=0.05	A	0.30	−0.04	31.22	0.73	8.30
	B_1	0.32	−0.04	42.05	1.18	26.40
	B_2	0.33	−0.02	36.58	1.06	26.20
	B_3	0.27	−0.05	23.87	1.16	25.20
	C	0.31	1.75	—	0.77	13.90
x=0.10	A	0.28	0.04	35.98	0.81	16.60
	B_1	0.29	0.09	44.08	0.38	2.70
	B_2	0.38	−0.15	40.72	1.08	31.50
	B_3	0.39	0.06	30.66	0.68	11.40
	B_4	0.26	−0.16	23.59	0.94	21.00
	C	0.29	1.84	—	0.84	14.20
	$LaFeO_3$	0.11	0.43	52.67	0.22	2.60
x=0.15	A	0.22	0.12	40.35	0.71	19.50
	B_1	0.24	0.08	43.18	0.51	9.80
	B_2	0.35	−0.01	37.21	0.68	10.60
	B_3	0.33	0.00	34.31	0.85	15.40
	B_4	0.34	−0.12	30.01	0.46	4.80
	B_5	0.40	0.09	24.00	1.00	22.00
	C	0.36	1.79	—	0.81	13.00
	$LaFeO_3$	0.40	−0.12	52.56	0.25	4.90
误差	—	±0.02	±0.02	±0.02	—	—

由表 6-8 知，950℃煅烧 3h 后样品的同质异能移在 0.18～0.40 mm/s 范围内，说明掺杂具有不满外层电子组态（$4f^n$）的稀土离子并没有将 $Ni_{0.4}Cu_{0.2}Zn_{0.4}Fe_{2-x}La_xO_4$ 氧化物材料中的 Fe^{3+}还原成低价态的 Fe^{2+}。随着 La^{3+}掺杂量的增加和煅烧温度的变化，Fe^{3+}的同质异能移发生变化，这表明 Fe^{3+}外的 s 层电子分布受到影响。另外，可以通过同质异能移来辨别不

同晶格位上的 Fe^{3+}，因为四面体中 Fe^{3+}—O^{2-}的键距要比八面体中 Fe^{3+}—O^{2-}的键距相对短，表现出更强的共价性[15]。四极裂距的大小反映穆斯堡尔核 Fe^{3+}的 3d 电子和周围电荷[（Ni（$3d^8$）、Cu（$3d^9$）]等磁性离子电荷分布偏离球对称分布的程度，因此可以依据四极裂距的变化，判断穆斯堡尔核 Fe^{3+}的配位环境[22,23]。表 6-8 中标记为 C 相的四极裂距绝对值为 1.75 ～1.84 mm/s，而且较大，这归因于立方晶格中面心离子的不对称性，说明晶格中有较大的晶格缺陷和晶格畸变。另外，掺杂相 $LaFeO_3$ 的四极裂距也反映了这一规律。

（四）$Ni_{0.4}Cu_{0.2}Zn_{0.4}Fe_{2-x}La_xO_4$ 的 SEM 分析

图 6-18 为样品 $Ni_{0.4}Cu_{0.2}Zn_{0.4}Fe_2O_4$、$Ni_{0.4}Cu_{0.2}Zn_{0.4}Fe_{1.95}La_{0.05}O_4$、$Ni_{0.4}Cu_{0.2}Zn_{0.4}Fe_{1.9}La_{0.1}O_4$ 在 950℃煅烧 3h 后的 SEM 照片。通过比较可以发现，950℃煅烧 3h 后的 $Ni_{0.4}Cu_{0.2}Zn_{0.4}Fe_2O_4$ 氧化物材料样品成晶较好，颗粒尺寸较大，晶界明显。掺杂样品晶界消失，颗粒细化并呈球形，而且随着 La^{3+}掺杂量的增加，样品颗粒分布不均匀，空隙率也有所增加。这是由于离子半径大的 La^{3+} 难以进入晶格，较易析出掺杂相 $LaFeO_3$，发生较大的晶格畸变，影响了晶粒度，形成集聚。

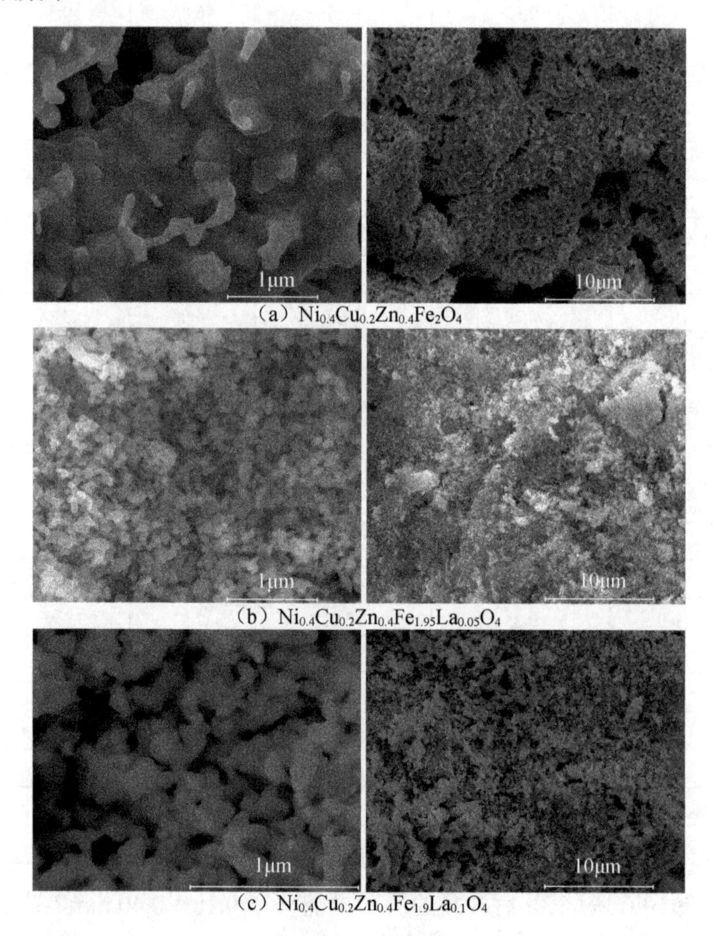

（a）$Ni_{0.4}Cu_{0.2}Zn_{0.4}Fe_2O_4$

（b）$Ni_{0.4}Cu_{0.2}Zn_{0.4}Fe_{1.95}La_{0.05}O_4$

（c）$Ni_{0.4}Cu_{0.2}Zn_{0.4}Fe_{1.9}La_{0.1}O_4$

图 6-18 样品 $Ni_{0.4}Cu_{0.2}Zn_{0.4}Fe_2O_4$、$Ni_{0.4}Cu_{0.2}Zn_{0.4}Fe_{1.95}La_{0.05}O_4$、$Ni_{0.4}Cu_{0.2}Zn_{0.4}Fe_{1.9}La_{0.1}O_4$ 在 950℃煅烧 3h 后的 SEM 照片

四、小结

不同煅烧温度掺杂 La^{3+} 的系列 $Ni_{0.4}Cu_{0.2}Zn_{0.4}Fe_{2-x}La_xO_4$ 氧化物材料，其 XRD 分析结果显示，样品在 800℃煅烧 3h 后结合能增加，成晶困难，平均晶粒尺寸随掺杂量增加而减小。而在 950℃煅烧 3h 后成晶完整，晶粒尺寸却随掺杂量增加而增大，这是因为高于 800℃煅烧 3h 后的样品均会出现掺杂相 $LaFeO_3$。掺杂相随着 La^{3+} 掺杂量增加而增多，表明离子半径大的 La^{3+} 难以进入晶格，较易析出。另外，掺杂相也随着烧结温度升高而成晶完全。在 800℃煅烧 3h 室温下测得的穆斯堡尔谱表明，非磁性离子 La^{3+} 进入晶格降低了超交换相互作用，未观察到杂相 $LaFeO_3$ 谱。当 x=0.10 时，样品由铁磁性谱转变为顺磁性谱。然而样品 950℃煅烧 3h 后观察到不同的结果，掺杂样品相对于未掺杂样品铁磁性减弱，能观察到掺杂相 $LaFeO_3$ 谱，并且随着掺杂量的增加，$LaFeO_3$ 谱谱线包围的面积增大，即含量增多，这与 XRD 分析的结果一致。因为高温热处理样品时，较难进入晶格的 La^{3+} 较易和 Fe^{3+} 进入空隙位形成杂相 $LaFeO_3$。相对于未掺杂样品而言，掺杂相对尖晶石构型的铁磁性结构影响较大，使尖晶石相铁磁性谱呈现出较多次晶格子谱，表明晶格内 Fe^{3+} 周围出现了较复杂的配位环境，离子发生迁移或出现了较多空隙位。当从 x=0.05 增加到 x=0.15 时，样品的穆斯堡尔谱磁分裂变化不大，但尖晶石构型的铁磁性谱的磁分裂随着煅烧温度的升高而增强，超精细场分布向高场区域移动。SEM 研究证实，掺杂稀土离子形成的掺杂相诱导材料颗粒细化，成晶温度增加，晶粒被打碎，且过量掺杂将会形成杂相集聚，影响制备粉末的密度。

参 考 文 献

[1] ATA-ALLAH S S, FAYEK M K, YEHIA M. Mössbauer and DC electrical resistivity study of Zn substituted tetragonal $CuFe_{2-y}Ga_yO_4$ compound[J]. Journal of magnetism and magnetic materials, 2004, 279(2/3): 411-420.

[2] ATA-ALLAH S S. Hyperfine parameters，(ac and dc)conductivity，and dielectric relaxation studies of $CuAlFeO_4$，using Mössbauer and adaptive technique for electrical measurements[J]. Materials chemistry and physics, 2004, 87(2/3): 378-386.

[3] ATA-ALLAH S S. XRD and Mössbauer studies of crystallographic and magnetic transformations in synthesized Zn-substituted Cu-Ga-Fe compound[J]. Journal of solid state chemistry, 2004, 177(12): 4443-4450.

[4] ATA-ALLAH S S，FAYEK M K，REFAI H S, et al. Mössbauer effect study of copper containing nickel-aluminate ferrite[J]. Journal of solid state chemistry, 2000, 149(2): 434-442.

[5] KIM S J. Mössbauer studies of dynamic Jahn-Teller relaxation on the Cu-substituted sulfur spinel[J]. Journal of applied physics, 2004, 95(11): 6837.

[6] ROY P K, BERA J. Characterization of nanocrystalline NiCuZn ferrite powders synthesized by sol-gel auto-combustion method[J]. Journal of materials processing technology, 2008, 197(1-3): 279-283.

[7] KIM C S, KIM W C, AN S Y, et al. Structure and Mössbauer studies of Cu-doped Ni-Zn ferrite[J]. Journal of magnetism and magnetic materials, 2000, 215/216: 213-216.

[8] ROY P K, BERA J. Electromagnetic properties of samarium-substituted NiCuZn ferrite prepared by auto-combustion method[J]. Journal of magnetism and magnetic materials, 2009, 321(4): 247-251.

[9] ROY P K, NAYAK B B, BERA J. Study on electro-magnetic properties of La substituted Ni-Cu-Zn ferrite synthesized by auto-combustion method[J]. Journal of magnetism and magnetic materials, 2008, 320(6): 1128-1132.

[10] ZHAO L, YANG H, YU L X, et al. Magnetic properties of Re-substituted Ni-Mn ferrite nanocrystallites[J]. Journal of materials science, 2006, 42(2): 686-691.

[11] WOLSKA E, RIEDEL E, WOLSKI W. The evidence of $Cd_xFe_{1-x}Ni_{1-x}Fe_{1+x}O_4$ cation distribution based on X-Ray and Mössbauer data[J]. Physica status solidi(A), 1992, 132(1): 51-56.

[12] UEN T, TSENG P K. Mössbauer effect studies on the magnetic properties of the Ni-Zn-ferrite system[J]. Physical review B，1982,

25(3): 1848-1859.

[13] UPADHYAY C. Cation distribution in nanosized Ni-Zn ferrites[J]. Journal of applied physics, 2004, 95(10): 5746.

[14] SORESCU M, DIAMANDESCU L, RAMESH P D, et al. Evidence for microwave- induced recrystallization in NiZn ferrites[J]. Materials chemistry and physics, 2007, 101(2/3): 410-414.

[15] KAISER M, ATA-ALLAH S S. Mössbauer effect and dielectric behavior of $Ni_xCu_{0.8-x}Zn_{0.2}Fe_2O_4$ compound[J]. Materials research bulletin, 2009, 44(6): 1249-1255.

[16] ROY P K, BERA J. Enhancement of the magnetic properties of Ni-Cu-Zn ferrites with the substitution of a small fraction of lanthanum for iron[J]. Materials research bulletin, 2007, 42(1): 77-83.

[17] ZHANG Y, WEN D. Infrared emission properties of RE(RE=La, Ce, Pr, Nd, Sm, Eu, Gd, Tb, and Dy) and Mn co-doped $Co_{0.6}Zn_{0.4}Fe_2O_4$ ferrites[J]. Materials chemistry and physics, 2012, 131(3): 575-580.

[18] ZHAO L, YANG H, YU L X, et al. Study on magnetic properties of nanocrystalline La-, Nd-, or Gd-substituted Ni-Mn ferrite at low temperatures[J]. Journal of magnetism and magnetic materials, 2006, 305(1): 91-94.

[19] ROY P K, BERA J. Electromagnetic properties of samarium-substituted NiCuZn ferrite prepared by auto-combustion method[J]. Journal of magnetism and magnetic materials, 2009, 321(4): 247-251.

[20] TAHAR L B, ARTUS M, AMMAR S, et al. Magnetic properties of $CoFe_{1.9}RE_{0.1}O_4$ nanoparticles(RE=La, Ce, Nd, Sm, Eu, Gd, Tb, Ho) prepared in polyol[J]. Journal of magnetism and magnetic materials, 2008, 320(23): 3242-3250.

[21] 夏元复，叶纯灏，张健. 穆斯堡尔谱效应及其应用[M]. 北京：中国原子能出版社，1984.

[22] 马如璋，徐英庭. 穆斯堡尔谱学[M]. 北京：科学出版社，1996.

[23] GABAL M A, AL ANGARI Y M. Low-temperature synthesis of nanocrystalline NiCuZn ferrite and the effect of Cr substitution on its electrical properties[J]. Journal of magnetism and magnetic materials, 2010, 322(20): 3159-3165.

第七章　掺杂过渡金属的镍铜锌铁氧体的磁性与穆斯堡尔效应研究

第一节　$Ni_{0.8-x}Cu_{0.2}Zn_xFe_2O_4$铁氧体纳米晶的结构与穆斯堡尔谱研究

一、引言

现代电子元器件的发展趋势是小型化、微型化，片式电感器是重要的电子元器件，其发展的主流方向是叠层片式，尖晶石型镍铜锌铁氧体在高频范围具有高电阻率和良好的磁性，因此常用来制备叠层片式电感器[1,2]。将铁氧体材料与内导体 Ag 低温共烧是制备叠层片式电感器的关键工艺。由于 Ag 的熔点为 961℃，因此要求共烧温度要低于 960℃。要实现铁氧体材料和 Ag 共烧，铁氧体不仅要烧结温度低、电阻率高，不与 Ag 发生化学反应，而且其收缩率也要与内导体 Ag 相近。目前，尖晶石型镍铜锌铁氧体因具有的低烧结温度和高性能而成为研究中使用较多的低温共烧材料，是目前研究开发的首选材料[3,4]。常用的制备尖晶石型镍铜锌铁氧体的方法有传统固相反应法（即氧化物法）和共沉淀法、溶胶-凝胶法等软化学方法。本章采用溶胶-凝胶自蔓延法，因为该方法工艺简单、反应均匀，制备的样品颗粒均匀，平均晶粒尺寸相对于氧化物法更小。

二、实验

（一）样品制备

采用溶胶-凝胶自蔓延法制备样品，首先以分析纯的硝酸镍[$Ni(NO_3)_2\cdot 6H_2O$]、硝酸铜[$Cu(NO_3)_2\cdot 3H_2O$]、硝酸锌[$Zn(NO_3)_2\cdot 6H_2O$]、硝酸铁[$Fe(NO_3)_3\cdot 9H_2O$]、柠檬酸（$C_6H_8O_7\cdot H_2O$）与氨水（$NH_3\cdot H_2O$）为原料，按照分子式 $Ni_{0.8-x}Cu_{0.2}Zn_xFe_2O_4$（$x$=0.1、0.2、0.3、0.4、0.5、0.6）进行配比，并称量所需的硝酸盐。然后将硝酸盐溶于去离子水中混合至完全溶解，加入氨水调节到适当的 pH 后，将混合溶液放在 80℃的数显恒温水浴锅上加热。其次根据柠檬酸与总金属离子物质的量比为 1∶3 称取柠檬酸，并溶于去离子水中，将其在水浴过程中逐渐滴加并不断搅拌混合溶液，直至形成湿凝胶。再次将湿凝胶放于数显鼓风干燥箱中，在 120℃下干燥 2h，把得到的干凝胶在空气中滴加助燃剂（无水乙醇）点燃自蔓延，将得到的粉末在玛瑙研钵中研磨均匀。最后按照所需煅烧的温度将样品放入箱式电阻炉中进行煅烧，即可得到最后的样品。

（二）样品表征

使用 X 射线衍射仪（D/max 2500 C）分析样品的晶体结构，使用扫描电子显微镜（Nova^{TM} Nano SEM 430）观察样品形貌，使用穆斯堡尔谱仪（Tec PC-moss Ⅱ）测量室温下的穆斯堡尔谱。

三、结果与讨论

（一）XRD 分析

图 7-1 为 $Ni_{0.8-x}Cu_{0.2}Zn_xFe_2O_4$（$x$=0.1、0.2、0.3、0.4、0.5、0.6）铁氧体纳米晶在 800℃煅烧 3h 后室温下测得的 XRD 谱图。图中（220）、（311）、（222）、（400）、（422）、（511）和（440）衍射峰对应于尖晶石相，因此可知，制备的 6 个样品均为尖晶石结构。图 7-2 为 $Ni_{0.8-x}Cu_{0.2}Zn_xFe_2O_4$ 铁氧体纳米晶的 XRD 谱图中（311）衍射峰的放大图，可以看出衍射峰比较宽，衍射峰的宽化是纳米晶铁氧体的特性。从图 7-1 中也能看出样品中有杂相，通过与标准（JCPDF No.33-0664）对比发现杂相谱峰对应于 α-Fe_2O_3。

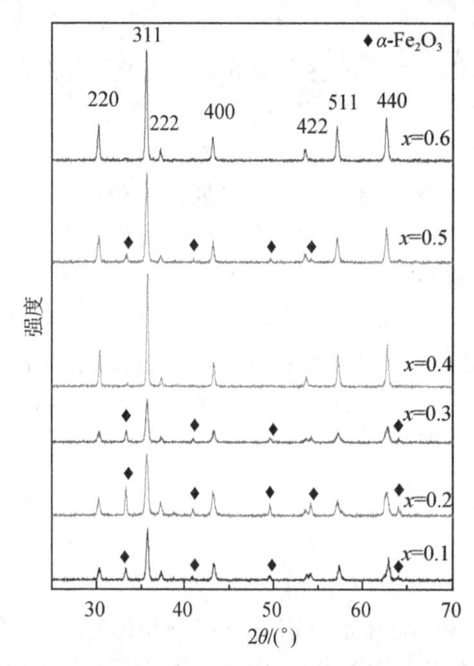

图 7-1　$Ni_{0.8-x}Cu_{0.2}Zn_xFe_2O_4$（$x$=0.1、0.2、0.3、0.4、0.5、0.6）铁氧体纳米晶在 800℃煅烧 3h 后室温下测得的 XRD 图

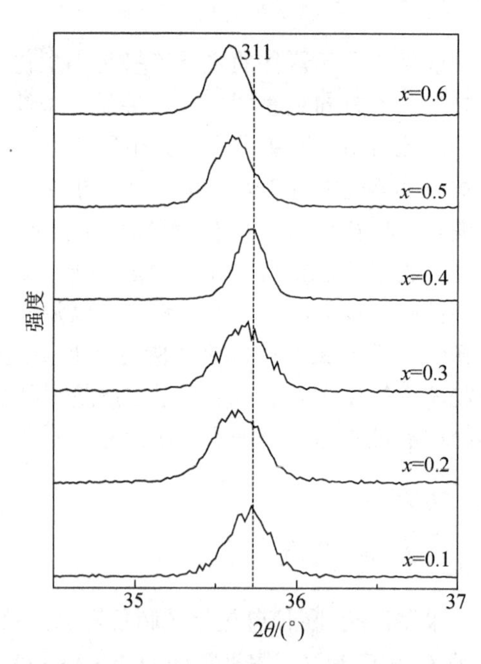

图 7-2　$Ni_{0.8-x}Cu_{0.2}Zn_xFe_2O_4$ 铁氧体纳米晶的 XRD 谱图中（311）衍射峰的放大图

样品 $Ni_{0.8-x}Cu_{0.2}Zn_xFe_2O_4$（$x$=0.1、0.2、0.3、0.4、0.5、0.6）铁氧体纳米晶的晶格常数、密度、平均晶粒尺寸等参数见表 7-1。从表 7-1 中可以看出，晶格常数随 Zn^{2+}掺杂量增加呈不规则变化，先增加（x=0.1～0.2），后减小（x=0.2～0.4），而后又增加（x=0.4～0.6）。但总体来说，Zn^{2+}掺杂量大于 0.2 的样品的晶格常数均大于 Zn^{2+}掺杂量为 0.1 的样品，这是因为 Zn^{2+}的离子半径（0.74Å）大于 Ni^{2+}的离子半径（0.69Å），Zn^{2+}进入晶格取代 Ni^{2+}导致晶格扩张。

表 7-1　$Ni_{0.8-x}Cu_{0.2}Zn_xFe_2O_4$ 铁氧体纳米晶 800℃煅烧 3h 后室温下测得的 XRD 参数

掺杂量（x）	晶格常数/Å	密度/（g/cm^3）	平均晶粒尺寸/nm	（311）衍射峰的半高宽
x=0.1	8.3450	5.4343	30.9	0.277
x=0.2	8.3675	5.3907	26.1	0.306
x=0.3	8.3558	5.4133	27.8	0.325

续表

掺杂量（x）	晶格常数/Å	密度/（g/cm^3）	平均晶粒尺寸/nm	（311）衍射峰的半高宽
x=0.4	8.3544	5.4159	49.9	0.178
x=0.5	8.3738	5.3783	34.1	0.252
x=0.6	8.3766	5.3729	40.2	0.217

图 7-3 直观地反映出晶格常数随 Zn^{2+}掺杂量的变化情况。这种变化情况从（311）衍射峰的放大图（图 7-2）也可以看出，（311）衍射峰的 2θ 向小角度方向移动意味着晶格常数增大[5-7]，当 x=0.1、x=0.2 时，（311）衍射峰向小角度偏移；当 x=0.2、x=0.3 时，（311）衍射峰向大角度偏移，但其 2θ 仍然大于 x=0.1 时（311）衍射峰的 2θ；当 x=0.4 时，（311）衍射峰的 2θ 继续向右移；当 x=0.5 和 x=0.6 时，（311）衍射峰的 2θ 相对于 x=0.1 向左偏移，从而印证了样品的晶格常数的变化情况。

从表 7-1 可以看出，样品的平均晶粒尺寸在 26.1～49.9 nm 范围内呈不规则变化。样品的平均晶粒尺寸由谢乐公式估算得出。

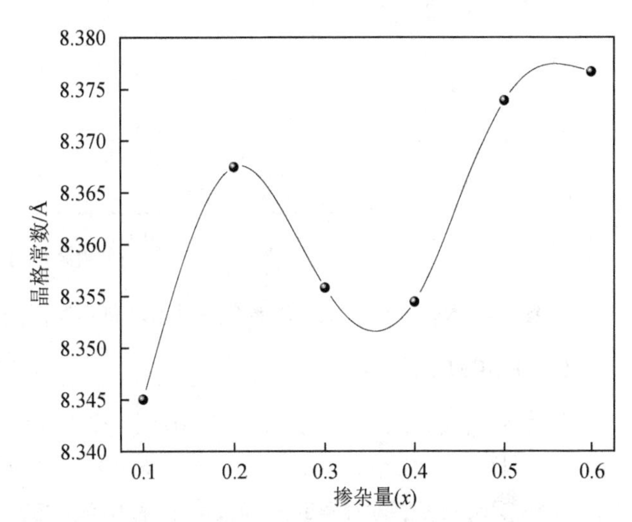

图 7-3　$Ni_{0.8-x}Cu_{0.2}Zn_xFe_2O_4$ 铁氧体纳米晶的晶格常数随 Zn^{2+}掺杂量的变化

溶液中晶体的生长与多种因素有关，晶体生长过程中靠近微晶表面的分子浓度是其中一个重要因素；由于表面潜热的释放，局部温度比溶液温度要高[8]，表面温度影响晶体表面的分子浓度，因此也会影响晶体生长[8,9]。$ZnFe_2O_4$ 生成时释放的热量要比生成 $NiFe_2O_4$ 释放得多[10]。按此理论，随着铁氧体中 Zn^{2+}掺杂量的增加，晶体生长过程中会释放更多热量，晶体的表面温度上升，晶体表面的分子浓度下降，最终阻碍晶体生长[1,11,12]。

此外，平均晶粒尺寸与 Zn^{2+}掺杂量的关系可能与铁氧体中 Ni^{2+}、Zn^{2+}和 Fe^{3+}的占位倾向也有关。Zn^{2+}有强烈的占据四面体（A 位）的倾向，Ni^{2+}则有强烈的占据八面体（B 位）的倾向，而 Fe^{3+}则有同时占据 A 位和 B 位的倾向，且占据 A 位的倾向强于 B 位。因此，$NiFe_2O_4$ 的形成有利于 Ni^{2+}和 Fe^{3+}较容易地进入它们原本倾向的占位。将 Zn^{2+}掺入 $NiFe_2O_4$ 铁氧体中后，它强迫 Fe^{3+}进入 B 位，这样 Fe^{3+}的占位环境不再有利。Upadhyay 等[13]的研究认为，制备纯相 $ZnFe_2O_4$ 的条件要比制备纯相 $NiFe_2O_4$ 的条件苛刻。这意味着随着 Zn^{2+}掺杂量的增加，晶体的生长也可能因为阳离子的占位条件得不到满足而受到阻碍[8]。

但是实验结果却与以上两个理论不同，这表明还有其他因素严重影响 $Ni_{0.8-x}Cu_{0.2}Zn_xFe_2O_4$ 铁氧体的平均晶粒尺寸。通过计算 $Ni_{0.8-x}Cu_{0.2}Zn_xFe_2O_4$ 铁氧体和生成的 α-Fe_2O_3 的平均晶粒尺寸发现，样品中生成的 α-Fe_2O_3 是影响这一系列样品平均晶粒尺寸的重要原因。从图 7-1 可以看到，随 Zn^{2+}掺杂量的增加，杂相 α-Fe_2O_3 的衍射峰强度和半高宽呈现出不规则变化。图 7-4 展示了 $Ni_{0.8-x}Cu_{0.2}Zn_xFe_2O_4$ 铁氧体纳米晶与 α-Fe_2O_3 的平均晶粒尺寸随

Zn^{2+}掺杂量的变化。可以看到α-Fe_2O_3的平均晶粒尺寸增大（减小），对应的$Ni_{0.8-x}Cu_{0.2}Zn_xFe_2O_4$铁氧体纳米晶的平均晶粒尺寸就减小（增大），即$\alpha$-$Fe_2O_3$的平均晶粒尺寸与$Ni_{0.8-x}Cu_{0.2}Zn_xFe_2O_4$铁氧体纳米晶的平均晶粒尺寸呈负相关。这是因为生成的α-Fe_2O_3主要存在于$Ni_{0.8-x}Cu_{0.2}Zn_xFe_2O_4$纳米晶的晶界处，对内部的晶粒度产生一定压力，从而阻碍晶粒的生长[14]。

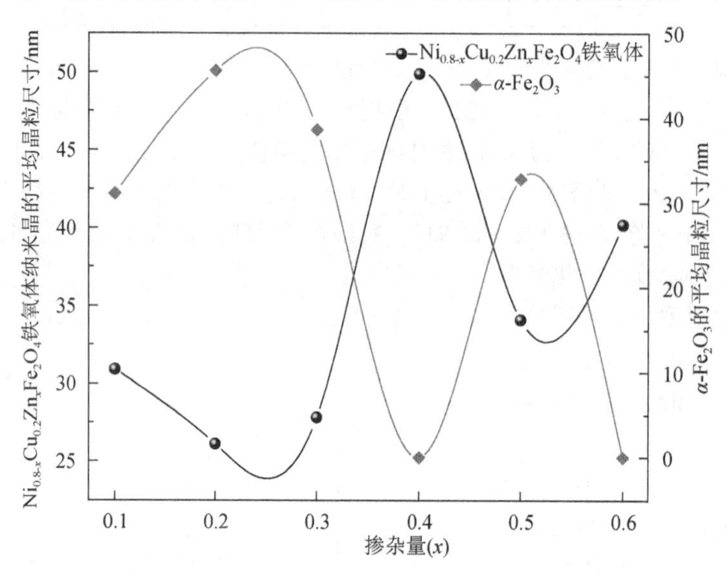

图 7-4　$Ni_{0.8-x}Cu_{0.2}Zn_xFe_2O_4$铁氧体纳米晶和$\alpha$-$Fe_2O_3$的平均晶粒尺寸随$Zn^{2+}$掺杂量的变化

（二）SEM 分析

图 7-5 为$Ni_{0.8-x}Cu_{0.2}Zn_xFe_2O_4$（$x$=0.2、0.4、0.6）铁氧体纳米晶的 SEM 照片。SEM 照片显示出样品为细小颗粒，样品的粒径分布比较窄。从图 7-5 可以看出，x=0.4 时，$Ni_{0.8-x}Cu_{0.2}Zn_xFe_2O_4$纳米晶的颗粒度是三者中最大的，这与 XRD 的分析是一致的。此外，SEM 照片中显示的是$Ni_{0.8-x}Cu_{0.2}Zn_xFe_2O_4$纳米晶的颗粒度，即一个颗粒可能由多个单晶微粒组成，这也是 SEM 照片中显示的$Ni_{0.8-x}Cu_{0.2}Zn_xFe_2O_4$纳米晶颗粒度与 XRD 谱图中显示的平均晶粒尺寸在数值上有差别的原因。

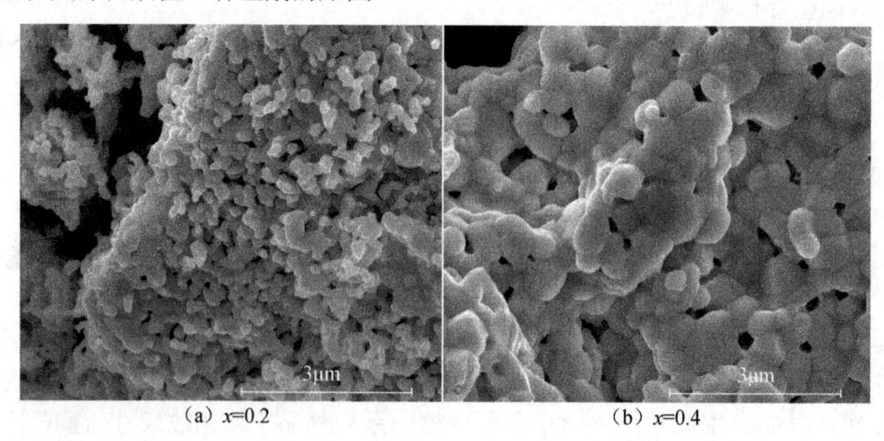

（a）x=0.2　　（b）x=0.4

图 7-5　$Ni_{0.8-x}Cu_{0.2}Zn_xFe_2O_4$（$x$=0.2、0.4、0.6）铁氧体纳米晶的 SEM 照片

（c）x=0.6

图 7-5（续）

（三）穆斯堡尔谱分析

图 7-6 为 $Ni_{0.8-x}Cu_{0.2}Zn_xFe_2O_4$ 铁氧体纳米晶（x=0.1、0.2、0.3、0.4、0.5、0.6）800℃煅烧 3h 后室温下测得的穆斯堡尔谱图。从图 7-6 可以看出，样品的穆斯堡尔谱都是用多套谱拟合，这说明 Fe^{3+}在 A 位、B 位的分布情况较为复杂。

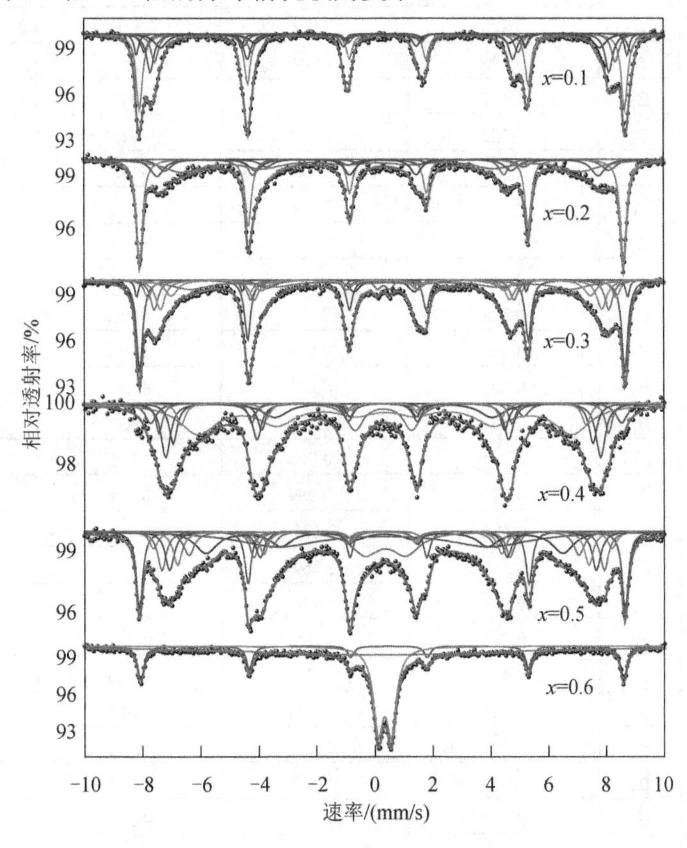

图 7-6　$Ni_{0.8-x}Cu_{0.2}Zn_xFe_2O_4$ 铁氧体纳米晶（x=0.1、0.2、0.3、0.4、0.5、0.6）800℃煅烧 3h 后室温下测得的穆斯堡尔谱图

$Ni_{0.8-x}Cu_{0.2}Zn_xFe_2O_4$ 铁氧体纳米晶 800℃煅烧 3h 后室温下测得的穆斯堡尔谱参数见表 7-2。从图 7-6 和表 7-2 可以看到，穆斯堡尔谱中超顺磁谱和磁分裂谱同时出现，这说明由于 $Ni_{0.8-x}Cu_{0.2}Zn_xFe_2O_4$ 铁氧体纳米晶颗粒大小差异，出现铁磁颗粒和顺磁颗粒共存的现象。另外，不同大小的纳米颗粒（单畴颗粒）磁矩不同，因而其超精细场不同，从而使穆斯堡尔谱的峰展宽，因此，宽化的穆斯堡尔谱是铁磁纳米粉末的特征之一[8,9]。表 7-2 中，A 表示占据 A 位的 Fe^{3+}；B_1、B_2、B_3、B_4、B_5 表示占据 B 位的 Fe^{3+}；C 表示 α-Fe_2O_3；D_1、D_2、D_3 是超顺磁谱。可以看到，同质异能移在 0.140～0.477mm/s 范围内变化，这说明样品中不存在 Fe^{2+}，因为 Fe^{2+}的同质异能移高于 0.5 mm/s。

表 7-2　$Ni_{0.8-x}Cu_{0.2}Zn_xFe_2O_4$ 铁氧体纳米晶 800℃煅烧 3h 后室温下测得的穆斯堡尔谱参数

掺杂量（x）	组分	I.S./（mm/s）	Q.S./（mm/s）	H/kOe	Γ/（mm/s）	A_0/%
x=0.1	A	0.199	−0.012	490.2	0.305	20.6
	B_1	0.419	0.084	519.7	0.277	8.9
	B_2	0.369	0.010	492.0	0.296	14.7
	B_3	0.288	−0.048	524.2	0.186	7.1
	B_4	0.245	−0.061	469.4	0.506	12.6
	C	0.370	−0.201	518.1	0.264	34.7
	D	0.326	2.503	—	0.219	1.4
x=0.2	A	0.180	0.119	425.1	1.600	29.0
	B_1	0.477	−0.275	474.8	0.556	9.4
	B_2	0.222	−0.185	471.8	0.548	13.6
	C	0.366	−0.228	516.7	0.259	38.6
	D_1	0.140	8.657	—	0.375	4.4
	D_2	0.302	2.270	—	0.438	5.0
x=0.3	A	0.254	−0.024	472.2	0.387	14.1
	B_1	0.328	−0.123	500.2	0.302	28.4
	B_2	0.308	−0.072	524.5	0.147	3.2
	B_3	0.297	−0.201	406.3	1.611	17.4
	B_4	0.267	−0.021	486.1	0.318	11.7
	B_5	0.263	−0.060	448.3	0.522	10.1
	C	0.370	−0.194	518.4	0.254	6.6
	D_1	0.372	8.171	—	0.722	3.6
	D_2	0.342	2.069	—	0.455	3.3
	D_3	0.032	0.424	—	0.308	1.6
x=0.4	A	0.289	0.080	480.9	0.281	6.9
	B_1	0.423	−0.039	503.3	0.463	7.5
	B_2	0.361	−0.003	399.6	1.548	37.4
	B_3	0.319	0.003	433.1	0.340	6.1
	B_4	0.300	0.007	449.1	0.345	11.4
	B_5	0.295	0.022	465.4	0.382	17.0
	D_1	0.312	7.489	—	1.053	6.2
	D_2	0.302	1.940	—	0.690	7.5

续表

掺杂量（x）	组分	I.S./（mm/s）	Q.S./（mm/s）	H/kOe	Γ/（mm/s）	A_0/%
x=0.5	A	0.273	0.047	473.5	0.354	10.2
	B_1	0.328	−0.002	381.3	0.890	19.2
	B_2	0.323	−0.073	490.7	0.362	4.6
	B_3	0.315	0.001	416.9	0.454	8.0
	B_4	0.300	−0.014	456.8	0.366	10.5
	B_5	0.287	0.026	439.9	0.371	9.2
	C	0.366	−0.206	519.3	0.261	10.2
	D_1	0.318	7.280	—	3.429	18.7
	D_2	0.364	1.401	—	1.158	9.4
x=0.6	B	0.370	−0.225	516.5	0.262	18.5
	D_1	0.191	3.074	—	9.506	48.4
	D_2	0.339	0.452	—	0.404	33.1

从图 7-6 可以看到，穆斯堡尔谱图中央超顺磁双峰向内收缩，其相对强度随着 Zn^{2+}掺杂量的增加而增大，即六线谱的面积随之减少，这意味着铁磁性随 Zn^{2+}掺杂量的增加而减弱，图 7-7 直观地展现了这一点。

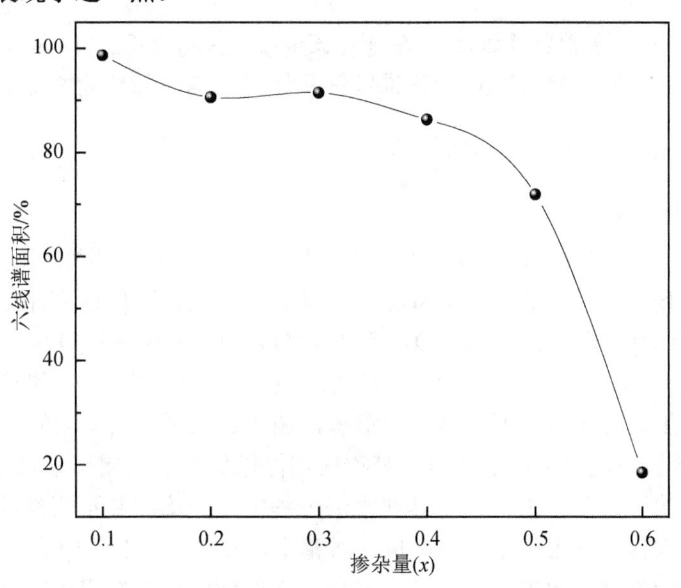

图 7-7　$Ni_{0.8-x}Cu_{0.2}Zn_xFe_2O_4$ 铁氧体纳米晶颗粒穆斯堡尔谱的六线谱面积随 Zn^{2+}掺杂量的变化

此外，从表 7-2 可以看到，内磁场强度随 Zn^{2+}掺杂量的增加而减弱。这是因为 Zn^{2+}是非磁性离子，Zn^{2+}的掺杂量增加会降低超相互作用。NiCuZn 尖晶石型铁氧体中 A-O-B 超交换相互作用最强，且存在 4 种 A-O-B 超交换相互作用，即 $Fe^{3+}—O^{2-}—Fe^{3+}$、$Fe^{3+}—O^{2-}—Ni^{2+}$、$Fe^{3+}—O^{2-}—Cu^{2+}$和 $Fe^{3+}—O^{2-}—Zn^{2+}$。Zn^{2+}的磁矩为零，而 Ni^{2+}、Cu^{2+}和 Fe^{3+}的磁矩分别为 $2\mu_B$、$1\mu_B$和 $5\mu_B$，并且 Zn^{2+}偏向进入 A 位，而 Ni^{2+}、Cu^{2+}和 Fe^{3+}倾向占据 B 位。这样，随着 Zn^{2+}掺杂量的增加，B 位的 $Fe^{3+}—O^{2-}—Fe^{3+}$和 $Fe^{3+}—O^{2-}—Ni^{2+}$超交换相互作用降低，$Fe^{3+}—O^{2-}—Zn^{2+}$超交换相互作用增强，从而导致铁磁性减弱，超顺磁弛豫现象增强[15]，这与文献[16]～

[18]中 $Zn_xNi_{1-x}Fe_2O_4$、$Zn_xFe_{3-x}O_4$ 铁氧体的超顺磁弛豫现象随 Zn^{2+} 掺杂量的增加而增强是一致的。此外 Satya Murthy 等[19]研究了 $Ni_{1-x}Zn_xFe_2O_4$ 的穆斯堡尔谱，发现材料的奈尔温度随着 Zn^{2+} 掺杂量的增加而降低，尤其是高化学计量比 Zn^{2+} 配方镍锌铁氧体的奈尔温度降到室温以下。

四、小结

$Ni_{0.8-x}Cu_{0.2}Zn_xFe_2O_4$ 铁氧体纳米晶的 XRD 谱图显示样品为立方尖晶石结构，晶格常数随 Zn^{2+} 掺杂量的增加呈不规则变化。$Ni_{0.8-x}Cu_{0.2}Zn_xFe_2O_4$ 铁氧体纳米晶的平均晶粒尺寸与生成的杂相 α-Fe_2O_3 的平均晶粒尺寸呈负相关。穆斯堡尔谱分析表明亚铁磁性随非磁性 Zn^{2+} 掺杂量的增加而减弱，超顺磁弛豫谱面积随之增大。

第二节　掺杂 Co^{2+} 的镍铜锌铁氧体纳米晶的结构与穆斯堡尔谱研究

一、掺杂 Co^{2+} 的 $Ni_{0.6-x}Cu_{0.2}Zn_{0.2}Co_xFe_2O_4$ 铁氧体纳米晶的结构与穆斯堡尔谱研究

（一）引言

本节将用溶胶-凝胶自蔓延法制备 $Ni_{0.6-x}Cu_{0.2}Zn_{0.2}Co_xFe_2O_4$（$x$=0、0.1、0.2、0.3、0.4）铁氧体纳米晶，并研究掺杂 Co^{2+} 的镍铜锌铁氧体的结构和磁性能情况。

（二）实验

1. 样品制备

采用溶胶-凝胶自蔓延法制备样品，首先以分析纯的硝酸镍[$Ni(NO_3)_2\cdot 6H_2O$]、硝酸铜[$Cu(NO_3)_2\cdot 3H_2O$]、硝酸锌[$Zn(NO_3)_2\cdot 6H_2O$]、硝酸钴[$Co(NO_3)_2\cdot 6H_2O$]、硝酸铁[$Fe(NO_3)_3\cdot 9H_2O$]、柠檬酸（$C_6H_8O_7\cdot H_2O$）与氨水（$NH_3\cdot H_2O$）为原料，按照分子式 $Ni_{0.6-x}Cu_{0.2}Zn_{0.2}Co_xFe_2O_4$（$x$=0、0.1、0.2、0.3、0.4）进行配比，并称量所需的硝酸盐。然后将硝酸盐溶于去离子水中混合至完全溶解，加入氨水调节到适当的 pH 后，将混合溶液放在 80℃的数显恒温水浴锅上加热。其次根据柠檬酸与总金属离子物质的量比为 1∶3 称取柠檬酸，并溶于去离子水中，将其在水浴过程中逐渐滴加并不断搅拌混合溶液，直至形成湿凝胶。再次将湿凝胶放于数显鼓风干燥箱中，在 120℃下干燥 2h，把得到的干凝胶在空气中滴加助燃剂（无水乙醇）点燃自蔓延，将得到的粉末在玛瑙研钵中研磨均匀。最后按照所需煅烧的温度将样品放入箱式电阻炉中进行煅烧，即可得到最后的样品。

2. 样品表征

使用 X 射线衍射仪（D/max 2500 C）分析样品的晶体结构，使用穆斯堡尔谱仪（Tec PC-moss Ⅱ）测量室温下的穆斯堡尔谱。

（三）结果与讨论

1. XRD 分析

图 7-8 为 $Ni_{0.6-x}Cu_{0.2}Zn_{0.2}Co_xFe_2O_4$（$x$=0、0.1、0.2、0.3、0.4）铁氧体纳米晶在 800℃煅

烧 3h 后室温下测得的 XRD 谱图。从图 7-8 中可以看到，当 x=0.1、0.2 时，样品为单相立方尖晶石结构，当 Co^{2+}掺杂量大于 0.3 时，出现了第二个物相，通过检索物相发现新物相是 α-Fe_2O_3，而且从 x=0.3 到 x=0.4，α-Fe_2O_3 的衍射峰强度逐渐增强。

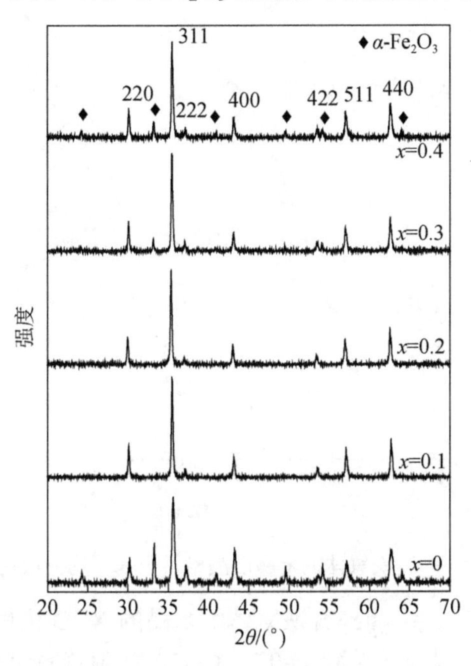

图 7-8 $Ni_{0.6-x}Cu_{0.2}Zn_{0.2}Co_xFe_2O_4$（$x$=0、0.1、0.2、0.3、0.4）铁氧体纳米晶在 800℃煅烧 3h 后室温下测得的 XRD 谱图

$Ni_{0.6-x}Cu_{0.2}Zn_{0.2}Co_xFe_2O_4$ 铁氧体纳米晶在 800℃煅烧 3h 后室温下测得的 XRD 参数见表 7-3。从表 7-3 中可以看到，晶格常数和平均晶粒尺寸都随着 Co^{2+}掺杂量的增加先增大后减小，而且在 x=0.2 时二者均达到最大值。图 7-9 清楚地展示了这一变化情况。

表 7-3 $Ni_{0.6-x}Cu_{0.2}Zn_{0.2}Co_xFe_2O_4$ 铁氧体纳米晶在 800℃煅烧 3h 后室温下测得的 XRD 参数

掺杂量（x）	晶格常数/（Å）	密度/（g/cm^3）	平均晶粒尺寸/nm
x=0	8.3675	5.3907	26.1
x=0.1	8.3771	5.3721	47.8
x=0.2	8.3962	5.3356	50.0
x=0.3	8.3868	5.3534	49.1
x=0.4	8.3809	5.3648	43.0

从图 7-9 中可以观察到，相对于未取代镍铜锌铁氧体纳米晶的晶格常数，Co^{2+}掺杂的样品的晶格常数增大，这可以用进入晶格的离子半径不同来解释。Co^{2+}的离子半径是 0.745nm，其取代的 Ni^{2+}的离子半径为 0.69nm。离子半径较大的 Co^{2+}进入晶格取代原本半径较小的 Ni^{2+}必然会导致晶格扩张。

从图 7-9 可以观察到，Co^{2+}取代的样品的平均晶粒尺寸均比未取代样品的平均晶粒尺寸大，且当 x=0.2 时平均晶粒尺寸达到最大，随后又轻微降低。这是因为一部分 Fe^{3+}煅烧过程中在晶界析出形成 α-Fe_2O_3，晶界处 α-Fe_2O_3 相会对晶粒产生压力阻碍其生长，且

α-Fe_2O_3的量越多，晶粒度越大，阻碍作用越明显。从图 7-9 中可以看到，从 x=0.3 到 x=0.4，α-Fe_2O_3的衍射峰强度在增强，即其量增多，平均晶粒尺寸减小。这就是从 x=0.3 到 x=0.4 样品的平均晶粒尺寸相较于 x=0.2 时轻微降低的原因。

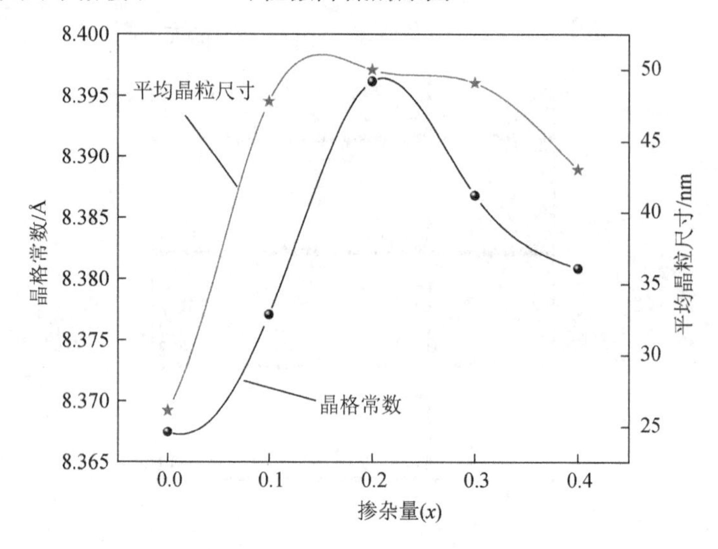

图 7-9　$Ni_{0.6-x}Cu_{0.2}Zn_{0.2}Co_xFe_2O_4$铁氧体纳米晶的晶格常数和平均晶粒尺寸随 Co^{2+}掺杂量的变化

图 7-10 为 $Ni_{0.6-x}Cu_{0.2}Zn_{0.2}Co_xFe_2O_4$铁氧体纳米晶的 XRD 谱图中（311）衍射峰偏移放大图。可见，相对于 x=0，从 x=0.1 到 x=0.2，（311）衍射峰持续向小角度方向移动，偏移量在 x=0.2 时达到最大；随后当 x=0.3 和 x=0.4 时，（311）衍射峰相对于 x=0.2 向大角度方向移动，但仍然小于 x=0 时的衍射角。（311）衍射峰的移动情况与图 7-9 中晶格常数的变化情况是一致的。

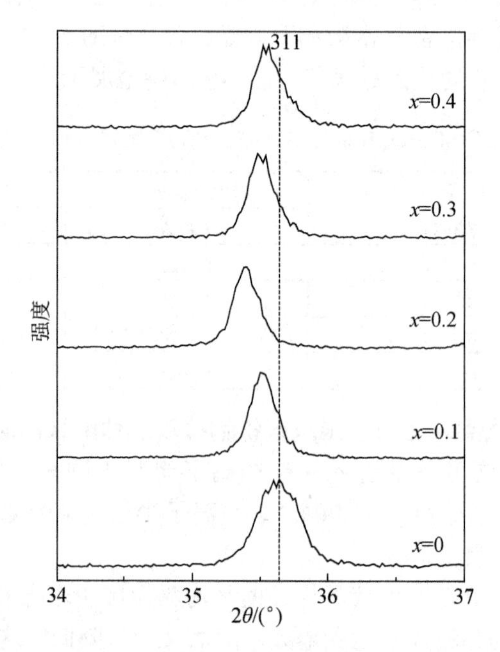

图 7-10　$Ni_{0.6-x}Cu_{0.2}Zn_{0.2}Co_xFe_2O_4$铁氧体纳米晶的 XRD 谱图中（311）衍射峰偏移放大图

2. 穆斯堡尔谱分析

图 7-11 为 $Ni_{0.6-x}Cu_{0.2}Zn_{0.2}Co_xFe_2O_4$（$x$=0、0.1、0.2、0.3、0.4）铁氧体纳米晶在 800℃煅烧 3h 后的穆斯堡尔谱图，其参数见表 7-4，表中的 A、B、C、D 分别代表 A 位、B 位、α-Fe_2O_3 和超顺磁性弛豫谱。从表 7-4 可以看到，当 x=0.2 时，样品具备完全的亚铁磁性，其他样品则是铁磁相与超顺磁相共存，但超顺磁相面积很小，可以推测其由混合相向完全铁磁相转变的临界尺寸约为 50.0 nm。

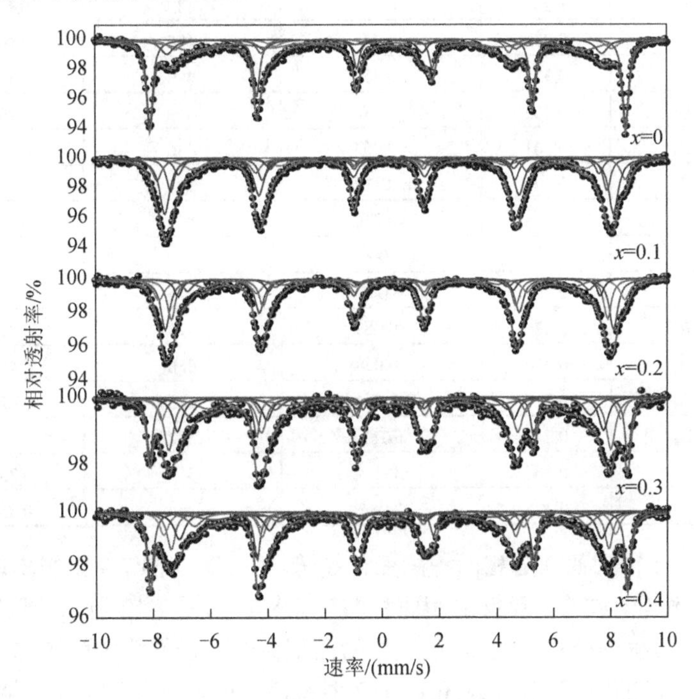

图 7-11　$Ni_{0.6-x}Cu_{0.2}Zn_{0.2}Co_xFe_2O_4$（$x$=0、0.1、0.2、0.3、0.4）铁氧体纳米晶在 800℃煅烧 3h 后的穆斯堡尔谱图

表 7-4　$Ni_{0.6-x}Cu_{0.2}Zn_{0.2}Co_xFe_2O_4$（$x$=0、0.1、0.2、0.3、0.4）铁氧体纳米晶在 800℃煅烧 3h 室温下测得的穆斯堡尔谱参数

掺杂量（x）	组分	I.S./（mm/s）	Q.S./（mm/s）	H/kOe	Γ/（mm/s）	A_0/%
x=0	A	0.180	0.119	425.1	1.600	29.0
	B_1	0.477	−0.275	474.8	0.556	9.4
	B_2	0.222	−0.185	471.8	0.548	13.6
	C	0.366	−0.228	516.7	0.259	38.6
	D_1	0.140	8.657	—	0.375	4.4
	D_2	0.302	2.270	—	0.438	5.0
x=0.1	A	0.272	0.007	473	0.341	18.4
	B_1	0.368	−0.007	509	0.419	14.9
	B_2	0.284	0.010	487	0.424	38.6
	B_3	0.326	−0.114	456	0.368	9.6
	B_4	0.332	−0.147	424	0.864	15.6
	D_1	0.252	8.497	—	0.255	1.5
	D_2	0.240	2.356	—	0.184	1.4

续表

掺杂量（x）	组分	I.S./（mm/s）	Q.S./（mm/s）	H/kOe	Γ/（mm/s）	A_0/%
x=0.2	A	0.280	0.002	401	0.861	11.5
	B_1	0.373	0.008	506	0.456	16.2
	B_2	0.284	0.013	487	0.380	31.7
	B_3	0.282	0.004	474	0.345	23.1
	B_4	0.303	−0.060	458	0.308	9.2
	B_5	0.290	−0.107	435	0.415	8.3
x=0.3	A	0.282	0.009	480	0.403	25.7
	B_1	0.374	−0.050	499	0.343	9.2
	B_2	0.302	0.010	462	0.409	16.7
	B_3	0.301	−0.063	436	0.572	12.5
	B_4	0.297	−0.112	391	1.205	15.7
	C	0.368	−0.210	519	0.256	18.4
	D	0.360	1.999	—	0.246	1.8
x=0.4	A	0.262	0.042	475	0.346	17.6
	B_1	0.324	−0.089	491	0.371	11.6
	B_2	0.316	−0.039	458	0.469	17.3
	B_3	0.317	−0.034	425	0.627	11.8
	B_4	0.240	0.152	382	1.518	14.4
	C	0.367	−0.214	519	0.259	25.3
	D	0.375	2.085	—	0.339	2.0

通过分析表 7-4 得到亚铁磁相面积的变化趋势，可知其与图 7-9 中平均晶粒尺寸随 Co^{2+} 掺杂量的变化趋势是一致的，亚铁磁相面积的变化趋势如图 7-12 所示。粒径减小，穆斯堡尔谱的双偶极子谱面积将增加；反之铁磁相的面积会随粒径的增大而增加。从表 7-4 中可以看到，超顺磁性谱的面积在 x=0、0.1、0.2 时是减小的，这是因为 Co^{2+}掺杂量从 0 增加到 0.2 时，样品的平均晶粒尺寸是增大的，粒径增大，双偶极子谱面积将减小；Co^{2+}掺杂量大于 0.2 时，样品的晶界处中产生了杂相 α-Fe_2O_3，且 Co^{2+}掺杂量越多，杂相的量也越大，它的出现将压迫晶粒阻碍其生长，使晶粒减小，超顺磁性谱的面积就又增加。

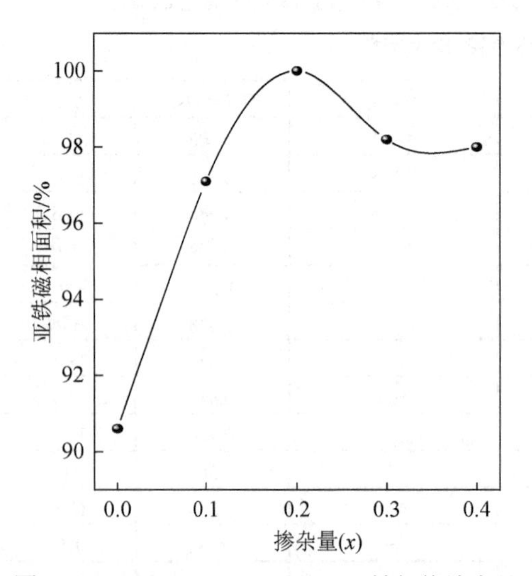

图 7-12　$Ni_{0.6-x}Cu_{0.2}Zn_{0.2}Co_xFe_2O_4$ 铁氧体纳米晶穆斯堡尔谱的亚铁磁相面积随 Co^{2+}掺杂量的变化

从表 7-4 中可以看到，A 位同质异能移小于 B 位，且 A 位和 B 位的 Fe^{3+}—O^{2-}键距的差异导致了不同的轨道重叠，从而引起电子态密度大小不同。四极裂距表明样品偏离立方对称结构的程度，粒子尺寸降低会引起四极裂距的增加，并且加强了穆斯堡尔核周围的不对称电场；从表 7-4 中可以看到，各样品的六线谱四极裂距的变化情况与其平均晶粒尺寸的变化情况是一致的。对于 x=0 和 x=0.1 的样品，可以认为其 D_1 和 D_2 分别代表界面和体相的两套谱。从表 7-4 中可以看到，对于掺杂Co^{2+}的样品，A位的超精细场要小于B位的超精细场，而且B位的超精细场要大于B位其他亚谱，这可能是因为从B_2到B_5其代表的Fe^{3+}依次更接近于晶粒表面的Fe^{3+}，所以表面效应引起了超精细场的降低[14,16,20]。特别是，当x=0.3和x=0.4时，样品B位的B_4亚谱的超精细场相对于A位和其他B位来说要小很多，它们应该是晶粒表面的Fe^{3+}超精细场；且它们的四极裂距相对于其他六线谱要大许多，这说明它们偏离立方对称结构的程度很大，这从另一方面反映了它们对应晶粒表面的Fe^{3+}。

（四）小结

XRD分析表明，掺杂Co^{2+}的样品的晶格常数和平均晶粒尺寸均大于没有掺杂Co^{2+}的样品。当Co^{2+}的掺杂量大于0.2时，部分Fe^{3+}在晶界处析出形成α-Fe_2O_3相。受杂相α-Fe_2O_3的影响，Co^{2+}取代Ni^{2+}样品的晶格常数和平均晶粒尺寸都是先增大后减小。穆斯堡尔谱分析表明，当Co^{2+}的掺杂量等于0.2，且其平均晶粒尺寸达到50nm时，超顺磁性完全消失，样品只具备亚铁磁性；其他样品的平均晶粒尺寸小于50nm，亚铁磁性和超顺磁性共存。

二、掺杂Co^{2+}的$Ni_{0.6}Cu_{0.2}Zn_{0.2}Fe_{2-x}Co_xO_4$铁氧体纳米晶的结构与穆斯堡尔谱研究

（一）引言

本节将用溶胶-凝胶自蔓延法制备$Ni_{0.6}Cu_{0.2}Zn_{0.2}Fe_{2-x}Co_xO_4$（$x$=0、0.1、0.3）铁氧体纳米晶，并研究掺杂$Co^{2+}$的镍铜锌铁氧体的结构和磁性能情况。

（二）实验

1. 样品制备

采用溶胶-凝胶自蔓延法制备样品，首先以分析纯的硝酸镍[$Ni(NO_3)_2\cdot 6H_2O$]、硝酸铜[$Cu(NO_3)_2\cdot 3H_2O$]、硝酸锌[$Zn(NO_3)_2\cdot 6H_2O$]、硝酸钴[$Co(NO_3)_2\cdot 6H_2O$]、硝酸铁[$Fe(NO_3)_3\cdot 9H_2O$]、柠檬酸（$C_6H_8O_7\cdot H_2O$）与氨水（$NH_3\cdot H_2O$）为原料，按照分子式$Ni_{0.6-x}Cu_{0.2}Zn_{0.2}Fe_{2-x}Co_xO_4$（$x$=0、0.1、0.3）进行配比，并称量所需的硝酸盐。然后将硝酸盐溶于去离子水中混合至完全溶解，加入氨水调节到适当的pH后，将混合溶液放在80℃的数显恒温水浴锅上加热。其次根据柠檬酸与总金属离子物质的量比为1∶3称取柠檬酸，并溶于去离子水中，将其在水浴过程中逐渐滴加并不断搅拌混合溶液，直至形成湿凝胶。再次将湿凝胶放于数显鼓风干燥箱中，在120℃下干燥2h，把得到的干凝胶在空气中滴加助燃剂（无水乙醇）点燃自蔓延，将得到的粉末在玛瑙研钵中研磨均匀。最后按照所需煅烧的温度将样品放入箱式电阻炉中进行煅烧，即可得到最后的样品。

2. 样品表征

使用X射线衍射仪（D/max 2500 C）分析样品的晶体结构，使用穆斯堡尔谱仪（Tec PC-moss Ⅱ）测量室温下的穆斯堡尔谱。

（三）结果与讨论

1. XRD分析

图7-13为$Ni_{0.6}Cu_{0.2}Zn_{0.2}Fe_{2-x}Co_xO_4$（$x$=0、0.1、0.3）铁氧体纳米晶在800℃煅烧3h后

室温下测得的 XRD 谱图，其 XRD 参数见表 7-5。由图 7-13 可知，合成的样品是尖晶石结构，但是都产生了 α-Fe_2O_3，且当 Co^{2+}掺杂量从 0.1 增加到 0.3 时，α-Fe_2O_3 的衍射峰强度逐渐增强。

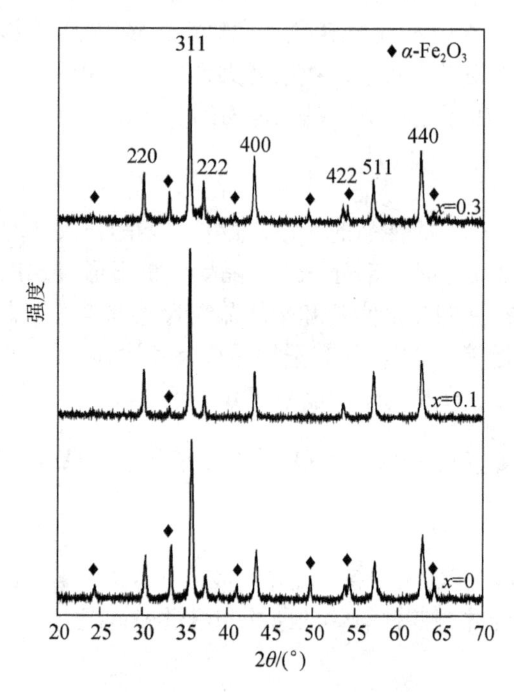

图 7-13　$Ni_{0.6}Cu_{0.2}Zn_{0.2}Fe_{2-x}Co_xO_4$（$x$=0、0.1、0.3）铁氧体纳米晶在 800℃煅烧 3h 后室温下测得的 XRD 谱图

表 7-5　$Ni_{0.6}Cu_{0.2}Zn_{0.2}Fe_{2-x}Co_xO_4$ 铁氧体纳米晶在 800℃煅烧 3h 后室温下测得的 XRD 参数

掺杂量（x）	晶格常数/Å	密度/（g/cm³）	平均晶粒尺寸/nm	a^3/Å³
x=0	8.3675	5.3907	26.1	585.84
x=0.1	8.3700	5.3857	43.9	586.38
x=0.3	8.3845	5.3579	34.5	589.43

图 7-14 为 $Ni_{0.6}Cu_{0.2}Zn_{0.2}Fe_{2-x}Co_xO_4$ 铁氧体纳米晶的晶格常数和平均晶粒尺寸随 Co^{2+}掺杂量的变化。可以清楚地观察到，相对于不掺杂的镍铜锌铁氧体纳米晶的晶格常数，掺杂 Co^{2+}样品的晶格常数增大，这可以用进入晶格的离子半径不同来解释。Co^{2+}的离子半径为 0.745 nm，其取代的 Fe^{3+}的离子半径为 0.645 nm，离子半径较大的 Co^{2+}进入晶格取代原本离子半径较小的 Fe^{3+}必然会导致晶格扭曲畸变，使晶格扩张。另外，还可以观察到，掺杂 Co^{2+}样品的平均晶粒尺寸均比未掺杂的镍铜锌铁氧体的平均晶粒尺寸大，并且先增大后减小。

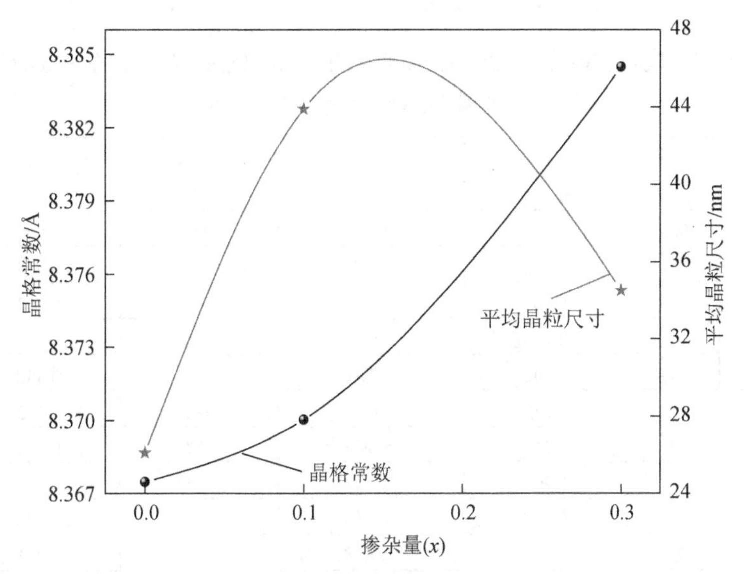

图 7-14　$Ni_{0.6}Cu_{0.2}Zn_{0.2}Fe_{2-x}Co_xO_4$ 铁氧体纳米晶的晶格常数和平均晶粒尺寸随 Co^{2+} 掺杂量的变化

2. 穆斯堡尔谱分析

图 7-15 和表 7-6 分别为 $Ni_{0.6}Cu_{0.2}Zn_{0.2}Fe_{2-x}Co_xO_4$（$x$=0、0.1、0.3）铁氧体纳米晶在 800℃

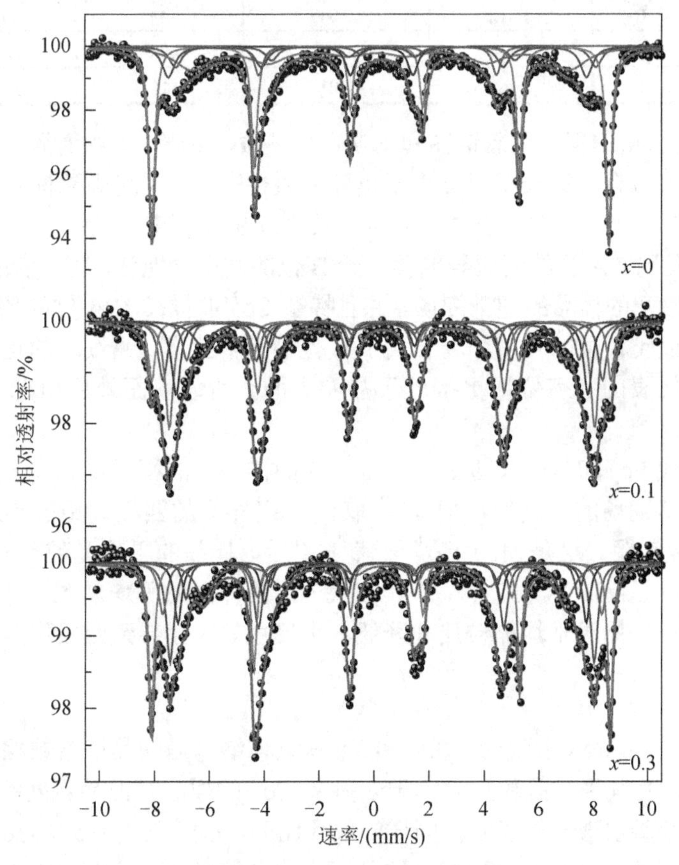

图 7-15　$Ni_{0.6}Cu_{0.2}Zn_{0.2}Fe_{2-x}Co_xO_4$（$x$=0、0.1、0.3）铁氧体纳米晶在 800℃煅烧 3h 后室温下测得的穆斯堡尔谱

表 7-6　$Ni_{0.6}Cu_{0.2}Zn_{0.2}Fe_{2-x}Co_xO_4$（$x$=0、0.1、0.3）铁氧体纳米晶在 800℃煅烧 3h 后室温下测得的穆斯堡尔谱参数

掺杂量（x）	组分	I.S./（mm/s）	Q.S./（mm/s）	H/kOe	Γ/（mm/s）	A_0/%
x=0	A	0.180	0.119	425.1	1.600	29.0
	B_1	0.477	−0.275	474.8	0.556	9.4
	B_2	0.222	−0.185	471.8	0.548	13.6
	C	0.366	−0.228	516.7	0.259	38.6
	D_1	0.140	8.657	—	0.375	4.4
	D_2	0.302	2.270	—	0.438	5.0
x=0.1	A	0.273	0.026	480	0.352	26.4
	B_1	0.341	−0.033	497	0.398	16.4
	B_2	0.296	−0.022	465	0.382	19.7
	B_3	0.327	−0.016	442	0.378	10.4
	B_4	0.322	−0.058	405	0.856	14.4
	C	0.359	−0.158	519	0.302	12.7
x=0.3	A	0.274	0.034	479	0.346	22.6
	B_1	0.396	−0.086	496	0.366	12.5
	B_2	0.293	−0.018	461	0.335	13.3
	B_3	0.312	−0.049	443	0.311	7.4
	B_4	0.344	0.014	408	0.837	19.3
	C	0.368	−0.214	519	0.238	24.9

煅烧 3h 后室温下测得的穆斯堡尔谱图和穆斯堡尔参数。从表 7-6 中看到，掺杂 Co^{2+}的样品都使用六套六线谱拟合，这表明样品表现出亚铁磁性[17,21,22]，超顺磁性临界尺寸分别不大于 43.9nm 和 34.5nm（表 7-5）。表 7-6 中的 C 代表 α-Fe_2O_3 相。

分析表 7-6 发现，A 位的同质异能移小于 B 位的同质异能移，且掺杂 Co^{2+}的样品的超精细场要大于不掺杂的样品的超精细场。并且掺杂 Co^{2+}的样品的 A 位的超精细场要小于 B 位的超精细场，而且 B 位的超精细场要大于 B 位的其他亚谱。精细场的这种结果可能是由于从 B_2 到 B_4 其代表的 Fe^{3+}依次更接近于晶粒表面，所以表面效应引起了超精细场的降低[18,19,23]。

对比 Co^{2+}取代 Fe^{3+}和 Ni^{2+}（即 x=0.1、x=0.3 的样品）的穆斯堡尔谱参数发现，二者的同质异能移和超精细场的值近似，但 Co^{2+}取代 Fe^{3+}样品的四极裂距的绝对值要大于取代 Ni^{2+}的样品的四极裂距。这是因为 Co^{2+}取代 Fe^{3+}后，样品的平均晶粒尺寸分别为 43.9nm（x=0.1）和 34.5nm（x=0.3）（表 7-5），小于取代 Ni^{2+}的样品的平均晶粒尺寸 47.8nm（x=0.1）和 49.1nm（x=0.3），同时平均晶粒尺寸降低，小尺寸效应会导致四极裂距的绝对值增大。

（四）小结

$Ni_{0.6}Cu_{0.2}Zn_{0.2}Fe_{2-x}Co_xO_4$（$x$=0、0.1、0.3）铁氧体纳米晶的晶格常数相对于未掺杂样品而言，依次增大，且其平均晶粒尺寸大于未掺杂 Co^{2+}的样品，但晶界处的 α-Fe_2O_3 阻碍晶粒继续长大。穆斯堡尔谱分析表明，同样的取代比列，Co^{2+}取代 Fe^{3+}样品的四极裂距的绝对值大于取代 Ni^{2+}的样品的四极裂距，这是因为前者的平均晶粒尺寸小于后者，小尺寸效应导致四极裂距的绝对值增大。

三、不同煅烧温度 $Ni_{0.6}Cu_{0.2}Zn_{0.2}Fe_{1.9}Co_{0.1}O_4$ 铁氧体纳米晶的结构与穆斯堡尔谱研究

（一）引言

本节将用溶胶-凝胶自蔓延法制备 $Ni_{0.6}Cu_{0.2}Zn_{0.2}Fe_{1.9}Co_{0.1}O_4$ 铁氧体纳米晶，并研究不同煅烧温度（600℃、700℃、800℃、900℃、950℃）制备的 $Ni_{0.6}Cu_{0.2}Zn_{0.2}Fe_{1.9}Co_{0.1}O_4$ 铁氧体纳米晶的结构和磁性能情况。

（二）实验

1. 样品制备

采用溶胶-凝胶自蔓延法制备样品，首先以分析纯的硝酸镍[$Ni(NO_3)_2 \cdot 6H_2O$]、硝酸铜[$Cu(NO_3)_2 \cdot 3H_2O$]、硝酸锌[$Zn(NO_3)_2 \cdot 6H_2O$]、硝酸钴[$Co(NO_3)_2 \cdot 6H_2O$]、硝酸铁[$Fe(NO_3)_3 \cdot 9H_2O$]、柠檬酸（$C_6H_8O_7 \cdot H_2O$）与氨水（$NH_3 \cdot H_2O$）为原料，按照分子式 $Ni_{0.6}Cu_{0.2}Zn_{0.2}Fe_{1.9}Co_{0.1}O_4$ 进行配比，并称量所需的硝酸盐。然后将硝酸盐溶于去离子水中混合至完全溶解，加入氨水调节到适当的 pH 后，将混合溶液放在 80℃的数显恒温水浴锅上加热。其次根据柠檬酸与总金属离子物质的量比为 1∶3 称取柠檬酸，并溶于去离子水中，将其在水浴过程中逐渐滴加并不断搅拌混合溶液，直至形成湿凝胶。再次将湿凝胶放于数显鼓风干燥箱中，在 120℃下干燥 2h，把得到的干凝胶在空气中滴加助燃剂（无水乙醇）点燃自蔓延，将得到的粉末在玛瑙研钵中研磨均匀。最后按照所需煅烧的温度将样品放入箱式电阻炉中进行煅烧，即可得到最后的样品。

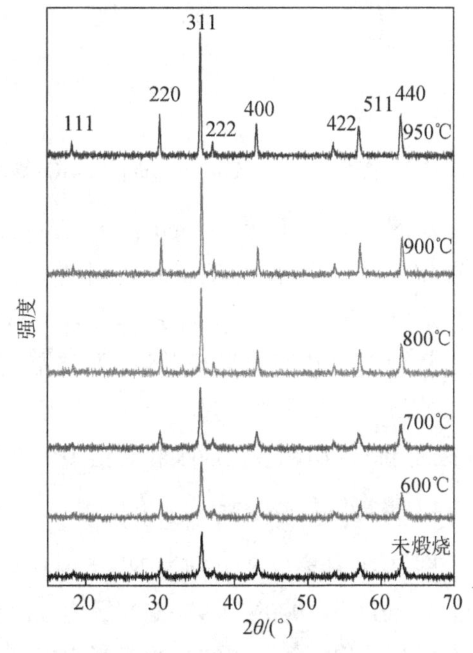

图 7-16 $Ni_{0.6}Cu_{0.2}Zn_{0.2}Fe_{1.9}Co_{0.1}O_4$ 铁氧体纳米晶在不同温度（600℃、700℃、800℃、900℃、950℃）下煅烧 3h 后室温下测得的 XRD 谱图

2. 样品表征

使用 X 射线衍射仪（D/max 2500 C）分析样品的晶体结构，使用穆斯堡尔谱仪（Tec PC-moss Ⅱ）测量室温下的穆斯堡尔谱。

（三）结果与讨论

1. XRD 分析

图 7-16 为 $Ni_{0.6}Cu_{0.2}Zn_{0.2}Fe_{1.9}Co_{0.1}O_4$ 铁氧体纳米晶在不同温度（600℃、700℃、800℃、900℃、950℃）下煅烧 3h 后室温下测得的 XRD 谱图，平均晶粒尺寸见表 7-7。图 7-17 为 $Ni_{0.6}Cu_{0.2}Zn_{0.2}Fe_{1.9}Co_{0.1}O_4$ 铁氧体纳米晶的平均晶粒尺寸随煅烧温度的变化。

表 7-7　$Ni_{0.6}Cu_{0.2}Zn_{0.2}Fe_{1.9}Co_{0.1}O_4$ 铁氧体纳米晶不同温度（600℃、700℃、800℃、900℃、950℃）煅烧 3h 的平均晶粒尺寸

温度/℃	未煅烧	600	700	800	900	950
平均晶粒尺寸/nm	26.2	29.5	34.1	43.9	45.2	49.2

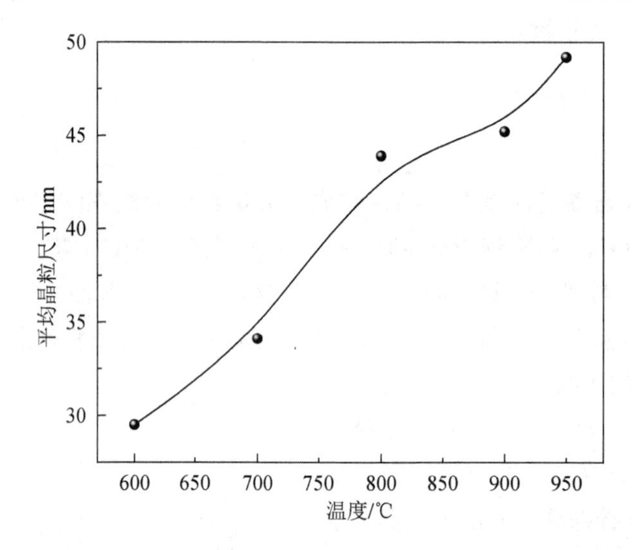

图 7-17　$Ni_{0.6}Cu_{0.2}Zn_{0.2}Fe_{1.9}Co_{0.1}O_4$ 铁氧体纳米晶的平均晶粒尺寸随煅烧温度的变化

从图 7-16 可以看到，$Ni_{0.6}Cu_{0.2}Zn_{0.2}Fe_{1.9}Co_{0.1}O_4$ 铁氧体纳米晶在不同温度煅烧 3h 后都是单相尖晶石结构，没有其他物相生成。随着温度升高，衍射峰的强度升高，并且变得尖锐，这意味着 $Ni_{0.6}Cu_{0.2}Zn_{0.2}Fe_{1.9}Co_{0.1}O_4$ 铁氧体纳米晶的平均晶粒尺寸增大。

从图 7-17 中可以清楚看到，平均晶粒尺寸随着温度的提升近乎线性地增大。这是因为晶粒的长大需要吸收能量，当温度较低时，可提供给晶粒生长的晶化能有限，但随着煅烧温度的升高，晶粒会逐渐吸收到更多的能量，晶化更彻底，晶粒逐渐长大。

2. 穆斯堡尔谱分析

图 7-18 和表 7-8 分别为 $Ni_{0.6}Cu_{0.2}Zn_{0.2}Fe_{1.9}Co_{0.1}O_4$ 铁氧体纳米晶在不同温度（600℃、700℃、800℃、900℃、950℃）煅烧 3h 后室温下测得的穆斯堡尔谱图和穆斯堡尔谱参数。所有样品的穆斯堡尔谱均使用多套谱拟合，这说明 Fe^{3+}的状态比较复杂。800℃时穆斯堡尔谱中出现了 C 亚谱，这对应于微量 α-Fe_2O_3 杂相，图 7-18 可以清楚地看到 α-Fe_2O_3 物相。表 7-8 中的 D 亚谱代表超顺磁性谱。可以看到从自蔓延后未煅烧的样品到 800℃烧结的样品，超顺磁性谱的面积在减少，这与表 7-7 中平均晶粒尺寸随温度提升而增大相对应，但之后 900℃和 950℃烧结的样品中又不明原因地都出现了 1.9%的超顺磁性谱。表 7-8 显示，A 位的超精细场要小于 B 位的超精细场，而且 B 位的超精细场 H（B_1）要大于 H（B_2）、H（B_3）和 H（B_4）。

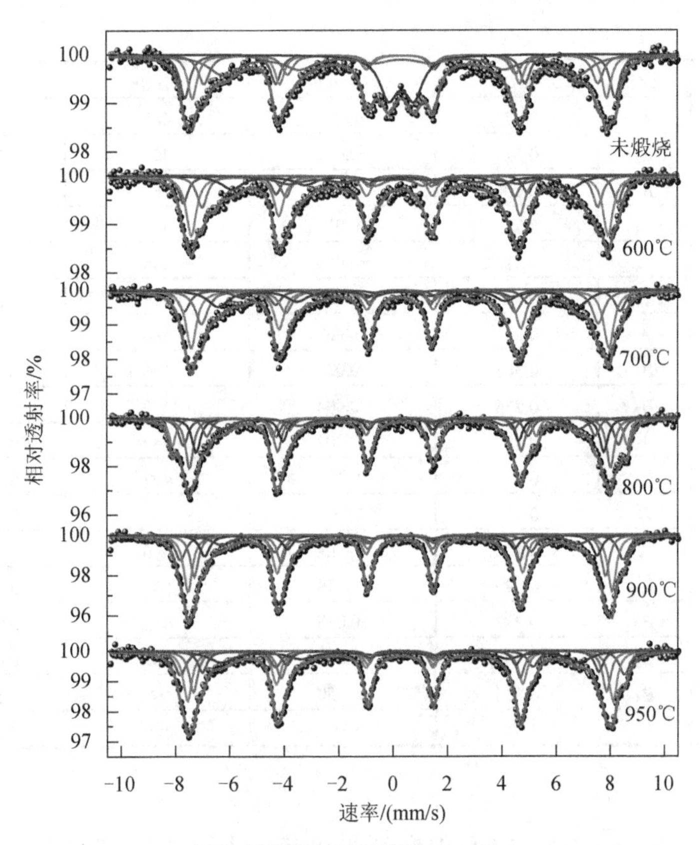

图 7-18　$Ni_{0.6}Cu_{0.2}Zn_{0.2}Fe_{1.9}Co_{0.1}O_4$ 铁氧体纳米晶不同温度（600℃、700℃、800℃、900℃、950℃）煅烧 3h 后室温下测得的穆斯堡尔谱图

表 7-8　$Ni_{0.6}Cu_{0.2}Zn_{0.2}Fe_{1.9}Co_{0.1}O_4$ 铁氧体纳米晶不同温度（600℃、700℃、800℃、900℃、950℃）煅烧 3h 后室温下测得的穆斯堡尔谱参数

温度/℃	组分	I.S./（mm/s）	Q.S./（mm/s）	H/kOe	Γ/（mm/s）	A_0/%
未煅烧	A	0.289	0.005	472	0.414	18.9
	B_1	0.350	−0.021	491	0.509	15.5
	B_2	0.312	−0.008	449	0.440	19.9
	B_3	0.340	−0.042	403	1.353	28.4
	D	0.347	0.921	—	0.808	17.3
600	A	0.284	0.016	475	0.454	30.5
	B_1	0.346	−0.038	496	0.407	12.6
	B_2	0.302	−0.013	451	0.450	16.1
	B_3	0.317	0.027	424	0.479	10.2
	B_4	0.366	−0.081	385	0.948	14.2
	B_5	0.540	−0.145	264	1.327	11.5
	D	0.263	1.771	—	0.897	4.9
700	A	0.281	−0.114	410	0.909	19.0
	B_1	0.370	0.011	497	0.488	13.4
	B_2	0.291	0.006	477	0.471	34.6
	B_3	0.295	−0.021	452	0.552	23.6
	B_4	0.220	−0.724	310	0.745	6.6
	D	0.287	2.252	—	0.287	2.8

续表

温度/℃	组分	I.S./（mm/s）	Q.S./（mm/s）	*H*/kOe	*Γ*/（mm/s）	A_0/%
800	A	0.273	0.026	480	0.352	26.4
	B_1	0.341	−0.033	497	0.398	16.4
	B_2	0.296	−0.022	465	0.382	19.7
	B_3	0.327	−0.016	442	0.378	10.4
	B_4	0.322	−0.058	405	0.856	14.4
	C	0.359	−0.158	519	0.302	12.7
900	A	0.275	0.009	484	0.384	31.7
	B_1	0.366	−0.029	506	0.478	17.5
	B_2	0.276	−0.004	469	0.367	22.1
	B_3	0.309	−0.007	447	0.450	13.8
	B_4	0.327	−0.135	407	0.943	13.0
	D	0.332	2.356	—	0.308	1.9
950	A	0.268	0.030	486	0.384	27.7
	B_1	0.399	−0.059	507	0.475	16.7
	B_2	0.282	−0.018	472	0.377	22.3
	B_3	0.305	−0.026	452	0.410	12.7
	B_4	0.356	−0.150	407	1.128	18.7
	D	0.317	2.365	—	0.277	1.9

（四）小结

$Ni_{0.6}Cu_{0.2}Zn_{0.2}Fe_{1.9}Co_{0.1}O_4$在不同温度煅烧 3h 后形成单相立方尖晶石结构铁氧体。随着煅烧温度的升高，样品的平均晶粒尺寸近似于呈线性增大。

第三节　掺杂Bi^{3+}的镍铜锌铁氧体纳米晶的结构性能研究

一、引言

本节将用溶胶-凝胶自蔓延法制备$Ni_{0.6}Cu_{0.2}Zn_{0.2}Fe_{2-x}Bi_xO_4$（$x$=0、0.03、0.06、0.10、0.15）铁氧体纳米晶，并研究掺杂Bi^{3+}的镍铜锌铁氧体的结构和磁性能情况。

二、实验

（一）样品制备

采用溶胶-凝胶自蔓延法制备样品，首先以分析纯的硝酸镍[$Ni(NO_3)_2 \cdot 6H_2O$]、硝酸铜[$Cu(NO_3)_2 \cdot 3H_2O$]、硝酸锌[$Zn(NO_3)_2 \cdot 6H_2O$]、硝酸铋[$Bi(NO_3)_3 \cdot 5H_2O$]、硝酸铁[$Fe(NO_3)_3 \cdot 9H_2O$]、柠檬酸（$C_6H_8O_7 \cdot H_2O$）与氨水（$NH_3 \cdot H_2O$）为原料，按照分子式$Ni_{0.6}Cu_{0.2}Zn_{0.2}Fe_{2-x}Bi_xO_4$（$x$=0、0.03、0.06、0.10、0.15）进行配比，并称量所需的硝酸盐。然后将硝酸盐溶于去离子水中混合至完全溶解，加入氨水调节到适当的 pH 后，将混合溶液放在 80℃的数显恒温水浴锅上加热。其次根据柠檬酸与总金属离子物质的量比为 1∶3 称取柠檬酸，并溶于去离子水中，将其在水浴过程中逐渐滴加并不断搅拌混合溶液，直至形成湿凝胶。再次将湿凝胶放于数显鼓风干燥箱中，在 120℃下干燥 2h，把得到的干凝胶在空气中滴加助燃剂（无水乙醇）点燃自蔓延，将得到的粉末在玛瑙研钵中研磨均匀。最后按照所需煅烧的温度将样品放入箱式电阻炉中进行煅烧，即可得到最后的样品。

（二）样品表征

使用 X 射线衍射仪（D/max 2500 C）分析样品的晶体结构，使用穆斯堡尔谱仪（Tec PC-moss II）测量室温下的穆斯堡尔谱。

三、结果与讨论

图 7-19 为 $Ni_{0.6}Cu_{0.2}Zn_{0.2}Fe_{2-x}Bi_xO_4$（$x$=0、0.03、0.06、0.10、0.15）铁氧体纳米晶在 950℃煅烧 3h 后室温下测得的 XRD 谱图，其 XRD 参数见表 7-9。从图 7-19 中可以看到，掺杂 Bi^{3+}的样品中生成了杂相，检索物相发现杂相是 Bi_2O_3。从表 7-9 中发现，掺杂 Bi^{3+}的样品的晶格常数均小于未掺杂的样品，这说明掺杂的 Bi^{3+}并没有进入晶格，因为 Bi^{3+}的离子半径远大于 Fe^{3+}的离子半径，如果离子半径大的 Bi^{3+}进入晶格并取代其中的 Fe^{3+}，那么必然会导致晶格扭曲畸变，使晶格扩张[7,14,24,25]。然而实验结果发现，晶格常数反而减小了，所以掺杂的 Bi^{3+}没有进入晶格，而是驻留在晶界形成了 Bi_2O_3。

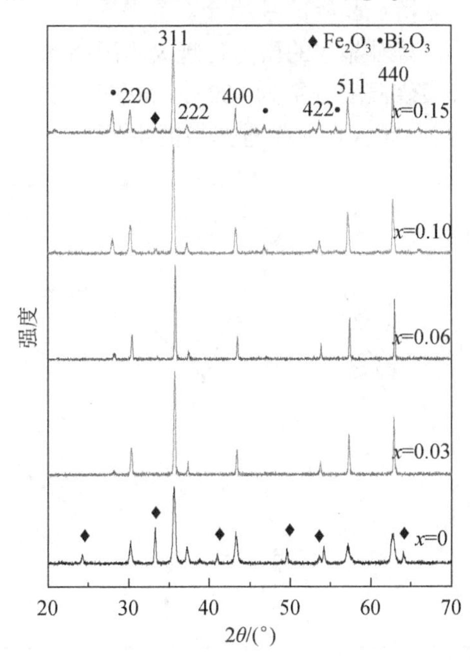

图 7-19　$Ni_{0.6}Cu_{0.2}Zn_{0.2}Fe_{2-x}Bi_xO_4$（$x$=0、0.03、0.06、0.10、0.15）铁氧体纳米晶在 950℃煅烧 3h 后室温下测得的 XRD 谱图

表 7-9 $Ni_{0.6}Cu_{0.2}Zn_{0.2}Fe_{2-x}Bi_xO_4$（$x$=0、0.03、0.06、0.10、0.15）铁氧体纳米晶在 950℃煅烧 3h 后室温下测得的 XRD 参数

掺杂量（x）	晶格常数/Å	密度/（g/cm³）	平均晶粒尺寸/nm	（311）衍射峰的半高宽
x=0	8.365	5.396	26.1	0.326
x=0.03	8.351	5.423	45.4	0.194
x=0.06	8.364	5.398	64.9	0.143
x=0.10	8.364	5.398	39.7	0.219
x=0.15	8.363	5.399	41.9	0.209

表 7-10 为 $Ni_{0.6}Cu_{0.2}Zn_{0.2}Fe_{2-x}Bi_xO_4$（$x$=0、0.03、0.06、0.10、0.15）铁氧体纳米晶在 950℃煅烧 3h 后室温下测得的 Bi_2O_3 的平均晶粒尺寸。

表 7-10 $Ni_{0.6}Cu_{0.2}Zn_{0.2}Fe_{2-x}Bi_xO_4$（$x$=0、0.03、0.06、0.10、0.15）铁氧体纳米晶在 950℃煅烧 3h 后室温下测得的 Bi_2O_3 的平均晶粒尺寸

掺杂量（x）	0.03	0.06	0.10	0.15
平均晶粒尺寸/nm	28.4	29.9	26.2	28.3

图 7-20 为 $Ni_{0.6}Cu_{0.2}Zn_{0.2}Fe_{2-x}Bi_xO_4$ 铁氧体纳米晶和 Bi_2O_3 的平均晶粒尺寸随 Bi^{3+} 掺杂量的变化。可以发现，$Ni_{0.6}Cu_{0.2}Zn_{0.2}Fe_{2-x}Bi_xO_4$ 铁氧体纳米晶和 Bi_2O_3 的平均晶粒尺寸呈正相关，这与杂相 α-Fe_2O_3 和 $Ni_{0.8-x}Cu_{0.2}Zn_xFe_2O_4$ 铁氧体纳米晶的平均晶粒尺寸呈负相关的关系完全相反。大部分情况下，驻留在晶界的杂相会对晶粒产生压力，阻碍晶粒的长大，晶界处杂相的平均晶粒尺寸越大，其对晶粒的压力也越大，阻碍晶粒长大的作用也越强[8,11,14]。但 $Ni_{0.6}Cu_{0.2}Zn_{0.2}Fe_{2-x}Bi_xO_4$（煅烧温度分别为 400℃、500℃、600℃、700℃、800℃、900℃）中晶界处 Bi_2O_3 的平均晶粒尺寸越大，越促进晶粒的生长。

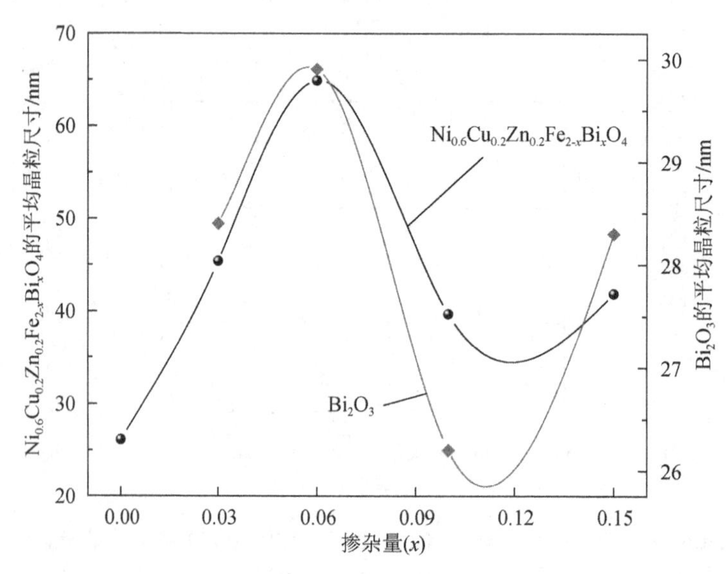

图 7-20 $Ni_{0.6}Cu_{0.2}Zn_{0.2}Fe_{2-x}Bi_xO_4$ 铁氧体纳米晶和 Bi_2O_3 的平均晶粒尺寸随 Bi^{3+} 掺杂量的变化

图 7-21 为 $Ni_{0.6}Cu_{0.2}Zn_{0.2}Fe_{1.99}Bi_{0.01}O_4$ 铁氧体纳米晶在不同温度（400℃、500℃、600℃、700℃、800℃、900℃）煅烧 3h 后室温下测得的 XRD 谱图。从图 7-21 中可以看到，不同

煅烧温度下的样品均为单相尖晶石结构[12,13]。随着煅烧温度的升高，衍射峰的强度变强，峰形变得尖锐，即表明样品平均晶粒尺寸变大。

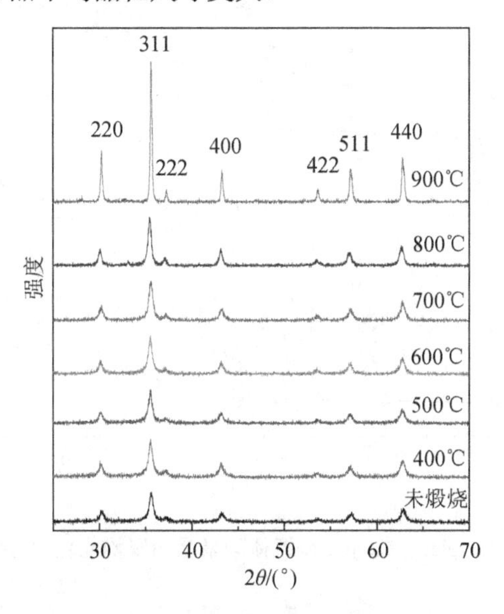

图 7-21 $Ni_{0.6}Cu_{0.2}Zn_{0.2}Fe_{1.99}Bi_{0.01}O_4$铁氧体纳米晶在不同温度（400℃、500℃、600℃、700℃、800℃、900℃）煅烧 3h 后室温下测得的 XRD 谱图

图 7-22 为 $Ni_{0.6}Cu_{0.2}Zn_{0.2}Fe_{1.99}Bi_{0.01}O_4$ 铁氧体纳米晶在不同温度（400℃、500℃、600℃、700℃、800℃、900℃）煅烧 3h 后室温下测得的 XRD 谱图。从图中可明显看到，随着煅烧温度的升高，（311）衍射峰明显变得尖锐，这说明平均晶粒尺寸随煅烧温度的升高逐渐变大。图 7-23 展示了 $Ni_{0.6}Cu_{0.2}Zn_{0.2}Fe_{1.99}Bi_{0.01}O_4$ 铁氧体纳米晶的平均晶粒尺寸随煅烧温度的变化。温度高于 800℃，样品的平均晶粒尺寸明显增大。

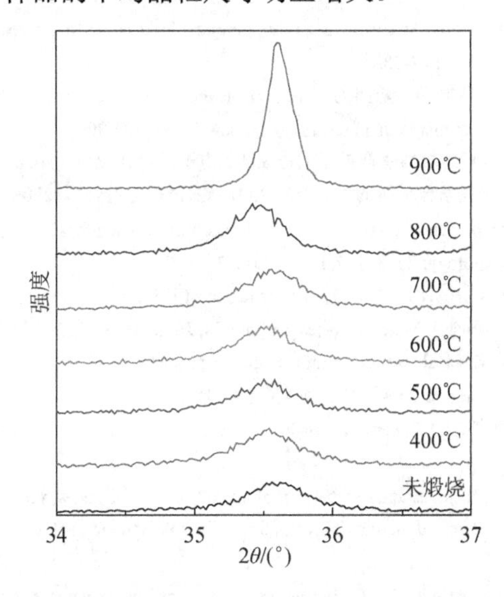

图 7-22 $Ni_{0.6}Cu_{0.2}Zn_{0.2}Fe_{1.99}Bi_{0.01}O_4$铁氧体纳米晶在不同温度（400℃、500℃、600℃、700℃、800℃、900℃）煅烧 3h 后室温下测得的 XRD 谱图中（311）衍射峰偏移的放大图

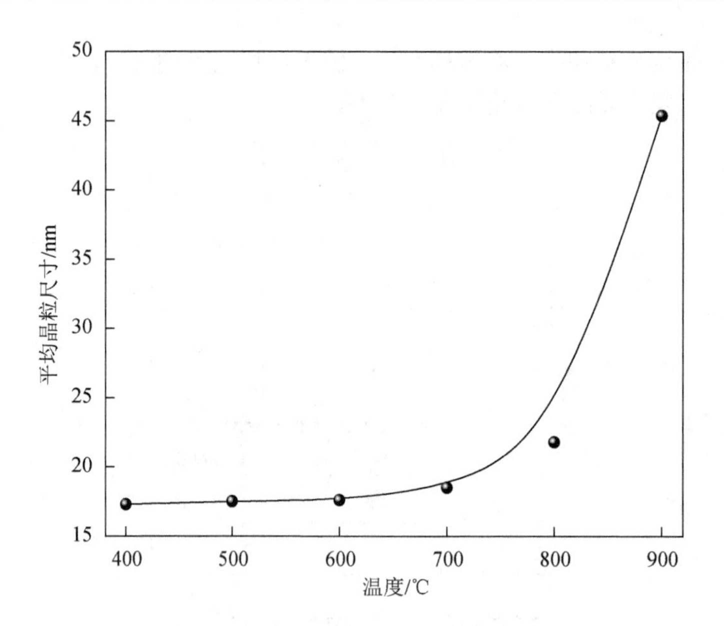

图 7-23　$Ni_{0.6}Cu_{0.2}Zn_{0.2}Fe_{1.99}Bi_{0.01}O_4$ 铁氧体纳米晶的平均晶粒尺寸随煅烧温度的变化

四、小结

XRD 谱图表明，$Ni_{0.6}Cu_{0.2}Zn_{0.2}Fe_{2-x}Bi_xO_4$ 铁氧体纳米晶均为尖晶石结构，且其平均晶粒尺寸与其所含杂质相 Bi_2O_3 的平均晶粒尺寸呈正相关。随着煅烧温度的升高，$Ni_{0.6}Cu_{0.2}Zn_{0.2}Fe_{1.99}Bi_{0.01}O_4$ 铁氧体纳米晶的晶粒长大，当温度高于 800℃时，样品的平均晶粒尺寸明显增大。

参考文献

[1] SU H, ZHANG H W, TANG X L , et al. Analysis of low-temperature-fired NiCuZn ferrites for power applications[J]. Materials science and engineering: B, 2009, 162(1): 22-25.

[2] JEONG J, HAN Y H, MOON B C. Effects of Bi_2O_3 addition on the microstructure and electromagnetic properties of NiCuZn ferrites[J]. Journal of materials science: materials in electronics, 2004, 15(5): 303-306.

[3] 王耕福. 表面贴装片式电感器和铁氧体材料生产技术的进展[J]. 电子元器件应用，2000，2(12)：53-55.

[4] 闫斌，苏桦，张怀武. NiZn 系软磁铁氧体材料的种类及应用[J]. 磁性材料及器件，2008，39(3)：48-51.

[5] ROY K, BERA J. Characterization of nanocrystalline NiCuZn ferrite powders synthesized by sol-gel auto-combustion method[J]. Journal of materials processing technology, 2008, 197(1-3): 279-283.

[6] EL-HAGARY M, MATAR A, SHAABAN E R, et al. The influence of Cd doping on the microstructure and optical properties of nanocrystalline copper ferrite thin films[J]. Materials research bulletin, 2013, 48(6): 2279-2285.

[7] GUO L P, SHEN X Q, SONG F Z, et al. Structure and magnetic property of $CoFe_{2-x}Sm_xO_4$(x=0～0.2)nanofibers prepared by sol-gel route[J]. Materials chemistry and physics, 2011, 129(3): 943-947.

[8] UPADHYAY C, VERMA H C, ANAND S. Cation distribution in nanosized Ni-Zn ferrites[J]. Journal of applied physics, 2004, 95(10): 5746-5751.

[9] STRICKLAND-CONSTABLE R F. Kinetics and mechanism of crystallization[M]. New York: Academic Press, 1986.

[10] NAVROTSKY A, KLEPPA O J. Thermodynamics of formation of simple spinels[J]. Journal of inorganic and nuclear chemistry, 1968, 30(2): 479-498.

[11] GABAL M A. Magnetic properties of NiCuZn ferrite nanoparticles synthesized using egg-white[J]. Materials research bulletin, 2010, 45(5): 589-593.

[12] GUL I H, AHMED W, MAQSOOD A. Electrical and magnetic characterization of nanocrystalline Ni-Zn ferrite synthesis by

co-precipitation route[J]. Journal of magnetism and magnetic materials, 2008, 320(3/4): 270-275.

[13] UPADHYAY C, MISHRA D, VERMA H C, et al. Effect of preparation conditions on formation of nanophase Ni-Zn ferrites through hydrothermal technique[J]. Journal of magnetism and magnetic materials, 2003, 260(1/2): 188-194.

[14] ZHAO L J, YANG H, YU L X, et AL. Structure and magnetic properties of $Ni_{0.7}Mn_{0.3}Fe_2O_4$ nanoparticles doped with La_2O_3[J]. Physica status solidi(a), 2004, 201(14): 3121-3128.

[15] NANDAPURE A I, KONDAWAR S B, SAWADHA P S, et al. Effect of zinc substitution on magnetic and electrical properties of nanocrystalline nickel ferrite synthesized by refluxing method[J]. Physica B: condensed matter, 2012, 407(7): 1104-1107.

[16] SRIVASTAVA C, SHRINGI S, SRIVASTAVA R. Mössbauer study of relaxation phenomena in zinc-ferrous ferrites[J]. Physical review B, 1976, 14(5): 2041-2050.

[17] UEN T, TSENG P K. Mössbauer-effect studies on the magnetic properties of the Ni-Zn-ferrite system[J]. Physical review B, 1982, 25(3): 1848-1859.

[18] LEUNG L K, EVANS B J, MORRISH A H. Low-temperature Mössbauer study of a nickel-zinc ferrite: $Zn_xNi_{1-x}Fe_2O_4$[J]. Physical review B, 1973, 8(1): 29-43.

[19] SATYA MURTHY N S, NATERA M G, YOUSSEF S I, et al. Yafet-kittel angles in zinc-nickel ferrites[J]. Physical review, 1969, 181(2): 969-977.

[20] ZHAO L J, XU W, YANG H, et al . Effect of Nd ion on the magnetic properties of Ni-Mn ferrite nanocrystal[J]. Current applied physics, 2008, 8(1): 36-41.

[21] ZHAO L J, CUI Y M, YANG H, et al. The magnetic properties of $Ni_{0.7}Mn_{0.3}Gd_xFe_{2-x}O_4$ ferrite[J]. Materials letters, 2006, 60(1): 104-108.

[22] ZHAO L J, HAN Z Y, YANG H, et al. Magnetic properties of nanocrystalline $Ni_{0.7}Mn_{0.3}Gd_{0.1}Fe_{1.9}O_4$ ferrite at low temperatures[J]. Journal of magnetism and magnetic materials, 2007, 309(1): 11-14.

[23] ZHAO L J, YANG H, YU L X, et al. Effects of Gd_2O_3 on structure and magnetic properties of Ni-Mn ferrite[J]. Journal of materials science, 2006, 41(10): 3083-3087.

[24] ZHAO L J, YANG H, YU L X, et al. The studies of nanocrystalline $Ni_{0.7}Mn_{0.3}Nd_xFe_{2-x}O_4(x=0\sim0.1)$ferrites[J]. Physics letters A, 2004, 332(3/4): 268-274.

[25] ROY K, BERA J. Characterization of nanocrystalline NiCuZn ferrite powders synthesized by sol-gel auto-combustion method[J]. Journal of materials processing technology, 2008, 197(1-3): 279-283.

第八章　掺杂稀土离子的 $Ni_{0.55}Cu_{0.25}Zn_{0.2}Fe_{2-x}RE_xO_4$ 氧化物材料的磁性与穆斯堡尔效应研究

镍铜锌铁氧体有许多优异的电磁性能，如高电阻率、低烧结温度和低涡流损耗[1-4]，它的许多性能受热处理温度、组成和微观结构等条件影响很大[5,6]，其铁磁性行为主要通过 Fe^{3+}—Fe^{3+}相互作用产生（3d 电子自旋耦合）。稀土元素具有独特的物理和化学性质，大部分稀土离子具有稳定的+3 价态和大的离子半径，其晶体的对称性较低，磁性电子（4f）处于较内壳层，自旋轨道相互作用和晶体场作用都较强，因而具有原子磁矩高、磁晶各向异性高、磁致伸缩系数大等特点[7,8]。将稀土离子掺入镍铜锌铁氧体中，出现的很弱的 RE^{3+}—Fe^{3+}相互作用（3d-4f 耦合）可以引起磁化强度和居里温度的变化。

第一节　掺杂稀土离子 Sm^{3+}的镍铜锌铁氧体纳米晶的结构与穆斯堡尔谱研究

一、引言

本节将用溶胶-凝胶自蔓延法制备 $Ni_{0.55}Cu_{0.25}Zn_{0.2}Fe_{2-x}Sm_xO_4$（$x$=0、0.05、0.10、0.15、0.20）铁氧体纳米晶，并研究掺杂 Sm^{3+}的镍铜锌铁氧体的结构和磁性能情况。

二、实验

（一）样品制备

采用溶胶-凝胶自蔓延法制备样品，首先以分析纯的硝酸镍[$Ni(NO_3)_2 \cdot 6H_2O$]、硝酸铜[$Cu(NO_3)_2 \cdot 3H_2O$]、硝酸锌[$Zn(NO_3)_2 \cdot 6H_2O$]、硝酸钐[$Sm(NO_3)_3 \cdot 5H_2O$]、硝酸铁[$Fe(NO_3)_3 \cdot 9H_2O$]、柠檬酸（$C_6H_8O_7 \cdot H_2O$）与氨水（$NH_3 \cdot H_2O$）为原料，按照分子式 $Ni_{0.55}Cu_{0.25}Zn_{0.2}Fe_{2-x}Sm_xO_4$（$x$=0、0.05、0.10、0.15、0.20）进行配比，并称量所需的硝酸盐。然后将硝酸盐溶于去离子水中混合至完全溶解，加入氨水调节到适当的 pH 后，将混合溶液放在 80℃的数显恒温水浴锅上加热。其次根据柠檬酸与总金属离子物质的量比为 1∶3 称取柠檬酸，并溶于去离子水中，将其在水浴过程中逐渐滴加并不断搅拌混合溶液，直至形成湿凝胶。再次将湿凝胶放于数显鼓风干燥箱中，在 120℃下干燥 2h，把得到的干凝胶在空气中滴加助燃剂（无水乙醇）点燃自蔓延，将得到的粉末在玛瑙研钵中研磨均匀。最后按照所需煅烧的温度将样品放入箱式电阻炉中进行煅烧，即可得到最后的样品。

（二）样品表征

使用 X 射线衍射仪（D/max 2500 C）分析样品的晶体结构，使用穆斯堡尔谱仪（Tec PC-moss Ⅱ）测量室温下的穆斯堡尔谱。

三、结果与讨论

（一）XRD 分析

图 8-1 为 $Ni_{0.55}Cu_{0.25}Zn_{0.2}Fe_{2-x}Sm_xO_4$（$x$=0、0.05、0.10、0.15、0.20）铁氧体纳米晶在 800℃煅烧 3h 后室温下测得的 XRD 谱图。从（220）、（311）、（222）、（400）、（422）、（511）、（440）这一系列衍射峰可以看出，5 个样品均为尖晶石结构；当 x=0、0.05 时，样品中产生了杂相，通过与 JCPDF No.33-0664 卡片对比发现，杂相是 α-Fe_2O_3；当 x>0.05 时，合成了单相立方尖晶石结构 $Ni_{0.55}Cu_{0.25}Zn_{0.2}Fe_{2-x}Sm_xO_4$ 铁氧体纳米颗粒。由图 8-1 可以看出，当 Sm^{3+}掺杂量较低（x=0、0.05）时，产物由主相尖晶石铁氧体和杂相 α-Fe_2O_3 构成；当 Sm^{3+} 掺杂量增加时，α-Fe_2O_3 的衍射峰展宽，强度减小；Sm^{3+}掺杂量继续增加（x=0.10、0.20），反应产物为单相立方尖晶石结构。$Ni_{0.55}Cu_{0.25}Zn_{0.2}Fe_{2-x}Sm_xO_4$ 中 α-Fe_2O_3 含量随 Sm^{3+}掺杂量增加而降低的现象产生的原因是，当 Sm^{3+}掺杂量比较低时，Fe^{3+}含量较高，这会导致在空气氛围下高温煅烧过程中，绝大部分的 Fe^{3+}与其他离子一起生成立方尖晶石铁氧体，而少部分 Fe^{3+}与 O_2 发生反应生成 α-Fe_2O_3[9]。Fe^{3+}含量随着 Sm^{3+}掺杂量的不断增加而减少，因此 α-Fe_2O_3 生成量减少，更多的 Fe^{3+} 进入尖晶石晶格中，当 x>0.10 时，形成单一尖晶石结构。同时未观察到 Sm^{3+}的其他相出现。

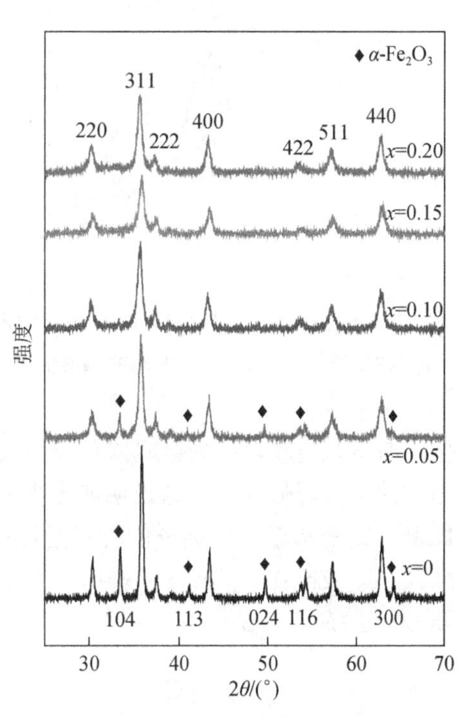

图 8-1　$Ni_{0.55}Cu_{0.25}Zn_{0.2}Fe_{2-x}Sm_xO_4$（$x$=0、0.05、0.10、0.15、0.20）铁氧体纳米晶在 800℃煅烧 3h 后室温下测得的 XRD 谱图

最下方是 α-Fe_2O_3 的晶面指数

表 8-1 为 $Ni_{0.55}Cu_{0.25}Zn_{0.2}Fe_{2-x}Sm_xO_4$（$x$=0、0.05、0.10、0.15、0.20）铁氧体纳米晶在 800℃煅烧 3h 后室温下测得的 XRD 参数。可以看到，当 x=0、0.10 时，晶格常数随 Sm^{3+}掺杂量的增加而增大，虽然 x=0.15 时样品的晶格常数突然减小，但其数值仍然高于未掺杂样品的晶格常数；随后当 x=0.20 时，样品的晶格常数又增大，且其数值大于 x=0.10 时样品的晶格常数。这是由不同离子的半径不同引起的，Sm^{3+}的离子半径（0.096nm）大于 Fe^{3+}的离子半径（0.064nm）；A 位的空隙小于 B 位，由于体积效应的存在，离子半径较大的 Sm^{3+}进入 A 位的可能性很小[6]，而且 Sm^{3+}有占据八面体 B 位的倾向[7]。这样 Sm^{3+}进入 B 位取代 Fe^{3+}会使晶格扩张[8]。

表 8-1　$Ni_{0.55}Cu_{0.25}Zn_{0.2}Fe_{2-x}Sm_xO_4$（$x$=0、0.05、0.10、0.15、0.20）铁氧体纳米晶在 800℃煅烧 3h 后室温下测得的 XRD 参数

掺杂量（x）	晶格常数/Å	密度/（g/cm^3）	平均晶粒尺寸/nm	（311）衍射峰的半高宽
x=0	8.3413	5.4416	27.9	0.308
x=0.05	8.3456	5.4331	16.8	0.502
x=0.10	8.3721	5.3817	16.3	0.516
x=0.15	8.3490	5.4266	16.3	0.516
x=0.20	8.3750	5.376	16.0	0.525

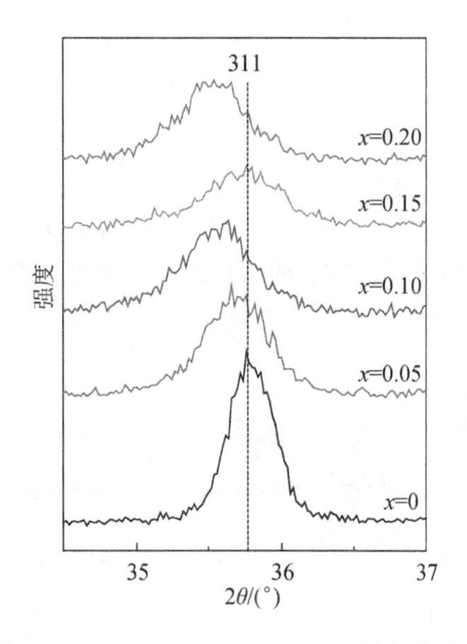

图 8-2　$Ni_{0.55}Cu_{0.25}Zn_{0.2}Fe_{2-x}Sm_xO_4$ 铁氧体纳米晶 XRD 谱图中（311）衍射峰的偏移情况

从图 8-2 中（311）衍射峰相对于未掺杂样品向左偏移可以直观看到晶格扩张和晶格常数增大。此外，由于 Sm^{3+}的离子半径远大于 Fe^{3+}的离子半径，因此 Sm^{3+}不可能完全进入晶格取代 Fe^{3+}，而 XRD 谱图中并没有出现 Sm^{3+}的其他物相，这可能是因为 Sm^{3+}形成的其他物相晶粒尺寸很小或者是形成了非晶相。第二节将提高煅烧温度，观察是否会出现 Sm^{3+}的其他物相。

从表 8-1 可以看到，相对于未掺杂的 $Ni_{0.55}Cu_{0.25}Zn_{0.2}Fe_2O_4$ 铁氧体纳米晶，掺杂量较低（$x \leqslant 0.20$）时样品的平均晶粒尺寸与 Sm^{3+}的掺杂量有关，且随着 Sm^{3+}掺杂量增加而减小，这与文献[7]～[10]所得到的结果一致。这是因为 B 位的 Fe^{3+}被离子半径较大的 Sm^{3+}取代产生晶格扭曲畸变，晶化能垒升高[10]，同时产生的晶格张力和内应力会阻碍晶粒长大。此外，掺杂 Sm^{3+}的样品的平均晶粒尺寸相对于未掺杂的样品降低很多，这说明稀土离子有细化晶粒的作用[11,12]，第三节还将通过固定掺杂比例，改变掺杂稀土离子的种类继续研究证明稀土离子有使晶粒细化的作用。图 8-3 为 $Ni_{0.55}Cu_{0.25}Zn_{0.2}Fe_{2-x}Sm_xO_4$（$x$=0、0.05、0.10、0.15、0.20）铁氧体纳米晶的平均晶粒尺寸和随 Sm^{3+}掺杂量的变化。

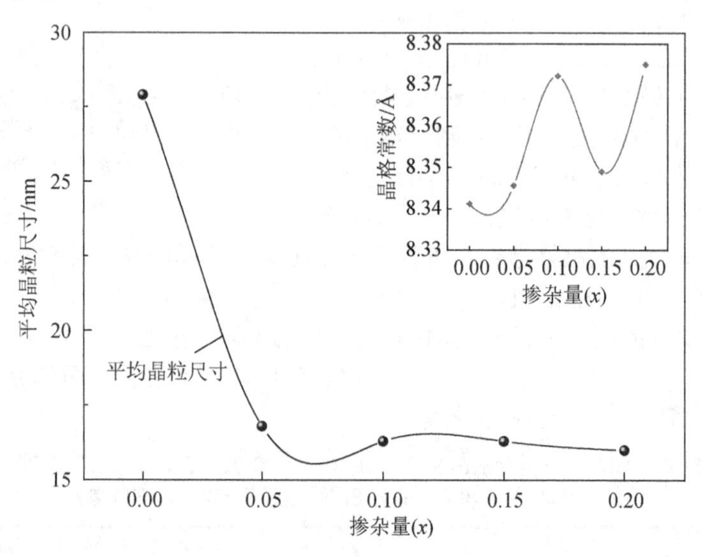

图 8-3　$Ni_{0.55}Cu_{0.25}Zn_{0.2}Fe_{2-x}Sm_xO_4$（$x$=0、0.05、0.10、0.15、0.20）铁氧体纳米晶的平均晶粒尺寸和晶格常数随 Sm^{3+}掺杂量的变化

表 8-1 和表 8-2 显示，当 Sm^{3+}掺杂量较小时，α-Fe_2O_3 的半高宽随 Sm^{3+}掺杂量增加而

变宽，而平均晶粒尺寸则随之减小；当 Sm^{3+}掺杂量比较低时，$Ni_{0.55}Cu_{0.25}Zn_{0.2}Fe_{2-x}Sm_xO_4$ 中的 Fe^{3+}含量较高，且导致高温煅烧过程中，有少部分 Fe^{3+}与 O_2 发生反应生成 α-Fe_2O_3，Fe^{3+}含量随着 Sm^{3+}掺杂量的不断增加而减少，更多的 Fe^{3+}进入尖晶石晶格中，因此 α-Fe_2O_3 生成量减少。

表 8-2　$Ni_{0.55}Cu_{0.25}Zn_{0.2}Fe_{2-x}Sm_xO_4$ 铁氧体纳米晶中 α-Fe_2O_3 杂相在 800℃煅烧 3h 后室温下测得的 XRD 参数

掺杂量（x）	晶格常数/Å	密度/（g/cm^3）	平均晶粒尺寸/nm
x=0	5.0149	5.3546	45.3
x=0.05	5.0414	5.2955	39.8

（二）穆斯堡尔谱分析

穆斯堡尔谱分析提供了铁氧体样品的化学状态、结构和磁性等非常重要的信息。图 8-4 为 $Ni_{0.55}Cu_{0.25}Zn_{0.2}Fe_{2-x}Sm_xO_4$ 在 800℃煅烧 3h 后室温下测得的穆斯堡尔谱图，其穆斯堡尔谱参数见表 8-3。

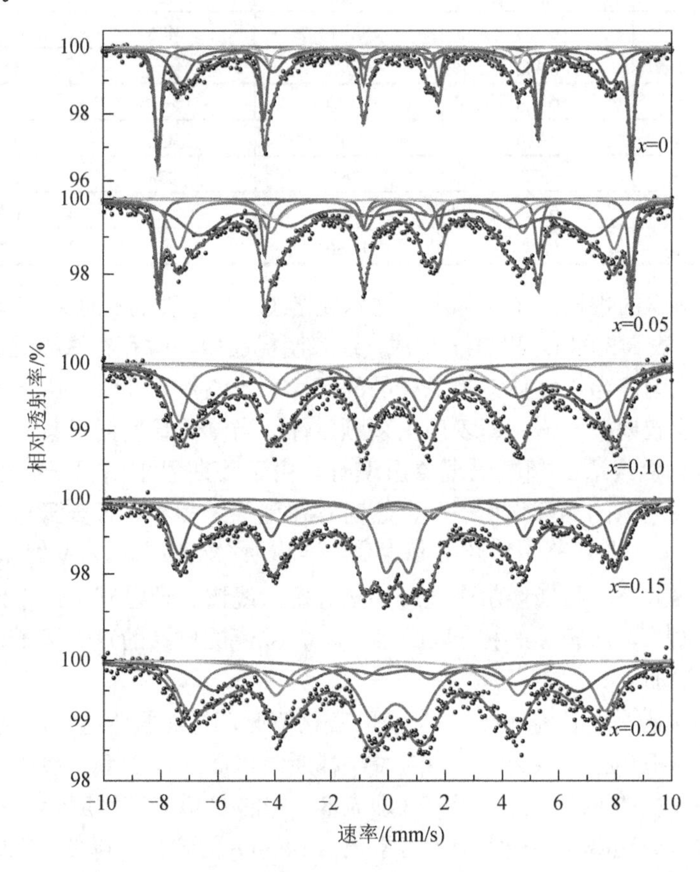

图 8-4　$Ni_{0.55}Cu_{0.25}Zn_{0.2}Fe_{2-x}Sm_xO_4$ 铁氧体纳米晶在 800℃煅烧 3h 后室温下测得的穆斯堡尔谱图

表 8-3　$Ni_{0.55}Cu_{0.25}Zn_{0.2}Fe_{2-x}Sm_xO_4$ 纳米晶在 800℃煅烧 3h 后的室温下测得的穆斯堡尔谱参数

掺杂量（x）	组分	I.S./（mm/s）	Q.S./（mm/s）	H/kOe	Γ/（mm/s）	A_0/%
x=0	A	0.264	−0.109	422	1.565	25.7
	B	0.312	−0.087	469	0.848	35.4
	C	0.363	−0.229	517	0.244	31.4
	D_1	0.197	8.710	—	0.316	3.4
	D_2	0.322	2.240	—	0.349	4.1
x=0.05	A	0.299	−0.027	475	0.699	25.0
	B	0.412	−0.254	429	1.803	44.1
	C	0.367	−0.230	516	0.248	15.5
	D_1	0.104	8.120	—	1.309	7.9
	D_2	0.280	2.114	—	0.672	7.4
x=0.10	A	0.294	0.088	477	0.739	27.6
	B	0.453	−0.207	427	1.834	48.0
	D_1	0.109	7.725	—	1.243	10.2
	D_2	0.237	2.020	—	0.975	14.2
x=0.15	A	0.276	0.065	425	1.411	26.1
	B	0.325	−0.009	476	0.766	27.3
	D_1	0.355	6.984	—	3.896	29.1
	D_2	0.325	0.829	—	0.739	17.5
x=0.20	A	0.290	−0.018	455	0.947	32.0
	B	0.501	−0.410	398	1.663	32.1
	D_1	0.063	7.447	—	1.423	12.5
	D_2	0.274	1.550	—	1.325	23.4

样品室温下测得的穆斯堡尔谱都由磁性六线谱（对应于表 8-3 的 A、B 和 C）和四极双偶极子谱（对应于表 8-3 的 D_1 和 D_2）构成，这表明样品中同时存在铁磁性和超顺磁性，样品的粒径分布不均匀。当铁氧体纳米晶样品的尺寸小于临界尺寸时，由于集体磁激发和超顺磁弛豫，会出现双偶极子谱，即表现出超顺磁性；当测试温度低于某一临界温度时，双偶极子谱又劈裂为六线谱。超顺磁现象出现时，由于穆斯堡尔谱原子在固体中与周围的近邻原子之间产生动态的相互作用[13,14]，这时存在弛豫过程和表征弛豫过程的弛豫时间 τ [式（6-3）]。当 $\tau \ll \tau_0$ 时，将出现超顺磁现象，即穆斯堡尔谱表现为双偶极子谱；当 $\tau > \tau_0$ 时，会有完全的磁分裂，穆斯堡尔谱表现为磁分裂六线谱。粒径减小，穆斯堡尔谱的双偶极子谱面积将增加[15]。从表 8-3 中可以看出，掺杂 Sm^{3+} 的样品的双偶极子谱面积相较于未掺杂的样品有所增加。

图 8-5 为超顺磁谱面积随 Sm^{3+} 掺杂量的变化情况，与前面所述平均晶粒尺寸随 Sm^{3+} 掺杂量增加而减小相对应。当 x=0、0.05 时，穆斯堡尔谱都有 3 套六线谱，其中两套谱分别对应于 A 位、B 位的 Fe^{3+}，另一套谱（即表 8-3 中的 C 谱）则对应于 α-Fe_2O_3。从表 8-3 中谱 C 面积所占百分比减小、线宽增大可看出，α-Fe_2O_3 的含量在降低，粒径在变小。这与前面所述 α-Fe_2O_3 的生成量和平均晶粒尺寸随 Sm^{3+} 含量增加而减小是一致的。

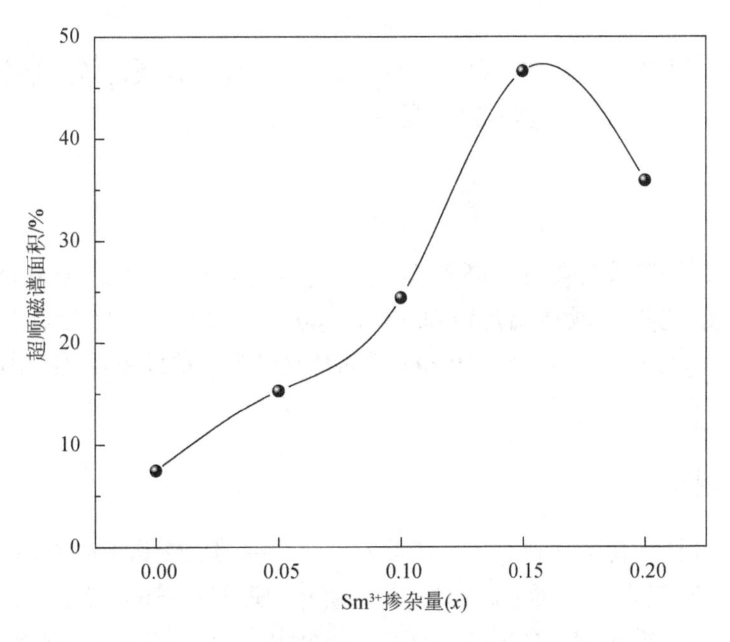

图 8-5　超顺磁谱面积随 Sm^{3+}掺杂量的变化

样品的同质异能移见表 8-3，同质异能移起源于原子核电荷密度分布与核外电子的静电相互作用。可以看出，A 位、B 位的 Fe^{3+}均为高自旋三价铁，通常高自旋三价铁的同质异能移在 0.2～0.6 mm/s 范围内。表 8-3 表明 A 位的同质异能移小于 B 位，这是由于 A 位和 B 位的 Fe^{3+}—O^{2-}键距不同[16-21]。A 位金属离子和氧离子键的距离为 0.67Å，小于 B 位的 0.72Å，因此 B 位的 Fe^{3+}轨道重叠较小，s 电子云密度大，从而导致 B 位的同质异能移大于 A 位。

四极裂距的大小反映了穆斯堡尔核 Fe^{3+}周围电荷偏离立方对称结构的程度，粒子尺寸降低会导致四极裂距绝对值的增加。因此可以依据四极裂距的变化，判断穆斯堡尔核 Fe^{3+}的配位环境。从同质异能移和四极裂距来看，$Ni_{0.55}Cu_{0.25}Zn_{0.2}Fe_{2-x}Sm_xO_4$ 铁氧体纳米晶中没有 Fe^{2+}，通常 Fe^{2+}的同质异能移大于 0.6mm/s；而且 XRD 谱图中也没有观察到其他离子的高价化合物出现，这说明产物电荷平衡，进一步证实了在 800℃煅烧的氛围中合成了立方结构的 $Ni_{0.55}Cu_{0.25}Zn_{0.2}Fe_{2-x}Sm_xO_4$ 尖晶石铁氧体纳米晶。

四、小结

XRD 分析显示，$Ni_{0.55}Cu_{0.25}Zn_{0.2}Fe_{2-x}Sm_xO_4$ 铁氧体纳米晶为立方尖晶石结构，掺杂量高于 0.05 时样品为单相立方尖晶石结构。掺杂 Sm^{3+}的样品的晶格常数均大于未掺杂的样品，这是由于进入晶格的 Sm^{3+}的离子半径大于 Fe^{3+}的离子半径，晶格扩张。由于稀土离子细化晶粒的作用，掺杂 Sm^{3+}的样品的平均晶粒尺寸均小于未掺杂的样品，并且随 Sm^{3+}掺杂量的增加而轻微降低。室温下测得的穆斯堡尔谱表明，亚铁磁性与超顺磁性共存，而且随 Sm^{3+}掺杂量的增加，超顺磁谱面积增加。

第二节　不同煅烧温度 $Ni_{0.55}Cu_{0.25}Zn_{0.2}Fe_{2-x}Sm_xO_4$ 铁氧体纳米晶的结构与穆斯堡尔谱研究

一、引言

本节将用溶胶-凝胶自蔓延法制备 $Ni_{0.55}Cu_{0.25}Zn_{0.2}Fe_{2-x}Sm_xO_4$（$x$=0.15、0.20）铁氧体纳米晶，并研究不同煅烧温度（600℃、700℃、800℃、900℃、950℃）制备的 $Ni_{0.55}Cu_{0.25}Zn_{0.2}Fe_{2-x}Sm_xO_4$（$x$=0.15、0.20）铁氧体纳米晶的结构和磁性能情况。

二、实验

（一）样品制备

采用溶胶-凝胶自蔓延法制备样品，首先以分析纯的硝酸镍[$Ni(NO_3)_2 \cdot 6H_2O$]、硝酸铜[$Cu(NO_3)_2 \cdot 3H_2O$]、硝酸锌[$Zn(NO_3)_2 \cdot 6H_2O$]、硝酸钐[$Sm(NO_3)_3 \cdot 5H_2O$]、硝酸铁[$Fe(NO_3)_3 \cdot 9H_2O$]、柠檬酸（$C_6H_8O_7 \cdot H_2O$）与氨水（$NH_3 \cdot H_2O$）为原料，按照分子式 $Ni_{0.55}Cu_{0.25}Zn_{0.2}Fe_{2-x}Sm_xO_4$（$x$=0.15、0.20）进行配比，并称量所需的硝酸盐。然后将硝酸盐溶于去离子水中混合至完全溶解，加入氨水调节到适当的 pH 后，将混合溶液放在 80℃的数显恒温水浴锅上加热。其次根据柠檬酸与总金属离子物质的量比为 1∶3 称取柠檬酸，并溶于去离子水中，将其在水浴过程中逐渐滴加并不断搅拌混合溶液，直至形成湿凝胶。再次将湿凝胶放于数显鼓风干燥箱中，在 120℃下干燥 2h，把得到的干凝胶在空气中滴加助燃剂（无水乙醇）点燃自蔓延，将得到的粉末在玛瑙研钵中研磨均匀。最后按照所需煅烧的温度将样品放入箱式电阻炉中进行煅烧，即可得到最后的样品。

（二）样品表征

使用 X 射线衍射仪（D/max 2500 C）分析样品的晶体结构，使用穆斯堡尔谱仪（Tec PC-mossⅡ）测量室温下的穆斯堡尔谱。

三、结果与讨论

（一）XRD 分析

图 8-6 为 $Ni_{0.55}Cu_{0.25}Zn_{0.2}Fe_{2-x}Sm_xO_4$（$x$=0.15、0.20）铁氧体纳米晶在不同温度（600℃、700℃、800℃、900℃、950℃）下煅烧 3h 后室温下测得的 XRD 谱图，计算得到的平均晶粒尺寸见表 8-4。从图 8-6 中可以看出，随着温度的升高，两个系列样品的 XRD 衍射峰逐渐变窄，即衍射峰半高宽变小。根据谢乐公式可知，样品的平均晶粒尺寸将变大。这是因为晶粒随着煅烧温度的升高逐渐吸收能量，晶粒逐渐长大。

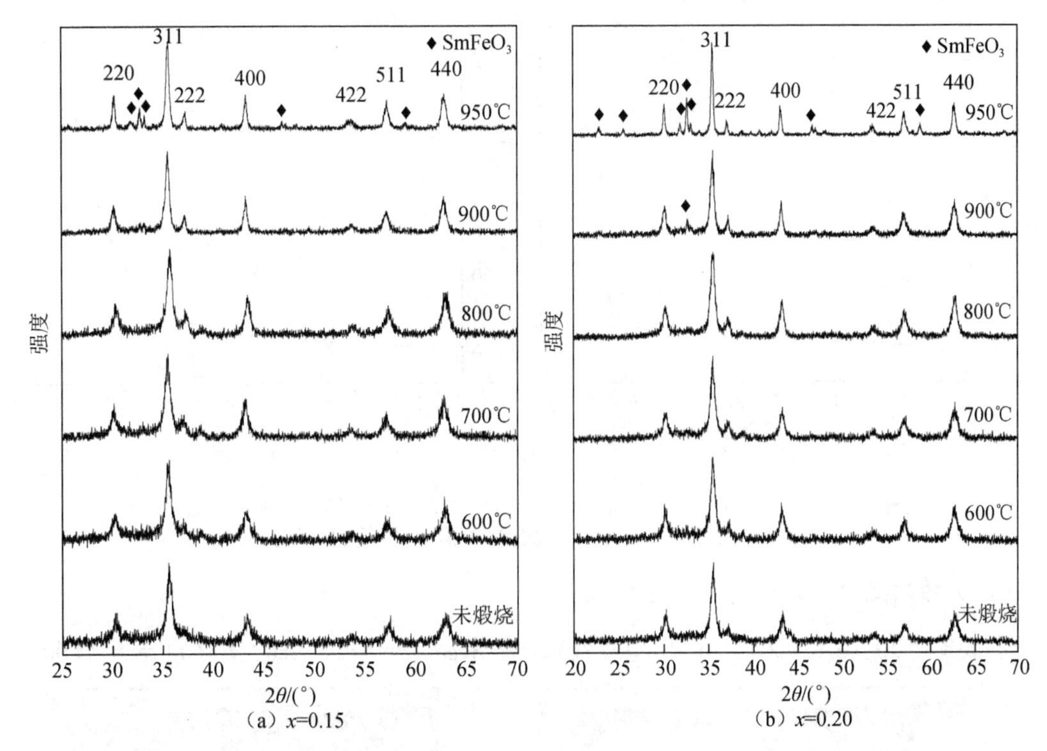

图 8-6　$Ni_{0.55}Cu_{0.25}Zn_{0.2}Fe_{2-x}Sm_xO_4$（$x$=0.15、0.20）铁氧体纳米晶在不同温度（600℃、700℃、800℃、900℃、950℃）下煅烧 3h 后室温下测得的 XRD 谱图

表 8-4　$Ni_{0.55}Cu_{0.25}Zn_{0.2}Fe_{2-x}Sm_xO_4$ 铁氧体纳米晶在不同温度（600℃、700℃、800℃、900℃、950℃）煅烧 3h 后的平均晶粒尺寸

（单位：nm）

掺杂量（x）	未煅烧	600℃	700℃	800℃	900℃	950℃
0.15	14.3	14.8	15.5	16.3	18.9	35
0.20	14.6	15.1	15.3	16	18	34.4

图 8-7 为 $Ni_{0.55}Cu_{0.25}Zn_{0.2}Fe_{2-x}Sm_xO_4$（$x$=0.15、0.20）铁氧体纳米晶不同温度（600℃、700℃、800℃、900℃、950℃）煅烧 3h 后的平均晶粒尺寸。可以更直观地看到，平均晶粒尺寸随烧结温度的升高而增大。从表 8-4 和图 8-7 中可以看到，样品的平均晶粒尺寸从原粉、600℃、700℃到 800℃是缓慢增长的，从 900℃到 950℃平均晶粒尺寸则迅速增长，这说明 900℃以上是晶粒生长的最佳温度。而且从 XRD 谱图可以观察到，800℃以下样品均为单相尖晶石结构，温度升到 900℃以上出现了第二个物相 $SmFeO_3$，这说明 Sm^{3+}不易进入晶格。一方面，取代的规则是取代离子半径和价态相近的离子。Sm^{3+}的离子半径（0.958Å）要远大于 Fe^{3+}的离子半径（0.645Å）。此外，Sm^{3+}—O^{2-}的键能要大于 Fe^{3+}— O^{2-}的键能，要使 Sm^{3+}进入晶格形成 Sm^{3+}—O^{2-}键就需要更多的能量。因此，掺杂 Sm^{3+}的样品相对于未掺杂样品有更高的热稳定性，欲使 Sm^{3+}进入晶格和晶粒长大就需要更高的温度。另一方面，Sm^{3+}进入晶格取代 Fe^{3+}时，由于 Sm^{3+}的离子半径要远大于 Fe^{3+}的离子半径，可能会有部分 Sm^{3+}以氧化物的形式驻留在晶界。氧化物出现在晶界会对内部晶粒产生一定压力，从而阻碍晶粒长大。这就是稀土离子细化晶粒的作用。所以，掺杂 Sm^{3+}的样品的平均晶粒尺寸要小于未掺杂的样品的平均晶粒尺寸。800℃以下没有观察到 $SmFeO_3$，可能是因为温度较低生成的 $SmFeO_3$ 平均晶粒尺寸很小，从 XRD 谱图上观察不到。

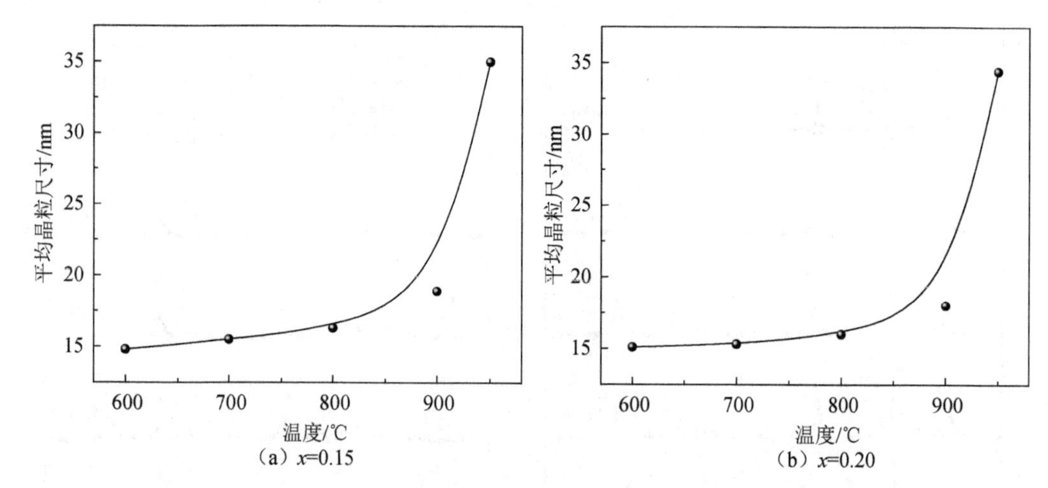

图 8-7　$Ni_{0.55}Cu_{0.25}Zn_{0.2}Fe_{2-x}Sm_xO_4$（$x$=0.15、0.20）铁氧体纳米晶不同温度（600℃、700℃、800℃、900℃、950℃）煅烧 3h 后的平均晶粒尺寸

（二）穆斯堡尔谱分析

图 8-8 为 $Ni_{0.55}Cu_{0.25}Zn_{0.2}Fe_{2-x}Sm_xO_4$ 铁氧体纳米晶（x=0.15、0.20）在不同温度（600℃、

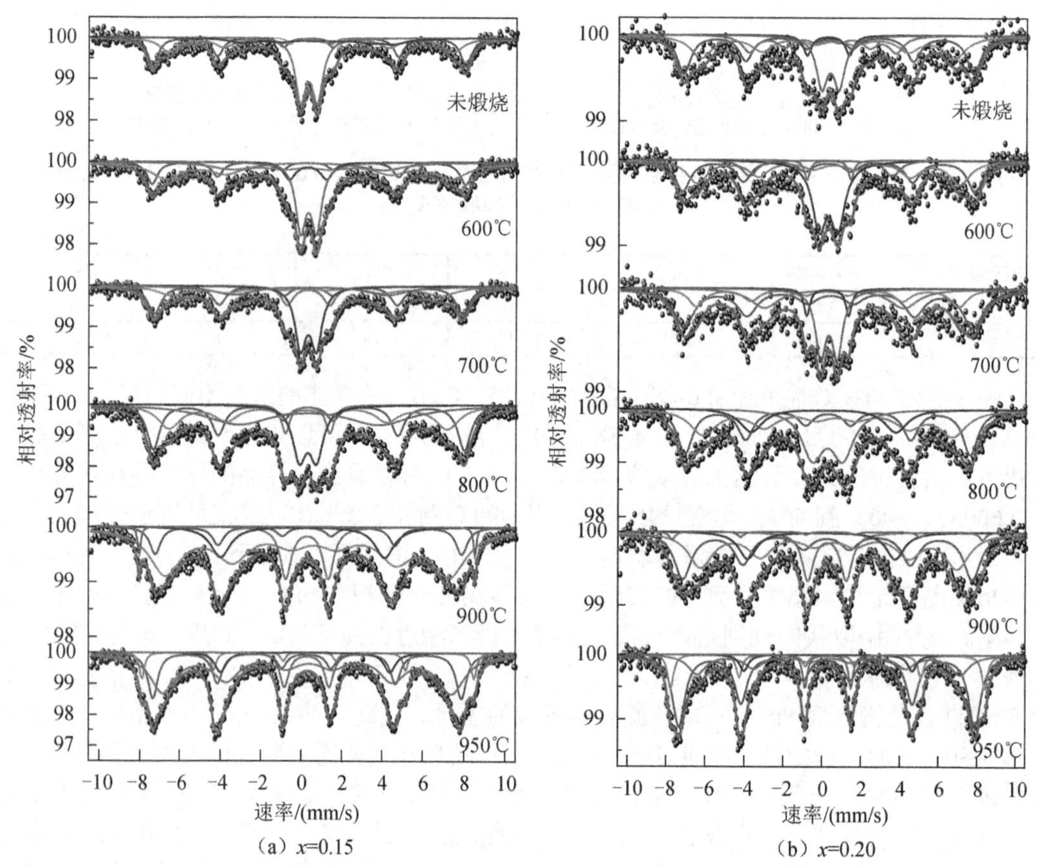

图 8-8　$Ni_{0.55}Cu_{0.25}Zn_{0.2}Fe_{2-x}Sm_xO_4$（$x$=0.15、0.20）铁氧体纳米晶在不同温度（600℃、700℃、800℃、900℃、950℃）煅烧 3h 后室温下测得的穆斯堡尔谱

700℃、800℃、900℃、950℃）煅烧 3h 后室温下测得的穆斯堡尔谱，表 8-5 和表 8-6 分别是其穆斯堡尔谱参数。从图 8-8 中可以看出，中间的超顺磁双峰的强度随着煅烧温度升高而降低。由图 8-7 可以看到，随着煅烧温度升高，样品的平均晶粒尺寸减小；而超顺磁双峰的强度将随平均晶粒尺寸减小而降低。图 8-9 直观地展现了 $Ni_{0.55}Cu_{0.25}Zn_{0.2}Fe_{2-x}Sm_xO_4$ 在不同温度（600℃、700℃、800℃、900℃、950℃）煅烧 3h 后室温下测得的穆斯堡尔谱超顺磁谱面积的变化，从而印证了图 8-7 平均晶粒尺寸的变化趋势。

表 8-5　$Ni_{0.55}Cu_{0.25}Zn_{0.2}Fe_{1.85}Sm_{0.15}O_4$ 铁氧体纳米晶在不同温度（600℃、700℃、800℃、900℃、950℃）煅烧 3h 后室温下测得的穆斯堡尔谱参数

温度/℃	组分	I.S./（mm/s）	Q.S./（mm/s）	H/kOe	Γ/（mm/s）	A_0/%
未煅烧	A	0.304	0.015	479	0.627	28.1
	B_1	0.309	0.190	435	1.149	25.8
	B_2	0.305	−0.376	232	1.671	13.5
	D_1	0.445	2.009	—	0.459	2.5
	D_2	0.345	0.815	—	0.631	30.1
600	A	0.279	−0.004	436	1.931	37.9
	B	0.295	−0.001	480	0.637	17.5
	D_1	0.293	7.414	—	2.524	12.2
	D_2	0.300	1.814	—	0.790	8.2
	D_3	0.329	0.764	—	0.616	24.2
700	A	0.152	0.086	412	1.821	21.6
	B	0.303	−0.032	472	0.798	29.1
	D_1	0.391	7.598	—	2.477	14.5
	D_2	0.327	2.074	—	0.761	9.5
	D_3	0.335	0.772	—	0.662	25.3
800	A	0.276	0.065	425	1.411	24.9
	B	0.325	−0.009	476	0.766	26.1
	D_1	0.355	6.984	—	3.896	28.0
	D_2	0.308	2.170	—	0.517	5.6
	D_3	0.325	0.829	—	0.793	15.4
900	A	0.293	0.046	469	0.667	12.4
	B	0.456	−0.356	434	1.986	62.1
	D_1	0.244	8.118	—	1.157	13.8
	D_2	0.293	2.074	—	0.673	11.7
950	A	0.266	−0.014	473	0.608	24.4
	B	0.339	−0.126	441	1.582	54.3
	C	0.365	−0.138	509	0.303	7.0
	D_1	0.210	8.389	—	0.675	5.9
	D_2	0.287	2.184	—	0.556	8.4

表 8-6　$Ni_{0.55}Cu_{0.25}Zn_{0.2}Fe_{1.8}Sm_{0.2}O_4$ 铁氧体纳米晶在不同温度（600℃、700℃、800℃、900℃、950℃）煅烧 3h 后室温下测得的穆斯堡尔谱参数

温度/℃	组分	I.S./（mm/s）	Q.S./（mm/s）	H/kOe	Γ/（mm/s）	A_0/%
未煅烧	A	0.303	−0.026	462	0.882	32.6
	B_1	0.413	−0.361	403	1.367	30.5
	B_2	0.384	−0.243	234	0.892	14.8
	D_1	0.252	2.173	—	0.510	5.0
	D_2	0.365	0.895	—	0.716	17.1

续表

温度/℃	组分	I.S./（mm/s）	Q.S./（mm/s）	H/kOe	Γ/（mm/s）	A_0/%
600	A	0.276	0.057	466	0.922	30.2
	B	0.429	-0.300	418	1.252	30.2
	D_1	0.123	7.356	—	0.922	7.6
	D_2	0.302	2.261	—	0.334	3.3
	D_3	0.280	0.964	—	0.883	28.7
700	A	0.230	0.050	418	1.032	16.9
	B	0.349	-0.105	461	1.232	43.6
	D_1	0.575	7.159	—	1.802	15.8
	D_2	0.253	2.160	—	0.373	4.6
	D_3	0.325	0.858	—	0.642	19.1
800	A	0.290	-0.018	455	0.947	32.0
	B	0.501	-0.410	398	1.663	32.1
	D_1	0.063	7.447	—	1.423	12.5
	D_2	0.274	1.550	—	1.325	23.4
900	A	0.268	0.057	462	1.071	36.3
	B	0.501	-0.288	409	1.511	38.1
	C	0.358	-0.138	495	0.377	2.1
	D_1	0.333	7.599	—	1.122	11.1
	D_2	0.267	1.988	—	0.719	12.4
950	A	0.264	0.022	472	0.782	56.5
	B	0.383	-0.050	419	1.121	22.0
	C	0.379	-0.102	501	0.361	12.3
	D_1	0.326	8.662	—	0.540	4.4
	D_2	0.325	2.363	—	0.291	4.8

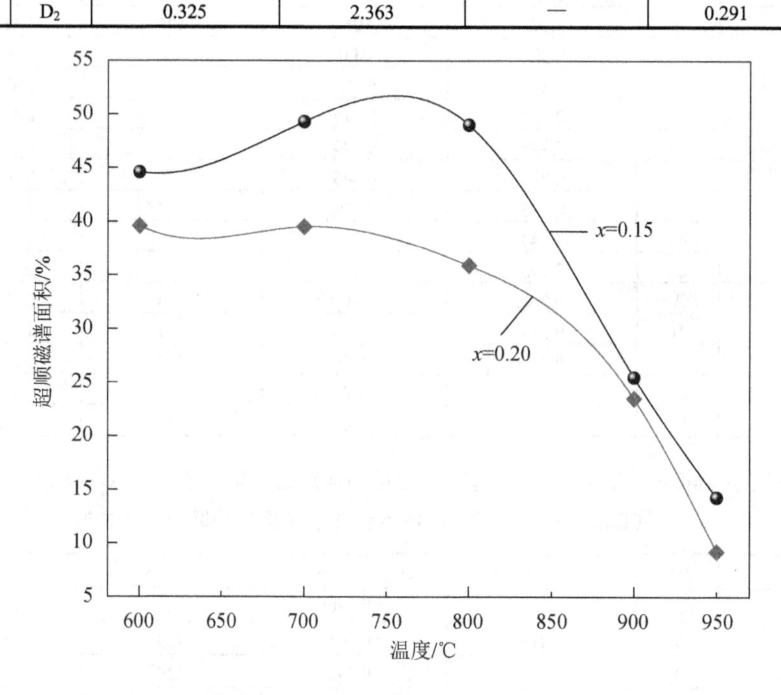

图 8-9　$Ni_{0.55}Cu_{0.25}Zn_{0.2}Fe_{2-x}Sm_xO_4$ 铁氧体纳米晶在不同温度（600℃、700℃、800℃、900℃、950℃）煅烧 3h 后室温下测得的穆斯堡尔谱超顺磁谱面积的变化

从表 8-5 和表 8-6 可以看到，随煅烧温度的提高，双线谱的四极裂距减小，四极裂距反映了 Fe^{3+}周围的电荷对称性；煅烧温度升高，平均晶粒尺寸增大，样品比表面积减小，处于晶粒内与晶粒表面的 Fe^{3+}的数量比增大，晶粒内的 Fe^{3+}周围的电荷对称性比晶粒表面的 Fe^{3+}的电荷对称性高，反映在穆斯堡尔谱上就是四极裂距随煅烧温度升高而减小。

从表 8-5 和表 8-6 中还可以看到，自蔓延后的原粉的穆斯堡尔谱有两个 B 位，即 B_1 和 B_2，而且 B_2 的超精细场很小，这很可能是晶界或晶粒表面 Fe^{3+}的超精细场[21]。

图 8-10 为 $Ni_{0.55}Cu_{0.25}Zn_{0.2}Fe_{2-x}Sm_xO_4$ 铁氧体纳米晶在不同温度（600℃、700℃、800℃、900℃、950℃）煅烧 3h 后室温下测得的穆斯堡尔谱 B 位吸收面积的变化情况。$Ni_{0.55}Cu_{0.25}Zn_{0.2}Fe_{2-x}Sm_xO_4$ 铁氧体纳米晶的晶格中有 Ni^{2+}、Cu^{2+}、Zn^{2+}、Fe^{3+}和 Sm^{3+}这 5 种金属离子，其中 Zn^{2+}倾向占据 A 位，Ni^{2+}、Cu^{2+}和 Sm^{3+}倾向占据 B 位，Fe^{3+}占据 A 位和 B 位均可。但是晶格中的 Zn^{2+}含量较少，因此，必有倾向占据 B 位的阳离子进入 A 位。可以看到占位环境比较复杂，在不同煅烧温度下，离子在 A 位和 B 位的迁移将变得更为复杂。从图 8-10 可以看到，$Ni_{0.55}Cu_{0.25}Zn_{0.2}Fe_{1.85}Sm_{0.15}O_4$ 的总体趋势是 Fe^{3+}随温度升高从 A 位向 B 位移动，$Ni_{0.55}Cu_{0.25}Zn_{0.2}Fe_{1.8}Sm_{0.2}O_4$ 的总体趋势是 Fe^{3+}随温度升高从 B 位向 A 位移动。

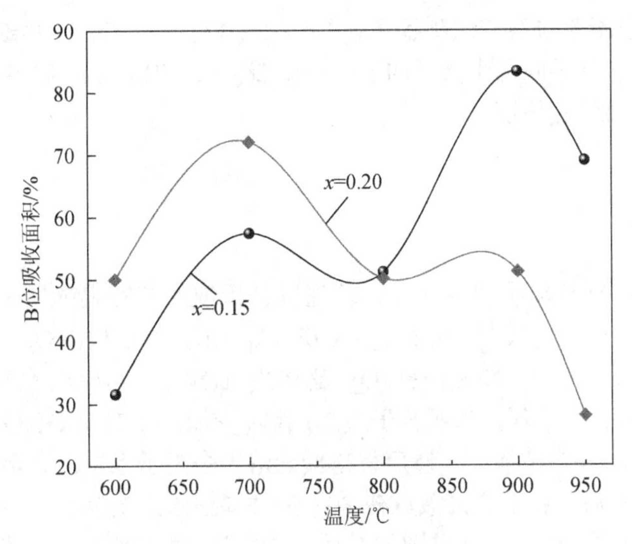

图 8-10　$Ni_{0.55}Cu_{0.25}Zn_{0.2}Fe_{2-x}Sm_xO_4$ 铁氧体纳米晶在不同温度（600℃、700℃、800℃、900℃、950℃）煅烧 3h 后室温下测得的穆斯堡尔谱 B 位吸收面积的变化

四、小结

XRD 分析表明，$Ni_{0.55}Cu_{0.25}Zn_{0.2}Fe_{2-x}Sm_xO_4$（$x$=0.15、0.20）铁氧体纳米晶的平均晶粒尺寸随温度升高而增大。穆斯堡尔谱研究表明，超顺磁性与铁磁性共存，而且超顺磁性随温度升高而减弱。A 位和 B 位的 Fe^{3+}随温度迁移比较复杂，大致的趋势如下：当 x=0.15 时，Fe^{3+}随温度升高从 A 位向 B 位移动；当 x=0.20 时，Fe^{3+}随温度升高从 B 位向 A 位移动。

第三节　掺杂不同稀土离子的镍铜锌铁氧体纳米晶的结构与穆斯堡尔谱研究

一、引言

在稀土离子掺杂尖晶石铁氧体中，稀土离子会取代其中 Fe^{3+}进入尖晶石晶格，并且有细化晶粒的作用[11]。此外，掺杂稀土离子可以改变尖晶石铁氧体的磁化强度或矫顽力。

表 8-7 所列为部分稀土元素的物理性质，本节选择不同离子半径和离子磁矩的稀土离子掺杂 $Ni_{0.6}Cu_{0.2}Zn_{0.2}Fe_2O_4$ 铁氧体纳米晶，来研究它们对 $Ni_{0.6}Cu_{0.2}Zn_{0.2}Fe_2O_4$ 铁氧体纳米晶结构和磁性的影响。

表 8-7　稀土元素 Sm、Ce 和 La 的物理性质

稀土元素	相对原子质量	密度/（g/cm^3）	熔点/℃	离子半径/Å	离子磁矩/μ_B
Sm	150.36	7.536	1074	0.964	0.84
Ce	140.12	6.771	798	1.034	2.56
La	138.91	6.166	918	1.061	0

本节将用溶胶-凝胶自蔓延法制备 $Ni_{0.6}Cu_{0.2}Zn_{0.2}Fe_{1.9}RE_{0.1}O_4$（RE=Sm、Ce、La）铁氧体纳米晶，并研究掺杂不同稀土离子的 $Ni_{0.6}Cu_{0.2}Zn_{0.2}Fe_{1.9}RE_{0.1}O_4$（RE=Sm、Ce、La）铁氧体纳米晶的结构和磁性能情况。

二、实验

（一）样品制备

采用溶胶-凝胶自蔓延法制备样品，首先以分析纯的硝酸镍[$Ni(NO_3)_2 \cdot 6H_2O$]、硝酸铜[$Cu(NO_3)_2 \cdot 3H_2O$]、硝酸锌[$Zn(NO_3)_2 \cdot 6H_2O$]、硝酸铁[$Fe(NO_3)_3 \cdot 9H_2O$]、硝酸钐[$Sm(NO_3)_3 \cdot 5H_2O$]、硝酸铈[$Ce(NO_3)_3 \cdot 6H_2O$]、硝酸镧[$La(NO_3)_3 \cdot 6H_2O$]、柠檬酸（$C_6H_8O_7 \cdot H_2O$）与氨水（$NH_3 \cdot H_2O$）为原料，按照分子式 $Ni_{0.6}Cu_{0.2}Zn_{0.2}Fe_{1.9}RE_{0.1}O_4$（RE=Sm、Ce、La）进行配比，并称量所需的硝酸盐。然后将硝酸盐溶于去离子水中混合至完全溶解，加入氨水调节到适当的 pH 后，将混合溶液放在 80℃的数显恒温水浴锅上加热。其次根据柠檬酸与总金属离子物质的量比为 1∶3 称取柠檬酸，并溶于去离子水中，将其在水浴过程中逐渐滴加并不断搅拌混合溶液，直至形成湿凝胶。再次将湿凝胶放于数显鼓风干燥箱中，在 120℃下干燥 2h，把得到的干凝胶在空气中滴加助燃剂（无水乙醇）点燃自蔓延，将得到的粉末在玛瑙研钵中研磨均匀。最后按照所需煅烧的温度将样品放入箱式电阻炉中进行煅烧，即可得到最后的样品。

（二）样品表征

使用 X 射线衍射仪（D/max 2500 C）分析样品的晶体结构，使用穆斯堡尔谱仪（Tec PC-moss Ⅱ）测量室温下的穆斯堡尔谱。

三、结果与讨论

（一）XRD 分析

图 8-11 为 $Ni_{0.6}Cu_{0.2}Zn_{0.2}Fe_{1.9}RE_{0.1}O_4$（RE=Sm、Ce 和 La）铁氧体纳米晶在 950℃煅烧 3h 室温下测得的 XRD 谱图，表 8-8 为其 XRD 参数（包含未掺杂的 $Ni_{0.6}Cu_{0.2}Zn_{0.2}Fe_2O_4$ 铁氧体纳米晶）。图 8-11 表明，掺杂后的 $Ni_{0.6}Cu_{0.2}Zn_{0.2}Fe_{1.9}RE_{0.1}O_4$ 铁氧体纳米晶均为立方尖晶石结构。对比发现，掺杂稀土离子的样品相对于未掺杂的样品，其 XRD 均有所宽化，说明掺杂稀土离子后，平均晶粒尺寸降低，原因是稀土离子会使晶粒细化。从 XRD 谱图中可以看到，掺杂稀土离子的样品均出现了杂相。这说明稀土离子并没有完全进入晶格中，而是有部分稀土离子驻留在晶界形成了其他物相，掺杂 Sm^{3+}的样品形成了 $SmFeO_3$，掺杂 La^{3+}和 Ce^{3+}的样品分别形成了 $LaFeO_3$ 和 CeO_2，并且两个样品中都出现了第三相 α-Fe_2O_3。形成的杂相驻留在晶界会对晶粒产生压力，压力将阻碍晶粒的长大。因此，晶界处的杂相也是掺杂稀土离子样品的平均晶粒尺寸相对于未掺杂的样品降低的原因之一。

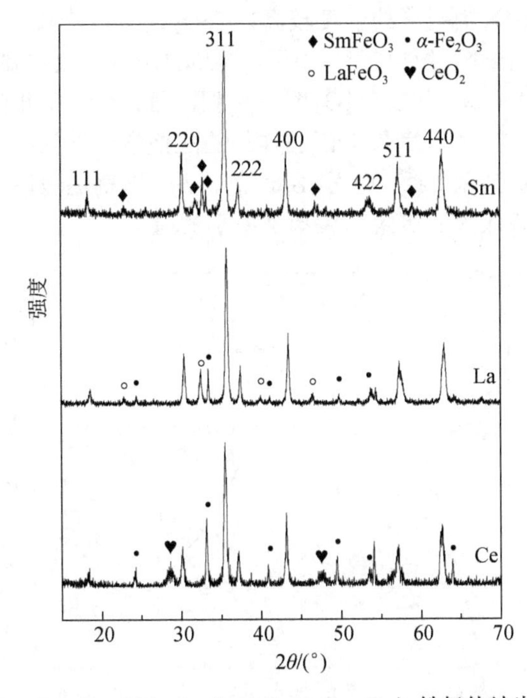

图 8-11　$Ni_{0.6}Cu_{0.2}Zn_{0.2}Fe_{1.9}RE_{0.1}O_4$（RE=Sm、Ce、La）铁氧体纳米晶在 950℃煅烧 3h 室温下测得的 XRD 谱图

表 8-8　$Ni_{0.6}Cu_{0.2}Zn_{0.2}Fe_{1.9}RE_{0.1}O_4$（RE=Sm、Ce、La）铁氧体纳米晶 950℃煅烧 3h 室温下测得的 XRD 参数

样品	晶格常数/Å	密度/（g/cm^3）	平均晶粒尺寸/nm	（311）衍射峰的半高宽
未掺杂	8.3154	5.4263	46.3	0.191
掺杂 Sm^{3+}	8.3706	5.3847	35.0	0.247
掺杂 La^{3+}	8.3325	5.4588	26.5	0.321
掺杂 Ce^{3+}	8.3410	5.4422	33.6	0.256

从表 8-8 可以看到，相对于未掺杂的样品的晶格常数，掺杂稀土离子的样品的晶格常数均增大，这是由离子半径不同引起的。假定 RE^{3+}进入晶格取代 Fe^{3+}，并且部分稀土离子会驻留在晶界。Fe^{3+}的离子半径为 0.64Å，从表 8-7 中可知 Sm^{3+}、Ce^{3+}和 La^{3+}的离子半径分别为 0.964Å、1.034Å、1.061Å，远大于 Fe^{3+}的离子半径。因此稀土离子进入晶格取代 Fe^{3+}会导致晶格扭曲畸变，使晶格扩张。从图 8-12 中可以清楚地看到，掺杂稀土离子的样品的晶格常数大于未掺杂样品的晶格常数。然而，我们也注意到 Sm^{3+}、Ce^{3+}和 La^{3+}的离子半径逐渐增大，按照前面所述进入晶格的离子半径不同引起晶格常数不同变化的解释，掺杂 Sm^{3+}、Ce^{3+}和 La^{3+}的样品的晶格常数也应该逐渐增大，但实验数据表明掺杂 Sm^{3+}的样品的晶格常数最大，掺杂 Ce^{3+}的样品次之，掺杂 La^{3+}的样品反而最小。部分稀土离子没有进入尖晶石晶格而是驻留在晶界，因此晶格常数降低。在煅烧过程中，一些稀土离子在晶界析出形成杂相，晶界的杂相会对晶格产生压力[13,22,23]，且形成的杂相的量越多，晶格常数就越小。从图 8-11 和表 8-8 可以看到，掺杂 Sm^{3+}的样品只形成了 $SmFeO_3$ 一种杂相，且衍射峰的强度不高，掺杂 Sm^{3+}对样品晶格常数值的影响较小；掺杂 Ce^{3+}的样品形成了 α-Fe_2O_3 和 CeO_2 两种杂相，α-Fe_2O_3 衍射峰的强度较高，CeO_2 的衍射峰较低且衍射峰半高宽很宽，即 CeO_2 的平均晶粒尺寸很小，所以掺杂 Ce^{3+}的样品的晶格常数主要受 α-Fe_2O_3 的影响；而掺杂 La^{3+}的样品形成了 $LaFeO_3$ 和 α-Fe_2O_3 两种杂相，而且两种杂相的衍射峰强度同样都较高，说明两种杂相的量都较多，掺杂 La^{3+}的样品的晶格常数受到的影响最大。驻留在晶界杂相的含量的顺序依次是掺杂 La^{3+}、Ce^{3+}、Sm^{3+}的样品。这就是理论上三种样品中掺杂 La^{3+}的样品的晶格常数本应该最大而实验结果却是最小的原因。

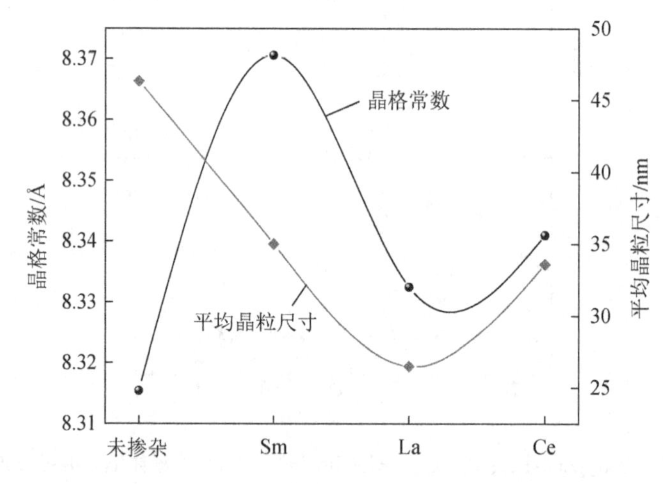

图 8-12　$Ni_{0.6}Cu_{0.2}Zn_{0.2}Fe_{1.9}RE_{0.1}O_4$（RE=Sm、Ce、La）铁氧体纳米晶在 950℃煅烧 3h 后室温下测得的晶格常数和平均晶粒尺寸随掺杂离子种类的变化

（二）穆斯堡尔谱分析

图 8-13 为 $Ni_{0.6}Cu_{0.2}Zn_{0.2}Fe_{1.9}RE_{0.1}O_4$（RE=Sm、Ce、La）铁氧体纳米晶 950℃煅烧 3h 后室温下测得的穆斯堡尔谱图。从图 8-13 可以看出，掺杂 Sm^{3+}、Ce^{3+}和 La^{3+}的样品均为六线谱，没有出现超顺磁性双线谱，这说明样品表现出铁磁性，$Ni_{0.6}Cu_{0.2}Zn_{0.2}Fe_{1.9}RE_{0.1}O_4$（RE=Sm、Ce、La）铁氧体纳米晶由铁磁性向超顺磁性转变的临界尺寸分别在 35.0nm、26.5nm 和 33.6nm 以下。

$Ni_{0.6}Cu_{0.2}Zn_{0.2}Fe_{1.9}RE_{0.1}O_4$（RE=Sm、Ce、La）铁氧体纳米晶 950℃煅烧 3h 后室温下测得的穆斯堡尔谱参数见表 8-9（其中的 C 谱代表杂相）。可以看到，A 位的同质异能移小于 B 位，这是由于 A 位和 B 位的 Fe^{3+}—O^{2-}键距的差异。四极裂距表明偏离立方对称结构的程度，粒子尺寸降低会引起四极裂距绝对值的增加并且加强了穆斯堡尔核周围的不对称电场。从表 8-9 中可以看到，对于掺杂 Sm^{3+}的样品，A 位的超精细场 H（A）要小于 B 位的超精细场 H（B_1），而且 B 位的超精细场 H（B_1）要大于 H（B_2）和 H（B_3）。超精细场的这种结果可能是由于 B_2 和 B_3 数值更接近于表面粒子的数值，所以表面效应引起了超精细场的降低。B 位的超精细场 H（B_1）要大于 A 位的超精细场 H（A），这可能是由于 B 位存在着强烈的 A-O-B 超交换作用；同时 Zn^{2+}偏向进入 A 位，Ni^{2+}、Cu^{2+}、Sm^{3+}和 Fe^{3+}倾向占据 B 位，并且 Zn^{2+}的磁矩为零，而 Ni^{2+}、Cu^{2+}、Sm^{3+}和 Fe^{3+}的磁矩分别为 $2\mu_B$、$1\mu_B$、$0.84\mu_B$和 $5\mu_B$，因此 B 位的 A-O-B 超交换作用更强烈。$Ni_{0.6}Cu_{0.2}Zn_{0.2}Fe_{1.9}La_{0.1}O_4$ 铁氧体纳米晶和 $Ni_{0.6}Cu_{0.2}Zn_{0.2}Fe_{1.9}Ce_{0.1}O_4$ 铁氧体纳米晶的超精细场特点与 $Ni_{0.6}Cu_{0.2}Zn_{0.2}Fe_{1.9}Sm_{0.1}O_4$ 相近。特别注意到，掺杂 Sm^{3+}的样品 B_3 和掺杂 Ce^{3+}的样品 B_4 的超精细场数值相对于 A 位和其他 B 位来说要小得多，它们应该是晶界或晶粒表面的 Fe^{3+}的超精细场；而且它们的四极裂距相对于其他六线谱要大得多，这说明它们偏离立方对称结构的程度很大，这从另一个方面反映了它们对应晶界或晶粒表面的 Fe^{3+}。

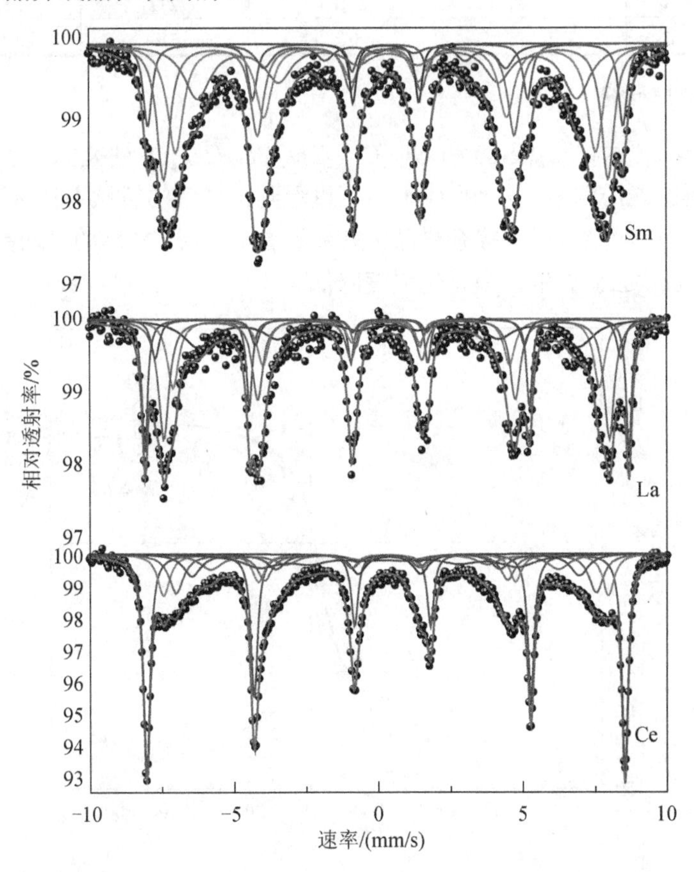

图 8-13　$Ni_{0.6}Cu_{0.2}Zn_{0.2}Fe_{1.9}RE_{0.1}O_4$（RE=Sm、Ce、La）铁氧体纳米晶在 950℃煅烧 3h 后室温下测得的穆斯堡尔谱图

表 8-9　$Ni_{0.6}Cu_{0.2}Zn_{0.2}Fe_{1.9}RE_{0.1}O_4$（RE=Sm、Ce、La）铁氧体纳米晶在 950℃煅烧 3h 后室温下测得的穆斯堡尔谱参数

稀土离子	组分	I.S./（mm/s）	Q.S./（mm/s）	H/kOe	Γ/（mm/s）	A_0/%
Sm^{3+}	A	0.272	0.010	451	0.658	27.5
	B_1	0.356	−0.039	477	1.102	25.7
	B_2	0.291	0.001	407	0.546	28.7
	B_3	0.441	−0.360	260	0.699	6.6
	C	0.367	−0.162	511	0.360	11.5
La^{3+}	A	0.278	−0.001	458	0.470	19.1
	B_1	0.384	−0.065	500	0.342	10.6
	B_2	0.348	0.009	409	1.244	20.0
	B_3	0.291	0.002	479	0.439	31.4
	C	0.354	−0.086	521	0.239	18.9
Ce^{3+}	A	0.256	0.004	451	0.598	14.6
	B_1	0.280	−0.073	478	0.720	14.0
	B_2	0.271	−0.034	416	0.495	13.0
	B_3	0.240	−0.056	374	0.935	8.9
	B_4	0.275	0.160	277	1.552	11.8
	C	0.366	−0.230	514	0.278	37.7

（三）宏观磁性研究

图 8-14 为 $Ni_{0.6}Cu_{0.2}Zn_{0.2}Fe_2O_4$ 和 $Ni_{0.6}Cu_{0.2}Zn_{0.2}Fe_{1.9}Ce_{0.1}O_4$ 铁氧体纳米晶在 950℃煅烧 3h 后室温下测得的磁滞回线。从图 8-14 中可以看到，二者的矫顽力都接近零，掺杂 Ce^{3+} 样品的饱和磁化强度明显低于不掺杂样品。掺杂稀土元素后，样品的平均晶粒尺寸会降低，小尺寸效应和表面效应会导致饱和磁化强度降低。

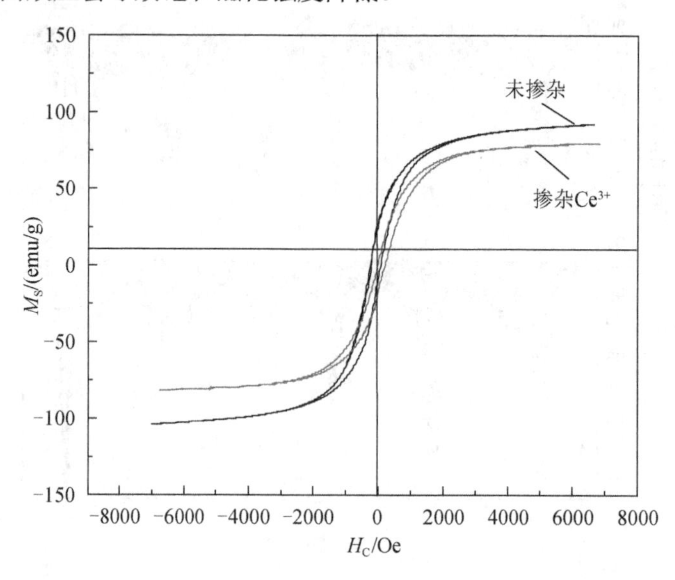

图 8-14　$Ni_{0.6}Cu_{0.2}Zn_{0.2}Fe_2O_4$ 和 $Ni_{0.6}Cu_{0.2}Zn_{0.2}Fe_{1.9}Ce_{0.1}O_4$ 铁氧体纳米晶在 950℃煅烧 3h 后室温下测得的磁滞回线

四、小结

由于掺杂的稀土离子的半径大于铁离子的半径，因此掺杂稀土离子的样品的晶格常数均大于未掺杂样品；但晶格常数受杂相的影响呈不规则增大。掺杂稀土离子的样品的平均晶粒尺寸均小于未掺杂稀土的样品，表现出稀土离子细化晶粒的作用。穆斯堡尔谱研究发现，掺杂稀土离子的样品 950℃煅烧 3h 后均呈现亚铁磁性，因此推测其向超顺磁性转变的临界尺寸均小于 950℃煅烧 3h 后的平均晶粒尺寸。处于晶界或晶粒表面的 Fe^{3+}的超精细场远小于晶粒内部 Fe^{3+}的超精细场。磁性测量显示，掺杂 Ce^{3+}样品的饱和磁化强度明显低于未掺杂样品。

参考文献

[1] 吴小虎，于翔海，徐磊，等. Bi 取代 NiCuZn 铁氧体的显微结构和电磁性能[J]. 磁性材料及器件，2012，43（1）：68-70.

[2] 戴玉琴，赵特技，张怀武. NiCuZn 铁氧体材料的应用与开发[J]. 磁性材料及器件，2007，38（3）：52-56.

[3] 冯唐福，许启明，陈涛. 低功耗 NiCuZn 铁氧体的研究[J]. 材料开发与应用，2007，22（5）：4-6.

[4] ROY K, BERA J. Characterization of nanocrystalline NiCuZn ferrite powders synthesized by sol-gel auto-combustion method[J]. Journal of materials processing technology, 2008, 197(1-3): 279-283.

[5] 李茹民. 掺杂纳米铁氧体的合成与磁性能研究[D]. 哈尔滨：哈尔滨工程大学，2007.

[6] REZLESCU N, REZLESCU E, PASNICU C, et al. Comparison of the effects of TiO_2-GeO_2 and R_2O_3 substitutions in a high frequency nickel-zinc ferrite[J]. Journal of magnetism and magnetic materials, 1994, 136(3): 319-326.

[7] GAMA L, DINIZ A P, COSTA A C F M, et al. Magnetic properties of nanocrystalline Ni-Zn ferrites doped with samarium[J]. Physica B: condensed matter, 2006, 384(1/2): 97-99.

[8] GUO L P, SHEN X Q, SONG F Z, et al. Structure and magnetic property of $CoFe_{2-x}Sm_xO_4$(x= 0~0.2)nanofibers prepared by sol-gel route[J]. Materials chemistry and physics, 2011, 129(3): 943-947.

[9] ZHAO L J, YANG H, ZHAO X P, et al. Magnetic properties of $CoFe_2O_4$ ferrite doped with rare earth ion[J]. Materials letters, 2006, 60(1): 1-6.

[10] RASHAD M M, MOHAMED R M, EL-SHALL H. Magnetic properties of nanocrystalline Sm-substituted $CoFe_2O_4$ synthesized by citrate precursor method[J]. Journal of materials processing technology, 2008, 198(1-3): 139-146.

[11] SATTAR A A, WAFIK A H, EL-SHOKROFY K M, et al. Magnetic properties of Cu-Zn ferrites doped with rare earth oxides[J]. Physica status solidi(a), 1999, 171(2): 563-569.

[12] REZLESCU N, REZLESCU E , PASNICU C, et al. Effects of the rare-earth ions on some properties of a nickel-zinc ferrite[J]. Journal of physics: condensed matter, 1994, 6(29): 5707.

[13] 赵丽君. 掺杂稀土尖晶石型铁氧体纳米晶的结构和磁性能的研究[D]. 长春：吉林大学，2006.

[14] 夏元复，陈懿. 穆斯堡尔谱学基础和应用[M]. 北京：科学出版社，1987.

[15] 李发伸，王涛，王颖. H_2O_2 氧化法制备 Fe_3O_4 纳米颗粒及与共沉淀法制备该样品的比较[J]. 物理学报，2005，54（7）：3100-3105.

[16] KUMAR S, FAREA A M M, BATOO K M, et al. Mössbauer studies of $Co_{0.5}Cd_xFe_{2.5-x}O_4(0.0<x<0.5)$ferrite[J]. Physica B: condensed matter, 2008, 403(19/20): 3604-3607.

[17] ROUMAIH K, MANAPOV R A, SADYKOV E K, et al. Mössbauer studies of $Cu_{1-x}Ni_xFeMnO_4$ spinel ferrites[J]. Journal of magnetism and magnetic materials, 2005, 288: 267-275.

[18] IQBAL M J, AHMAD Z, MEYDAN T, et al. Temperature and composition dependence of magnetic properties of cobalt-chromium co-substituted magnesium ferrite nanomaterials[J]. Journal of magnetism and magnetic materials, 2012, 324(23): 3986-3990.

[19] THUMMER K, AHMAD Z, MEYDAN T, et al. ^{57}Fe Mössbauer studies on $MgAl_xCr_xFe_{2-2x}O_4$ spinel system[J]. Materials letters, 2004, 58(17/18): 2248-2251.

[20] ZHAO L J, XU W, YANG H, et al. Effect of Nd ion on the magnetic properties of Ni-Mn ferrite nanocrystal[J]. Current applied physics, 2008, 8(1): 36-41.

[21] CHINNASAMY C N, NARAYANASAMY A, PONPANDIAN N, et al. Mixed spinel structure in nanocrystalline $NiFe_2O_4$[J]. Physical review B, 2001, 63(18): 184108.

[22] MØRU S. Mössbauer effect in small particles[J]. Hyperfine Interactions, 1990, 60(1-4): 959-973.

[23] YANG S J, He H P, Wu D Q, et al. Degradation of methylene blue by heterogeneous fenton reaction using titanomagnetite at neutral pH values: process and affecting factors[J]. Industrial & engineering chemistry research, 2009, 48(22): 9915-9921.

后　记

当前，尖晶石型氧化物材料的设计与合成已经成为物理学界和化学界的热门前沿课题之一，并涉及化学、物理、材料等诸多学科。近年来已开始了基于化学方法来制备一系列掺杂离子的纳米尖晶石型氧化物材料的研究，纳米尖晶石型氧化物材料具有低温烧结特性，而且制备的超细颗粒和精确设计配方的优势备受关注。稀土离子有较大的离子半径和稳定的物理化学性质，尤其是特殊的未满外层电子组态和较小的有效磁矩，在掺杂调控材料的电磁性能及开发新特性材料方面的潜力较大。同时如何简单有效地制备纳米颗粒材料、对材料的尺寸和形状进行自组装、调控微观结构，从而实现性能调控是未来纳米尖晶石型氧化物材料发展的一个重要方向。

本书尝试采用溶胶-凝胶自蔓延法制备一系列具有纳米尺寸的尖晶石多晶，利用微量添加元素特别是稀土元素来改善尖晶石型氧化物的性能，研究反应条件和合成工艺对尖晶石型氧化物结构和电磁性能的影响。通过对掺杂尖晶石型氧化物的穆斯堡尔谱和磁性研究，深入地研究了姜-泰勒畸变的调控，系统地分析了不同种类的稀土离子自身物理性质在磁性耦合调控中的作用，从而为设计具有良好的微观结构和电磁性能的材料提供参考。在此，著者也希望本书能为我国西部地区穆斯堡尔谱学的研究做出一点贡献，同时也相信在化学家和物理学家的共同努力下，尖晶石型氧化物材料这一研究领域必将出现突破性进展，为现代新材料带来革命性的发展。

鉴于尖晶石型氧化物材料研究的重要性，希望本书的出版能对读者深入了解尖晶石型氧化物材料的研究和应用有所帮助，也希望能对国内相关领域的研究人员有所助益。在此也特别感谢恩师夏元复教授（南京大学、俄罗斯科学院外籍院士），夏先生在穆斯堡尔谱研究方面给予了课题组大量的指导与帮助，特别是对课题组建立低温穆斯堡尔谱测试平台给予大力的支持。

本书内容主要关注尖晶石型氧化物材料的磁性与穆斯堡尔效应研究，出版过程中得到广西师范大学杨永栩教授与王宁教授、国际穆斯堡尔数据中心秘书长王军虎研究员的大力支持和帮助，在此表示深深的谢意。感谢广西师范大学梁福沛教授、王力虎教授与沈洪涛教授、中国科学院上海应用物理研究所林俊研究员在本课题实验过程中提出的宝贵指导意见；感谢曾经在课题组从事实验研究的陈君、杨文海、范伟、叶中辉等研究生，他们对课题组数据收集与资料整理做出大量的工作。在此，借本书的出版之际对以上人员表示深深的谢意。

感谢所主持的国家自然科学基金项目“掺杂铁氧体纳米材料的电磁性能调控及其变温穆斯堡尔谱研究”（项目编号：11364004）对本书出版工作的支持；感谢“理论物理学术交流与人才培养”国家基金理论物理专项（项目编号：11647309）与广西高校重点实验室专项建设项目（项目编号：F-2911-14-001503、F-2911-15-001807、F-2911-17-000902）多年来对本课题研究工作的支持。

由于著者水平有限，书中难免会出现一些错误和不妥之处，敬请广大读者批评指正，谨致谢意。

著　者
2017 年夏